치공구 설계

이상수 · 박성완 · 윤여권 공저

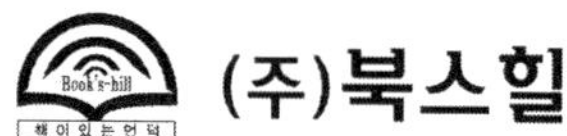

(주)북스힐

머리말

기계제작 현장에서 통상 지그(Jig), 고정구(Fixture)라는 용어를 많이 사용하고 있는데 이들을 한 마디로 치공구라 한다. 치공구는 기계가공, 조립, 검사, 측정 등 기계를 제작하는 산업현장에서 생산 능률을 향상시키고, 품질 및 정밀도를 보증하고 경제적인 생산을 위하여 필요성이 증대되고 있을 뿐만 아니라 자동화 라인에서 필수적으로 사용되고 있는 구성요소이다.

그럼에도 불구하고 현 우리나라에서의 치공구에 관한 서적이 부족한 실정이다.

본서는 치공구의 설계 및 제작에 관한 체계적인 이해를 높일 수 있도록 기초원리와 설계 응용까지를 단계적으로 꾸며보았다.

특히 9장에서 14장에서는 예제를 통하여 치공구 설계과정을 자세히 기술하여 처음 치공구를 배우고자 하는 공학도가 기본적인 치공구를 설계할 수 있는 능력을 획득하는데 큰 도움이 되리라 사료된다. 또한 현장에서 체계적인 지식이 부족한 상태에서 치공구 설계업무에 종사하는 사람에게는 능률적인 설계 및 경제적인 설계에 큰 도움이 되리라 사료된다. 이외에 치공구의 구성 및 형태, 공작물의 위치결정 및 클램핑 이론과 실제, 경제적 치공구 설계, 치공구 자동화, 치공구 재료, 끼워 맞춤 및 공차에 관하여 기술하였다.

미천한 지식으로 뜻하지 않은 잘못된 부분이 있으리라 생각되며 앞으로 더 수정보완해야 할 것이 많을 것입니다. 끝으로 이 책을 통하여 치공구에 대한 지식을 축적해 나가는데 조금이라도 도움이 되기를 바라는 마음 간절합니다.

2006년 3월

저자

차 례

개 요

1장

1.1 치공구

제품제작 활동에서 경제적이며 우수한 품질을 확보한다는 것은 매우 바람직한 일이 된다. 잘 설계된 치공구는 생산기술과 직결되며 품질, 원가, 생산성을 고루 만족시킬 수 있는 도구가 된다.

기계제작에서 우리가 원하는 형상의 제품을 만들려면 공작기계나 공구가 사용된다. 이 때 사용되는 공작기계나 공구와 일감 사이에는 일정한 관계가 유지되는데 동일한 제품을 여러 개 만들 때 매 부품을 가공 할 때마다 언제나 이들과 일삼 사이에 똑같은 관계가 설정된다면, 동일 형상 동일 품질의 제품을 만들어 낼 수 있을 것이다. 이것을 가능하게 하는 것이 치공구인 것이다. 즉 일감을 일정한 위치에 위치시키고 고정하여 항시 공구와 일감 사이에 일정한 관계가 설정 될 수 있도록 하는 특수 장치이다.

드릴머신을 사용하여 구멍을 뚫고자 할 때에는 뚫고자 하는 구멍과 드릴의 중심이 일치된 상태에서 일감이 고정되고 드릴이 회전하면서 이송이 이루어져야한다. 이렇게 되게 하기 위하여는 매 가공할 때마다 일감에 구멍의 위치를 금 긋기하고 펀치로 구멍의 중심부에 자리를 내고 이 자리와 드릴의 중심을 일치시킨 후 구멍을 뚫어야하는 아주 번거로운 작업을 하게 되는데 많은 구멍을 뚫을 때는 시간적 손실이 크고 또한 정밀도 면에서도 균일한 공차로 가공하기가 어렵게 된다. 이 번거로운 작업을 생략하고 정밀도 높고 균일한 제품을 얻을 수 있도록 하기 위해서는 뚫고자하는 구멍의 중심에 드릴의 중심이 일치 할 수 있도록 안내 할 수 있는 기구를 만들면 되는데 이렇게 할 수 있는 기구가 지그(Jig)다. 지그는 일감을 일정한 위치에 오도록 하는 위치결정기구, 한번 설치된 위치는 변화하지 않고 항시 설정된 위치에 고정되어 있도록 하는 고정기구, 드릴을 안내하는 안내기구로 되어 있다.

이와 같이 위치 결정구, 체결기구, 공구 안내 및 설정기구를 갖춘 생산용 특수공구를 치공구라 한다.

치공구는 지그(jig)와 고정구(fixture)로 대별할 수 있는데 지그는 그림 1.1과 같이 일감을 위치결정 요소에 올려놓고 고정장치로 고정시킨 후 드릴이 부시(bush)의 안내를 받아 구멍을 뚫는데 사용하는 특수공구이고, 고정구는 그림 1.2와 같이 일감을 위치결정 요소에 올려놓고 고정장치로 고정시킨 후 필요한 작업을 할 수 있도록 만든 특수공구이다.

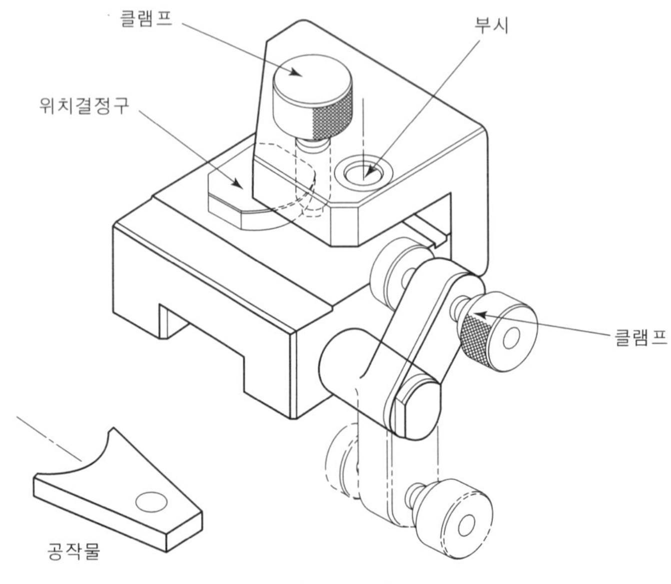

그림 1.1 지그

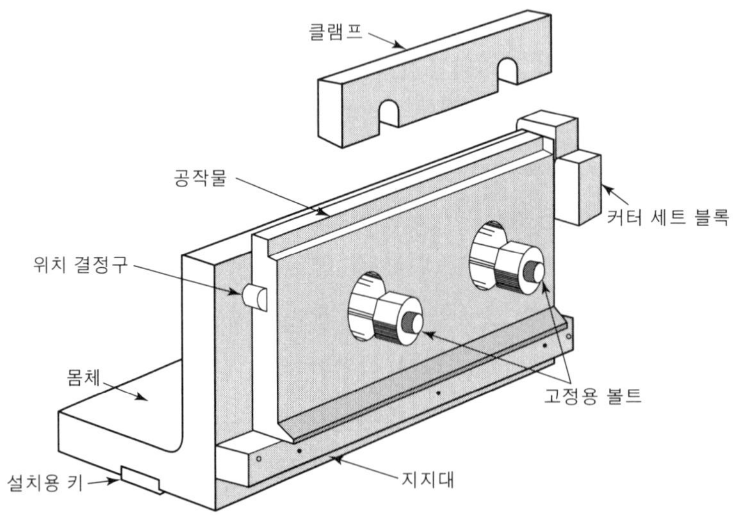

그림 1.2 고정구

치공구는 가공뿐만 아니라 조립, 검사, 용접 작업에도 사용하여 능률적이고 정밀도 높은 작업을 수행하고 있다.

1.2 치공구의 주요 구성요소

1) 지그(Jig)의 구성요소

지그는 위치결정구(locator), 클램프(clamp), 부시(bush), 몸체(body)의 주요 부품과 기타 부품으로 구성되어 있다.

위치결정구는 일감을 치공구내의 일정한 위치에 정확하게 위치시키는 역할을 하는 치공구 부품이고, 클램프는 일감을 위치결정구에 의해 가공위치에 위치시킨 후 작업할 때 가해지는 각종 힘에 의해 일감이 움직이거나 변위되지 않도록 잡아주는 역할을 하는 치공구 부품이며, 부시는 뚫고자 하는 구멍 중심의 위치와 드릴의 중심이 일치하도록 드릴을 안내하는 치공구 부품이며, 몸체부분은 위치 결정구, 클램프, 부시가 제 역할을 할 수 있도록 수용하고 있는 뼈대부위를 말한다. 이외에도 이들 구성 요소들이 서로 일정한 관계를 유지할 수 있도록 결합시켜 주는 핀, 볼트, 너트, 스프링, 와셔 등 각종 기계요소로 구성되어 있다. 이외에도 지그다리, 공작기계에 설치하기 위한 정렬장치와 고정장치 등이 있다.

2) 고정구(Fixture)의 구성요소

고정구는 지그 구성요소중 부시가 없는 대신 가공제품의 최종가공 치수를 얻을 수 있는 공구의 위치를 정해주는 기능을 가진 세트 블록(set block)이 있는 것 외에는 지그의 구성요소와 동일하다.

1.3 공구 설계

공구설계란 제품을 능률적이고 경제적으로 제조하는데 필요한 공구 및 장치, 즉 절삭 공구(cutting tool), 공구 홀더(tool holder), 지그와 고정구(jig & fixture), 게이지(gage) 등을 창안해 내고 개발하는 과정을 말한다.

여기에는 공구제작에 필요한 공구의 계획, 설계 및 제작도면 작성이 포함된다.

공작기계에서 절삭공구와 표준공구만으로는 호환성 있는 부품을 경제적으로 대량생산한다는 것은 기대하기가 매우 어렵다고 하겠다. 따라서 잘 계획되고 정확하게 설계되어 정밀하게 제작된 공구가 기존 장비를 보강하는데 필요하다. 그러므로 치공구 설계자는 각종 치공구를 설계 제작하여 호환성 있는 제품을 원활하게 생산하는데 기여하여야 한다.

1.4 치공구의 목적

치공구는 기기나 기계부품의 가공, 조립, 검사 등을 정확하고 능률적으로 하기 위하여 이용하고 있다. 제품의 품질을 유지시키고 생산성을 향상시키면서 제조원가를 경감시키기 위한 목적으로 사용한다. 따라서 다품종 소량의 가공품으로서 가공이 용이한 경우에 일일이 치공구를 사용하는 것은 치공구의 제작비를 생각할 때 불리하게 된다.

치공구를 사용함으로써 제품의 판매가격을 내릴 수도 있으므로 기업체의 경영면에서도 유리하다.

다음은 치공구를 사용할 경우 이점들을 열거한 것이다.

1) 가공상의 이점

① 교대가공, 연속가공 등이 가능하여 공작기계를 최대한으로 활용 할 수 있다.

② 동시가공 및 공작물의 설치, 제거 등의 준비 시간이 단축되고 금긋기의 작업이 필요 없어 작업시간을 단축 할 수 있어 생산 능률을 증대시킨다.

③ 특수기계, 특수 공구를 대신 할 수 있다.

2) 생산원가 절감

① 가공정밀도의 향상과 균일화가 가능하며, 불량 발생율이 작아지게 되고 불필요한 작업이 없어진다.

② 제품의 균일화로 검사업무가 용이하다.

③ 부품이 균일하므로 보수작업이 용이하고, 다량생산으로 시간 절약등 여러 면에서 능률적이다.

3) 노무관리의 단순화

① 특수 작업의 감소로 작업상의 특별한 주의사항, 검사 등이 불필요하게 되어 관리

를 간소화할 수 있다.

② 특수작업의 감소로 미숙련자도 우수한 품질을 유지할 수 있다.

③ 작업의 단순화로 작업자의 피로도가 적으며 안전사고 위험성이 감소된다.

4) 재료의 절약

① 불량품이 적고 부품의 호환성이 있게 되므로 재료의 낭비가 없다.

② 공구 자체 또는 공구 날의 파손이 감소된다.

연습문제

❶ 치공구란 무엇인지 간단히 정의하시오.

❷ 치공구의 사용 목적에 대해 설명하시오.

❸ 지그와 고정구의 차이점에 대해 설명하시오.

❹ 지그와 고정구의 주요 구성 부품을 열거하시오.

공작물관리

2장

2.1 공작물관리의 기초

공작물은 도면에 주어진 공차 범위내에서 가공되어야 한다. 제작도에 표시된 공차 범위내에서 가공하기 위해서는 공작물은 가공되는 동안 정확하게 고정되어야하고 공작물은 가공에 사용되는 공구와 일정한 상대위치를 유지해야 한다. 즉 허용되는 공차 범위 내에서 가공이 이루어질 수 있도록 공작물은 고정되어야 한다.

모든 공작물을 엄밀하게 정확한 위치에 고정한다는 것은 거의 불가능할 뿐만 아니라, 비경제적이다.

공작물의 고정에는 많은 변수가 존재하고 또 허용오차가 주어져야 한다. 공작물의 치수변화는 공작물의 위치변화와 직접적인 관계가 있다. 제작도의 치수 공차는 단지 공작물의 변화 한계만 표시한다. 가공을 위하여 공작물을 고정시키는데 있어서 공작물의 위치변화의 한계를 규정하는 것을 공작물관리(workpiece control)라 한다.

공작물관리는 주어진 공정에서 요구되는 치수를 얻을 수 있도록 공작물을 관리하는 것으로 공구의 형상이나 크기에 따른 치수 변화는 다루지 않는다.

공작물관리는 다음 사항이 이루어 지도록 관리한다. 모든 요인에 관계없이 공구와 공작물이 일정한 상대적 위치를 유지하고, 공구에 의해 가해지는 힘에 대하여 충분히 지탱하여 공작물이 일정한 위치를 유지할 수 있도록 관리하며, 공구의 가공력, 공작물의 고정력 및 공작물의 자중에 의해서 과도한 휨이 발생하지 않도록 관리되어야 한다.

공작물관리를 하기 위한 이론과 기술은 다음과 같은 것들이 있다.

① 평형 이론(equilibrium theory)

② 위치결정 개념(concept of location)

③ 형상 관리(geometric control)

④ 치수 관리(dimensional control)

⑤ 기계적 관리(mechanical control)
⑥ 대체위치결정 이론(alternate location theory)

공작물관리는 척, 콜릿, 고정구, 지그 등 공작물을 고정하는 고정장치에 의하여 이루어진다. 이러한 장치를 공작물 홀더(workpiece holder)라 하며, 제품제조를 위한 공구의 일부이다. 이들을 구성하고 있는 위치결정구, 지지구, 클램프 등을 적절히 설계함으로서 소요의 정밀도로 부품을 가공할 수 있는 것이다.

공작물관리가 잘못되면 고가의 장비나 공구도 무용지물이 되고 만다.

2.2 평형이론

공작물관리에서 공작물은 정지 상태에서 평형이 유지되어야 한다. 이를 위해서는 직선 운동하는 물체는 선형평형이, 회전 운동하는 물체는 회전 평형이 이루어져야 한다.

1) 선형평형

그림 2.1과 같이 자유상태의 물체에 한 방향으로 힘이 가해지면 물체는 평형을 잃고 힘이 가해지는 방향으로 움직인다. 이 물체의 평형을 유지하기 위해서는 같은 크기의 힘을 반대 방향에서 가해주면 된다.

이와 같이 직선방향의 움직임을 제어하여 정지상태로 유지되는 것을 선형평형이라 한다.

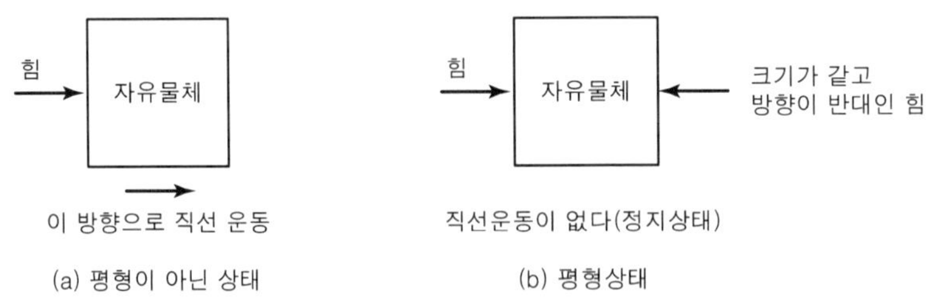

그림 2.1 선형 평형

2) 회전평형

비록 자유물체가 선형적으로 균형을 이룬다 하여도 회전운동을 하는 수가 있다. 자유물체가 직선운동을 하기 위해서는 힘이 물체의 중심에 가해져야 한다. 그러나 작용하는

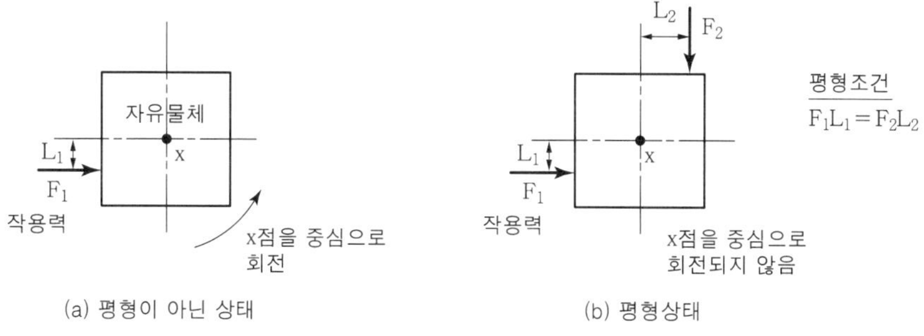

(a) 평형이 아닌 상태 (b) 평형상태

그림 2.2 회전평형

힘이 중심을 벗어나면 그림 2.2와 같이 회전하려는 경향이 생기며, 이때 회전하려는 모멘트는 가해지는 힘과 회전 축까지의 거리 곱으로 구해진다. 이런 회전운동을 하는 물체가 평형을 유지하기 위해서는 방향이 반대이고 크기가 같은 모멘트가 가해져야 한다. 즉 짝힘이 작용해야 한다.

크기가 같고 반대방향인 모멘트가 서로 반작용하여 물체의 평형상태를 유지하는 것을 회선평형이라 한다.

선형평형은 힘의 균형에서 이루어지고 회전평형은 모멘트의 평형에서 이루어진다. 따라서 회전평형에서 평형을 이루는 힘이 작용하는 힘과 크기가 같지 않아도 된다. 작용하는 힘이 작더라도 회전 중심 축에서부터 작용점까지의 거리가 멀면 모멘트는 같을 수 있다.

3) 평형이론의 응용

그림 2.3은 공작물이 어떻게 평형을 유지하는가를 나타낸 것으로 여기서 공작물에 가해지는 힘을 고정력(holding force)이라 한다. 치공구에서 이 고정력은 클램핑 장치에 의해 주어진다. 공작물이 정지상태를 유지하려면 고정력과 크기가 같고 방향이 반대인

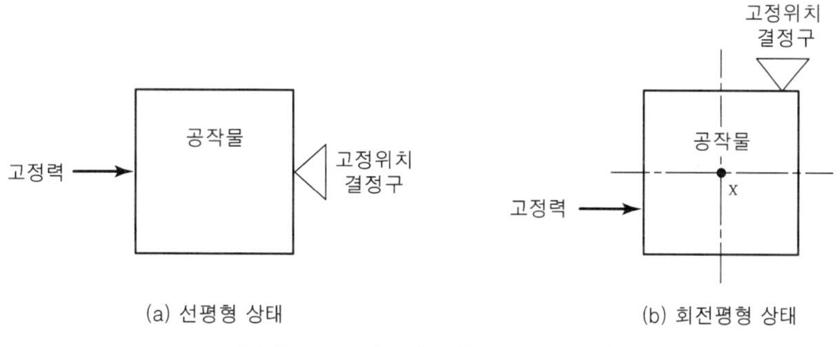

(a) 선평형 상태 (b) 회전평형 상태

그림 2.3 고정구에 의한 공작물 평형

힘이나 모멘트가 필요한데 이들은 위치결정구(locator)에 의해 작용한다. 이러한 클램프 및 위치결정구는 치공구 설계자에 의해 설계되는 것이다.

2.3 위치결정의 개념

치공구는 공구와 공작물사이의 관계를 일정하게 유지시키는 역할을 하는 것으로 위치결정 시스템의 전반적인 개념을 확실하게 알아야 한다. 기본적인 위치결정 시스템은 평형이론으로부터 알 수 있는데 치공구에서 공작물의 평형은 위치결정구와 클램프에 의해 이루어진다.

1) 공간에서의 움직임

공간에 위치한 물체가 움직이는 것은 아무런 형상 없이 제멋대로 움직이는 것처럼 보이지만 자세히 분석하면 모든 운동은 일정한 범위 내에서 움직이고 있는 것을 알 수 있다.

정육면체가 공간에서 움직일 때 운동을 분석하면 다음과 같이 몇 개의 운동의 조합에 의해 이루어지고 있는 것을 알 수 있다.

모든 물체의 공간에서의 운동은 그림 2.5(b)에서와 같이 직선 및 회전 운동이 조합되어 있고 기하학적으로 공간은 3개의 평면으로 나타낼 수 있는데, 이것을 3차원적 공간이라 한다. 부품도는 여기에 근거를 두며 물체는 3개의 중심축 또는 중심선을 갖는다. 그림 2.5는 정육면체의 3개의 직선운동과 3개의 회전운동을 나타냈는데, 이것이 정육면체의 기본운동 요소이다. 그러나 각 축에서 직선운동은 전후방향 운동, 그리고 회전 운동은 시계방향과 반시계방향 운동, 각각 2가지 운동이 있으므로 실제로 정육면체는 12방향의 운동이 이루어지고 있는 것이다.

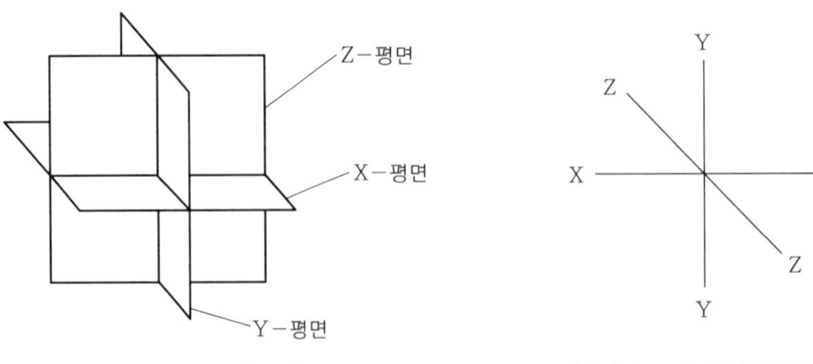

(a) 평면으로 나타낸 3차원 공간 (b) 축으로 나타낸 3차원 공간

그림 2.4 3차원 공간

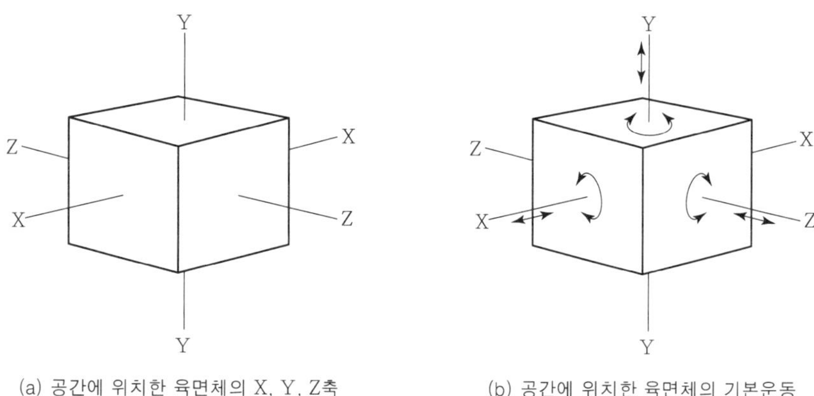

(a) 공간에 위치한 육면체의 X, Y, Z축 (b) 공간에 위치한 육면체의 기본운동

그림 2.5 공간에서의 자유운동

평형이론에서 위치결정구는 반드시 한 방향의 움직임만 정지시키고, 고정력은 반대방향의 움직임을 정지시킨다고 하였다. 위치결정구는 6개의 운동을 정지시켜야하고 고정력은 반대방향의 움직임을 저지해야한다. 예를 들면 위치결정구가 오른쪽 직선방향의 운동을 규제하면 고정력은 왼쪽방향에 작용해서 움직임을 규제해야 한다. 만일 위치결정구가 시계방향의 회전운동을 정지시킨다면, 고정력은 반시계방향의 회전운동을 정지시킨다.

2) 3,2,1 위치결정법

정육면체에 위치결정구를 설치할 때 6개의 운동을 제어하기 위해서 기본적인 패턴을 사용한다면 한 면에 3개의 위치결정구, 다른 한 면에 2개의 위치결정구, 또 다른 면에

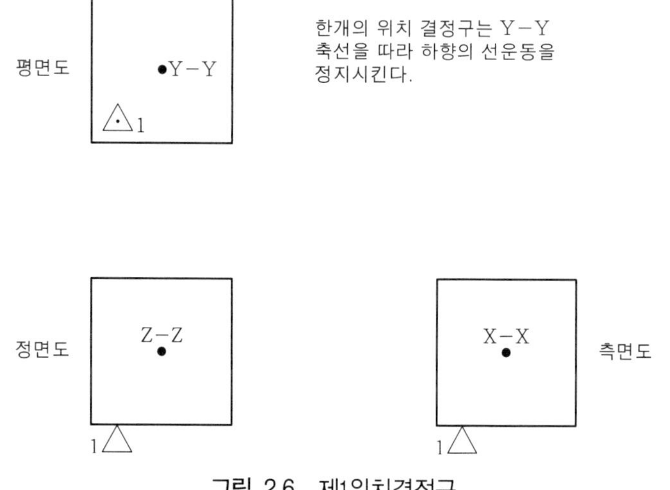

그림 2.6 제1위치결정구

1개의 위치결정구를 배열시킴으로써 정육면체의 6가지운동에 대한 평형 상태를 유지시킬 수 있는데 이런 배열을 3,2,1 위치결정법(3,2,1 location system)이라 하며, 이 위치결정법은 그림 2.6에서와 같이 첫 번째 위치결정구가 Y-Y방향의 직선 움직임을 규제하기 위해 설치되고 다른 5개의 운동은 아직 규제되지 않았다. 그러므로 정육면체는 Z-Z축을 중심으로 회전 할 수 있는데, 여기에 두 번째 위치결정구를 그림 2.7처럼 위치시키면 Z-Z축 방향의 회전운동을 정지시킬 수 있다.

나머지 4개의 운동은 아직도 제어되지 않은 상태이므로 육면체는 X-X축을 중심으로 회전할 수 있는데 그림 2.8과 같이 3번째 위치결정구를 놓으면 X-X축을 중심으로

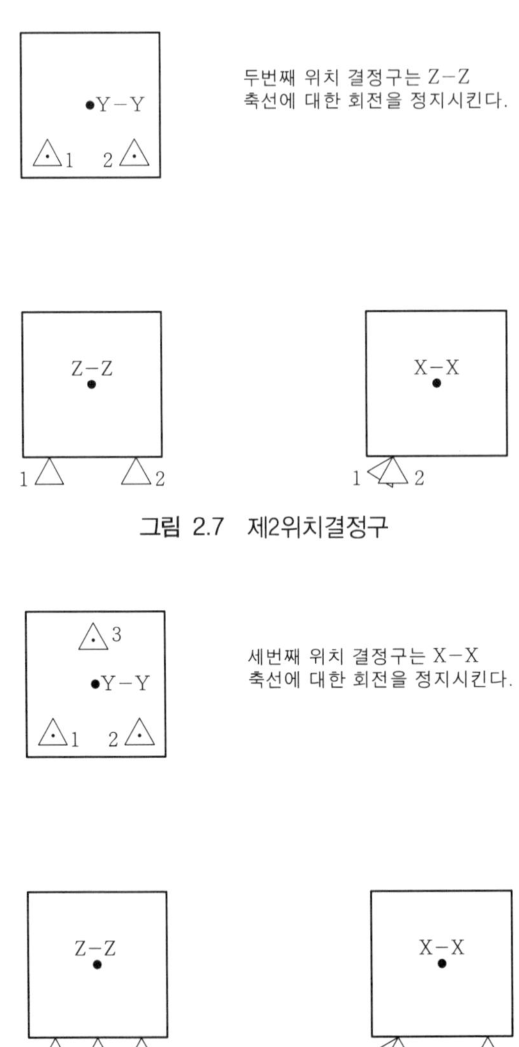

그림 2.7 제2위치결정구

그림 2.8 제3위치결정구

하는 회전운동을 방지 할 수 있다. 기하학적 측면에서 볼 때 한 면에 3점에서 위치결정구가 설치되면 더 이상의 위치결정구는 필요하지 않다.

4번째의 위치결정구가 그림 2.9와 같이 육면체 좌측면에 놓으면 육면의 X-X축방향의 직선운동을 정지시킬 수 있다.

아직도 Y-Y축을 중심으로 하는 회전운동과 Z-Z축 방향의 직선운동은 규제되지 않았다.

5번째의 위치결정구를 좌측면에 그림 2.10과 같이 놓으면 Y-Y축을 중심으로 하는

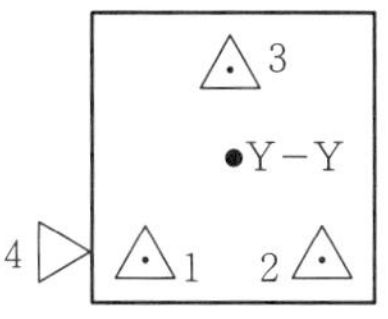

네번째 위치 결정구는 X−X 축상의 왼쪽으로의 선운동을 정지시킨다.

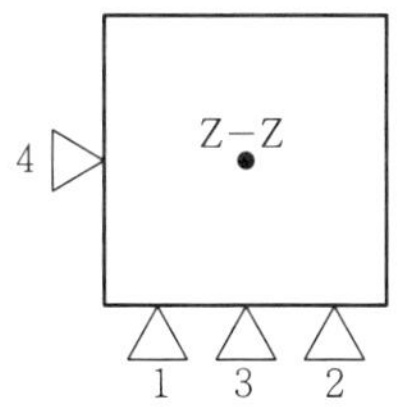

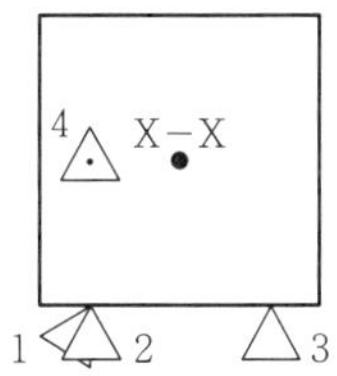

그림 2.9 제4위치결정구

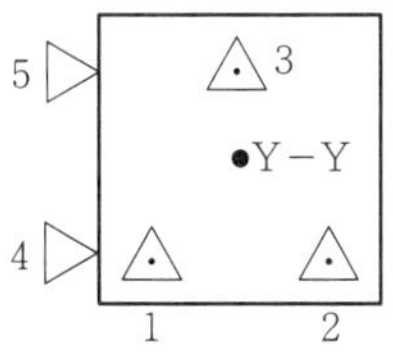

다섯번째 위치 결정구는 Y−Y 축선에 대한 회전을 정지시킨다.

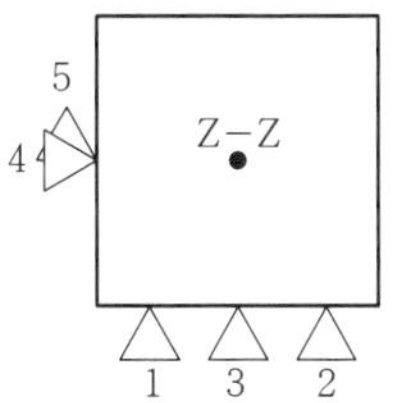

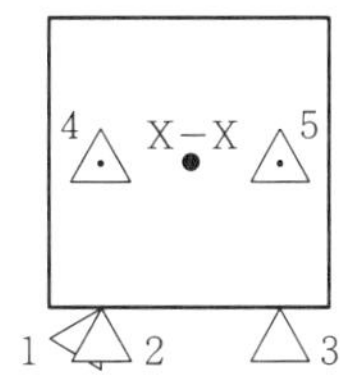

그림 2.10 제5위치결정구

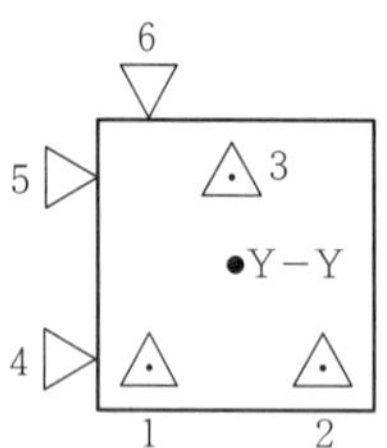

여섯번째 위치 결정구는 Z-Z 축선을 따라 안쪽으로의 선 운동을 정지시킨다.

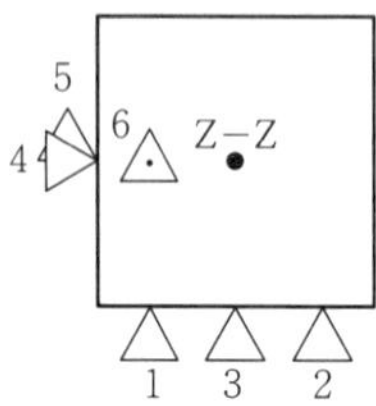

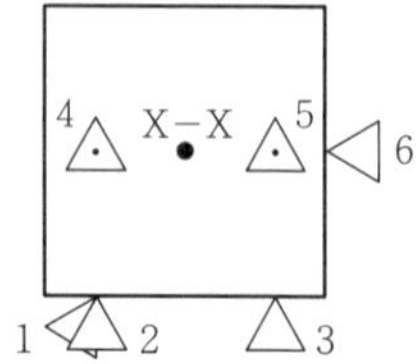

그림 2.11 제6위치결정구

회전을 방지할 수 있고, 아직도 규제되지 않은 Z-Z축방향 직선운동은 육면체의 뒷면에 그림 2.11과 같이 6번째 위치결정구를 놓음으로서 방지할 수 있다.

이와 같이 모두 6개의 위치결정구에 의하여 육면체의 6방향의 움직임을 방지할 수 있고 나머지 방향의 움직임은 고정력에 의해 육면체의 움직임을 제어할 수 있다.

3) 과잉 위치결정구

자유물체를 3,2,1 위치결정법에 의해 한자리에 위치를 잡을 수 있다. 즉 3,2,1 위치결정법을 사용하여 공작물을 충분히 가공위치에 위치시킬 수 있다. 따라서 6개 이상의 위치결정구를 공작물 홀더로 설치한다면 이것은 지지구의 과잉 상태이다. 과잉지지구가 바람직하지 않는 이유로는 다음과 같은 몇 가지 이유를 들 수 있다.

만일 제7의 위치결정구가 그림 2.12와 같이 3개의 지지구 지지하고 있는 기저 면에 위치한다면 이 때 그 면은 평면이기 때문에 3개의 지지구만이 동시에 평면에 접할 수 있고 1개는 공작물과 접촉되지 않는다. 4개의 지지구를 동시 기저면에 접하게 한다는 것은 매우 어려운 일로 흔들림 현상이 일어난다.

만일 제7위치결정구를 그림 2.13과 같이 제6위치결정구의 맞은편에 설치한다면 공작물의 장착과 제거에 필요한 틈새가 필요하게 되므로 공작물이 제6과, 제7위치결정구 사이에서 움직이게 되어 과잉 위치결정구는 바람직하지 못하다.

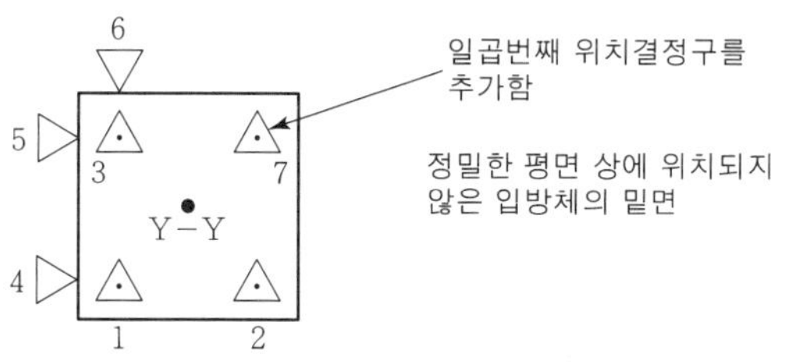

그림 2.12 과잉 위치결정

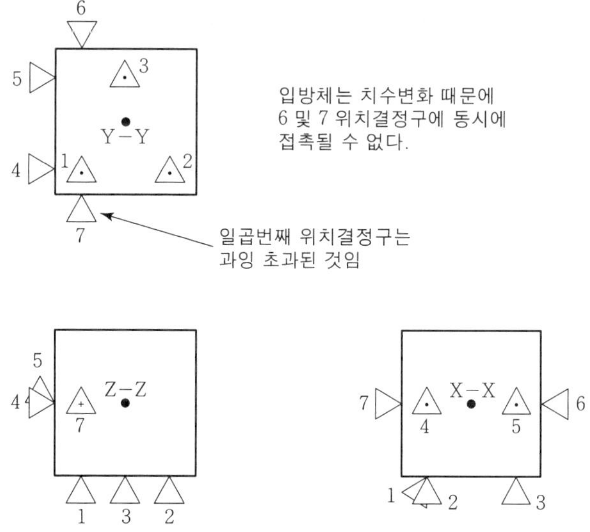

그림 2.13 대응 과잉 위치결정구

2.4 형상관리

3,2,1위치결정법을 정육면체에 적용해 보았다. 그러나 정육면체는 각 면의 크기와 형상이 같기 때문에 3면에 놓여지는 위치결정구의 순서가 바뀌어도 똑같은 결과로 놓여지게

된다.

그러나 일반적인 공작물은 대체로 각 면의 형상과 크기가 각각 다르다. 형상의 변화에 따른 위치결정구의 지지점은 상황에 따라 달라진다 하더라도 기본적인 형상에 관한 관리는 알고 있어야 한다.

공작물의 형상관리란 형상이 다양한 공작물의 안정 상태를 유지할 수 있도록 그 형상에 따라 위치결정구의 지지점을 관리하는 것을 말한다.

다음과 같은 것들은 공작물의 상태를 불안정하게 하는 각종 요소들이다. 형상관리란 불안정요소들을 적절히 관리하여 공작물의 불안정요소를 극소화시키는 것이다.

① 과도하게 인접한 위치결정구
② 공작물의 무게 중심이 위쪽으로 치우칠 때
③ 부적절한 위치에 고정력(holding force)이 가해질 때
④ 불충분한 위치결정구

위치결정구를 공작물의 가장 넓은 면을 기초로 하여 배치하는 것이 형상 관리측면에서는 최선의 방법이다. 넓게 퍼진 지지구는 회전을 저지하는 큰 지지 모멘트가 생긴다. 모든 위치결정구 사이는 많이 떨어질수록 좋으며 공작물의 안정과 균형을 가져온다.

다음은 형상관리가 잘 되었을 때 얻어지는 이점들이다.

① 공작물은 숙련도 및 기술에 관계없이 자동적으로 위치결정구 상에서 안정상태를 유지한다.
② 위치결정구로 부터 홀딩력에 의한 공작물의 이탈을 감소시킨다.
③ 공작물 표면의 불균일에 의한 공작물의 변형을 감소시킨다.
④ 위치결정구로 부터 이탈을 감소시킨다.
⑤ 위치결정구의 마모에 의한 공작물의 변위를 감소시킨다.
⑥ 이 물질에 의한 제품의 오차를 감소시킨다.

그림 2.14는 위치결정구의 마모가 위치결정구의 간격 변화에 따라 어떻게 달라지는가를 보여주는 것이다. 즉 동일한 마모량에 대하여 위치결정구 간격이 좁은 경우에 공작물의 기울어짐이 커지게 된다. 그러나 위치결정구 사이가 넓은 경우 공작물에 휨이 발생하기 쉬운 단점이 있다. 이와 같은 휨에 대한 관리는 기계적 관리에서 설명한다.

다음은 공작물의 각 형상 유형에 따른 공작물관리의 기본법칙이다.

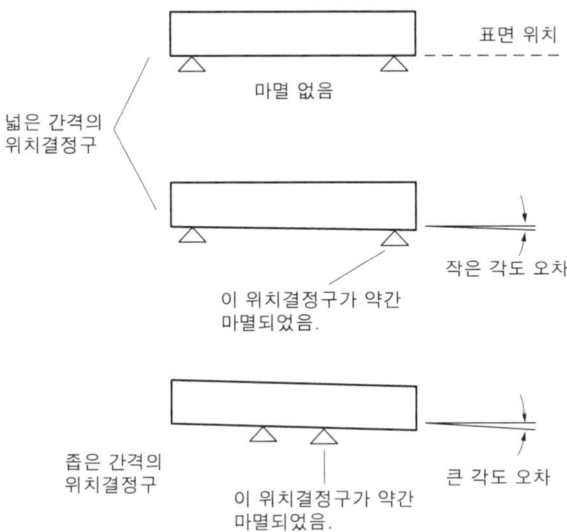

그림 2.14 위치결정구 마모와 간격에 따른 공작물 변위

1) 직사각형

3.2.1 위치결정 할 때 그림 2.15와 같이 가장 넓은 면에 3개의 위치결정구를, 다음으로 넓은 면에 2개의 위치결정구를 가장 좁은 면에 1개의 위치결정구를 위치시킨다.

그림 2.16과 같이 좁은 면에 3개의 위치결정을 하면 넓은 면에 한 것보다 무게 중심이 위쪽에 위치하므로 흔들림 현상이 쉽게 발생하게 된다. 즉 공작물을 그림 2.15와 같이 위치결정 할 때보다 불안정하게 된다.

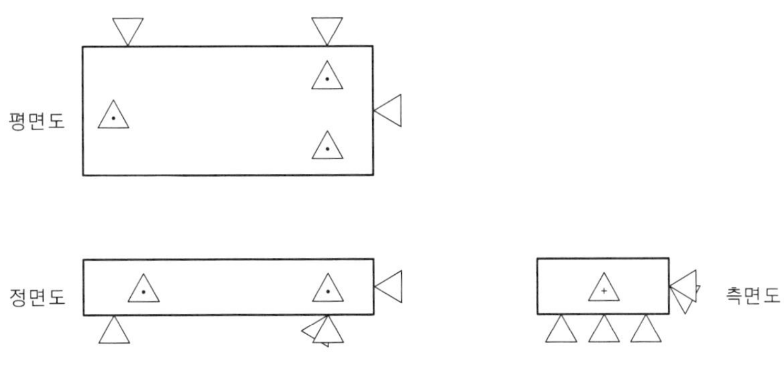

그림 2.15 직사각형의 위치결정

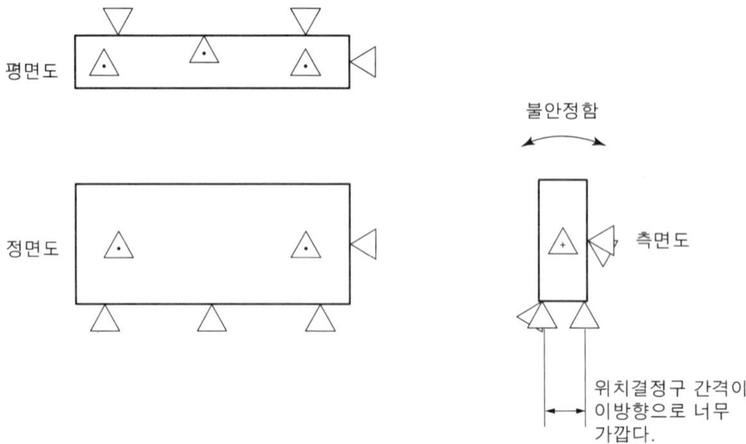

그림 2.16 직사형의 부적절한 형상관리

2) 원기둥형

원기둥 형상의 위치결정은 직사각 형상과는 달리 새롭게 분석되어야 하며 지름과 높이가 우선 비교되어야 한다.

그림 2.17과 같이 높이가 지름보다 아주 작은 경우는 단면에 3개의 위치결정구를 위치시키고 원주면상에 2개의 위치결정구를 놓으며 아직 제어되지 않은 축을 중심으로 한 회전 운동은 마찰기구를 이용한다.

길이가 긴 원통형을 그림 2.18과 같이 위치결정하면 흔들림 현상이 용이하여 공작물이 불안정하므로 그림 2.19와 같이 원주 양쪽 끝부분에 2개를 직각이 되게 놓아 4개의 지지구를 배치하고 단면에 하나의 위치결정구를 놓고 필요하면 마찰기구를 사용한다.

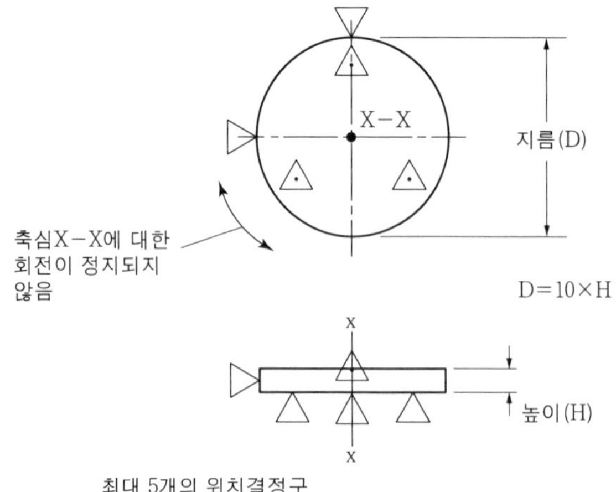

그림 2.17 짧은 원통형의 형상관리

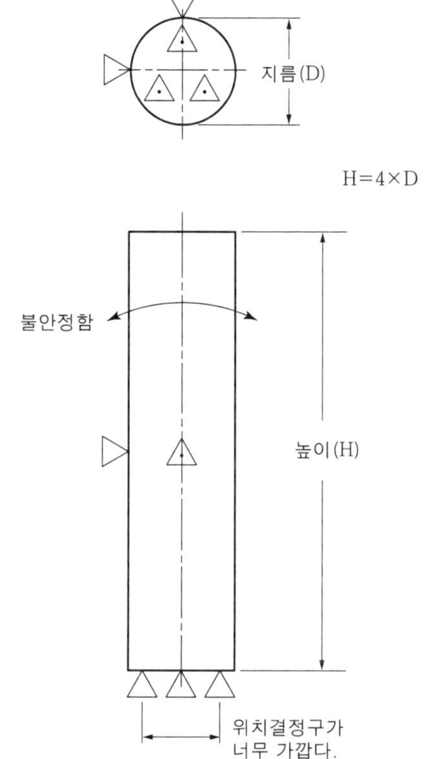

그림 2.18 긴 원기둥형의 부적절한 형상관리

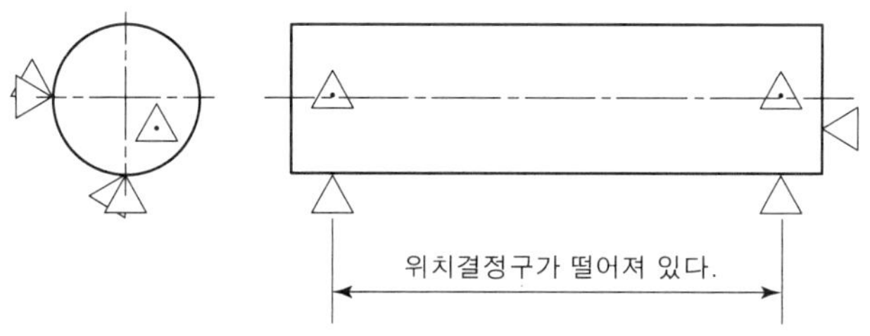

그림 2.19 긴 원기둥형의 적절한 형상관리

3) 파이프 형상

파이프 형상의 내면을 위치결정하는데는 원통에 사용된 것과 같은 기본적인 방법을 그대로 사용할 수 있다. 공작물 안에 있는 구멍에 대해서도 원통형과 같은 방법으로 위치결정시킨다.

이러한 원통에 대한 특수 적용의 예를 그림 2.20, 2.21, 2.22에 나타냈다. 원통의 지름과 높이가 같을 경우 긴 원통에 대한 위치결정 방법이나 짧은 원통에 대한 위치결정

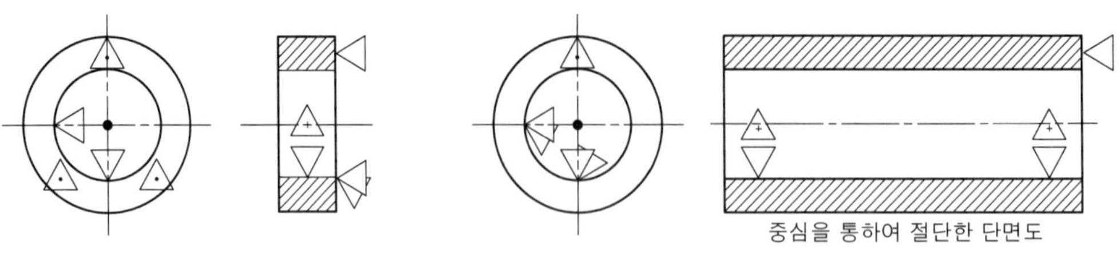

(a) 짧은 파이프 또는 링의 위치결정

(b) 긴 파이프의 위치결정

그림 2.20 파이프 형상의 형상관리

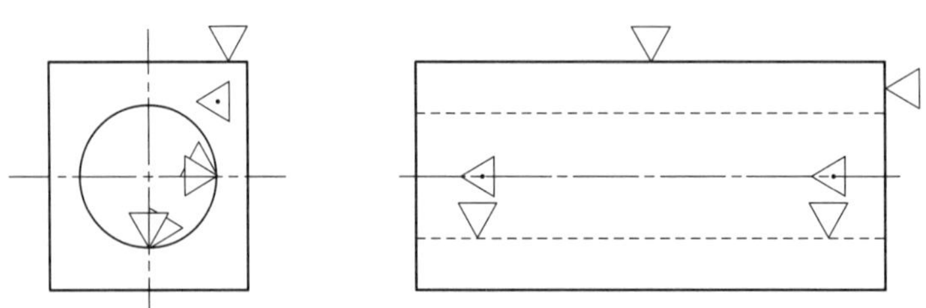

그림 2.21 구멍이 있는 공작물 형상관리(구멍길이가 길 때)

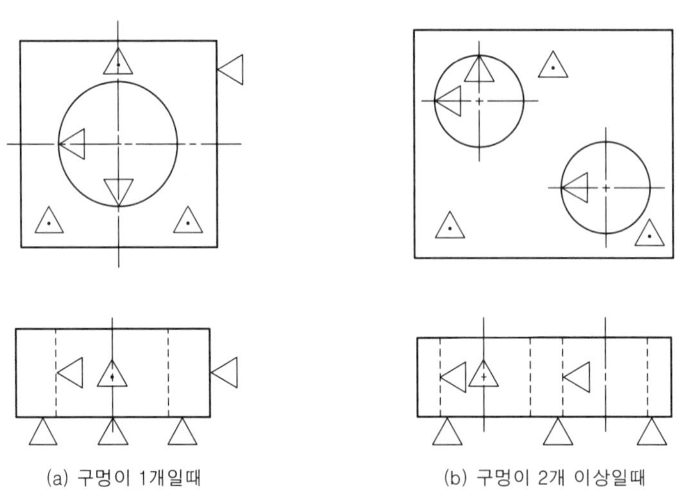

(a) 구멍이 1개일때

(b) 구멍이 2개 이상일때

그림 2.22 구멍이 있는 공작물 형상관리(구멍길이가 짧을 때)

방법 중 어느 것을 사용하여도 무방하다.

4) 원추형

원추형도 원기둥형과 유사하게 관리된다. 짧은 원추형과 긴 원추형에 적용되는 적절한

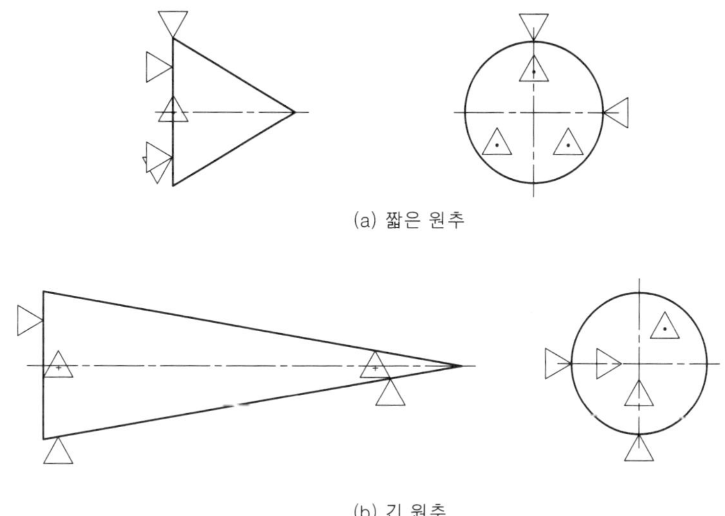

(a) 짧은 원추

(b) 긴 원추

그림 2.23 원추형의 형상관리

형상관리법이 그림 2.23에 도시되어 있다. 중심선에 관한 회전은 위치결정구에 의해 제어될 수 없으므로 마찰기구가 사용된다.

5) 피라미드형

피라미드형의 형상관리는 직사각형과 유사하게 관리된다.

짧은 피라미드형은 그림 2.24(a)와 같이 밑면에 3개의 지지구를 배치하고, 두 개의

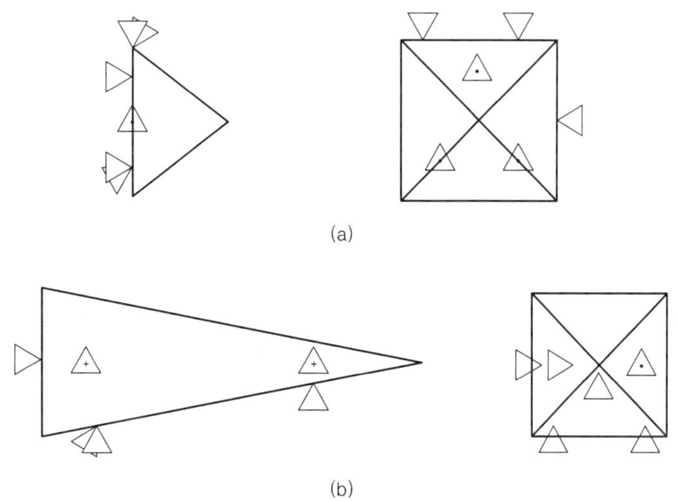

(a)

(b)

그림 2.24 피라미드형 형상관리

지지구는 밑면 끝에 하나의 지지구는 밑면의 가장 짧은 면에 배치한다.

긴 피라미드형의 경우는 그림 2.24(b)와 같이 세 개의 위치결정구를 각진 면 중 가장 넓은 면에 배치하고 두 개의 위치결정구를 다음 넓은 면에 배치하고 밑면에 하나의 위치결정구를 놓는다.

6) 복잡한 형상의 공작물 관리

여러 가지 다양한 모양의 공작물은 최선의 형상관리가 되도록 세밀히 분석한다. 이때 치수관리와 기계적 관리가 동시에 이루어져야 하며, 만일 동시에 하는 것이 곤란하면 형상관리가 제일 나중 순위로 미루어져야 한다.

복잡한 형상의 한 예로 그림 2.25와 같은 주물 제품의 형상관리에 대해 검토하면 다음과 같이 위치결정할 수 있다.

① 세 개의 위치결정구를 플랜지의 넓은 면에 배치한다.
② 두 개의 위치결정구를 플랜지 모서리에 배치한다.
③ 한 개의 위치결정구를 관의 끝 부분에 배치한다.

플랜지의 표면에 위치하는 위치결정구의 간격을 넓게 배치한다. 형상이 불규칙하여 주조품의 무게 중심은 세 개의 위치결정구 범위를 벗어나게 되므로 이를 방지할 수 있는 적절한 고정력을 가해야 한다. 다른 방법으로 대체위치결정방법을 사용하여 다음과 같이 위치결정한다.

① 두 개의 위치결정구를 넓은 플랜지 평면 위에 배치한다.
② 한 개의 위치결정구를 관 끝에 플랜지와 같은 쪽에 배치한다.
③ 두 개의 위치결정구를 플랜지 모서리에 배치한다.
④ 한 개의 위치결정구를 판 끝 측면에 배치한다

이렇게 하면 주조품은 안정된 상태가 된다. 대체 위치결정구의 배치는 공작물의 설치와 클램핑을 용이하게 한다. 그러나 대체 방법은 플랜지 표면으로 나타난 평면은 관리하지 않는다. 공작물에 대한 가장 적절한 작업을 위해서는 위치결정 방법을 선택하기 전에 다른 중요 사항도 알아야 한다.

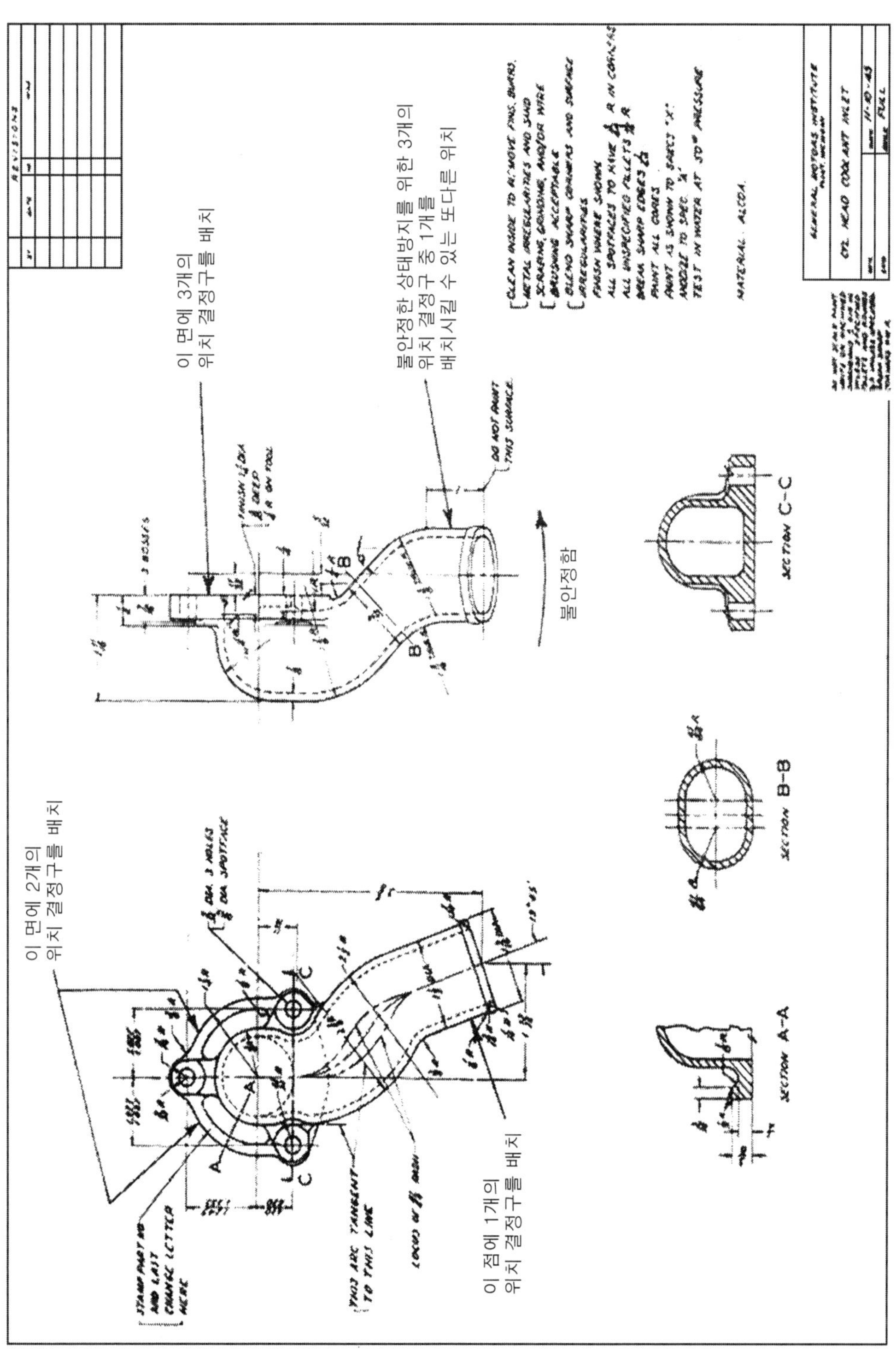

그림 2.25 복잡한 형상의 관리

2.5 치수관리

형상관리만으로는 제품에서 요구하는 정밀도를 얻을 수 없다. 만족할 만한 제품을 얻기 위해서 치수관리(dimensional control)가 이루어져야한다. 치수관리는 부품도에 명시된 물리적 치수의 유지에 관련되는 통제 및 관리이다.

위치결정구는 공작물의 형상관리와 치수관리를 용이하게 할 수 있도록 위치시키는 것이 바람직하다. 그러나 두 가지를 동시에 달성하기 어려운 경우에는 치수관리를 위주로 하고 형상관리는 무시한다.

치수관리는 위치결정구의 정확한 위치에 의해서 달성되므로 위치결정면을 어느 면으로 하느냐가 매우 중요하다. 공정 설계가 이루어지는 경우 공정 설계사가 적합한 위치결정면을 선정한다. 치공구 설계사는 선정된 면에 적합한 위치결정구를 설계한다. 치수관리는 표면 다듬질, 열처리, 화학적 성분과 시험에 관한 설명을 관리하는 것을 뜻하는 것은 아니다.

우수한 치수 관리는 지지구를 놓을 적합한 면을 선택하는 일과 적절한 위치결정구의 배치에 의해 이루어진다.

치수관리가 어떻게 이루어지는가를 몇 가지 사례를 통해서 알아보기로 한다.

우수한 치수관리는 다음 경우에 존재한다.

① 공정상의 공차 누적이 발생하지 않을 때
② 공작물의 변위량이 허용오차 내에 있을 때
③ 공작물의 불균일이 허용오차 내로 가공되는데 영향을 주지 않는 때

만일 치수관리를 적절하게 하지 않으면 가공 공차를 더욱 작게해야 하므로 이는 비경제적이다.

1) 위치결정면의 선정

정확한 위치결정구의 위치선정은 공정상의 공차 누적을 제거한다. 공정상의 공차누적은 위치결정 시스템을 어떻게 하느냐에 따라 발생할 수도 있고 발생하지 않을 수도 있다.

그림 2.26은 주물 제품으로 4개의 구멍이 있는 곳의 자리파기(수평면 가공)가공을 위해 위치결정한 경우를 나타낸 것이다. 3개의 위치결정구를 공작물의 맨 밑면에 위치

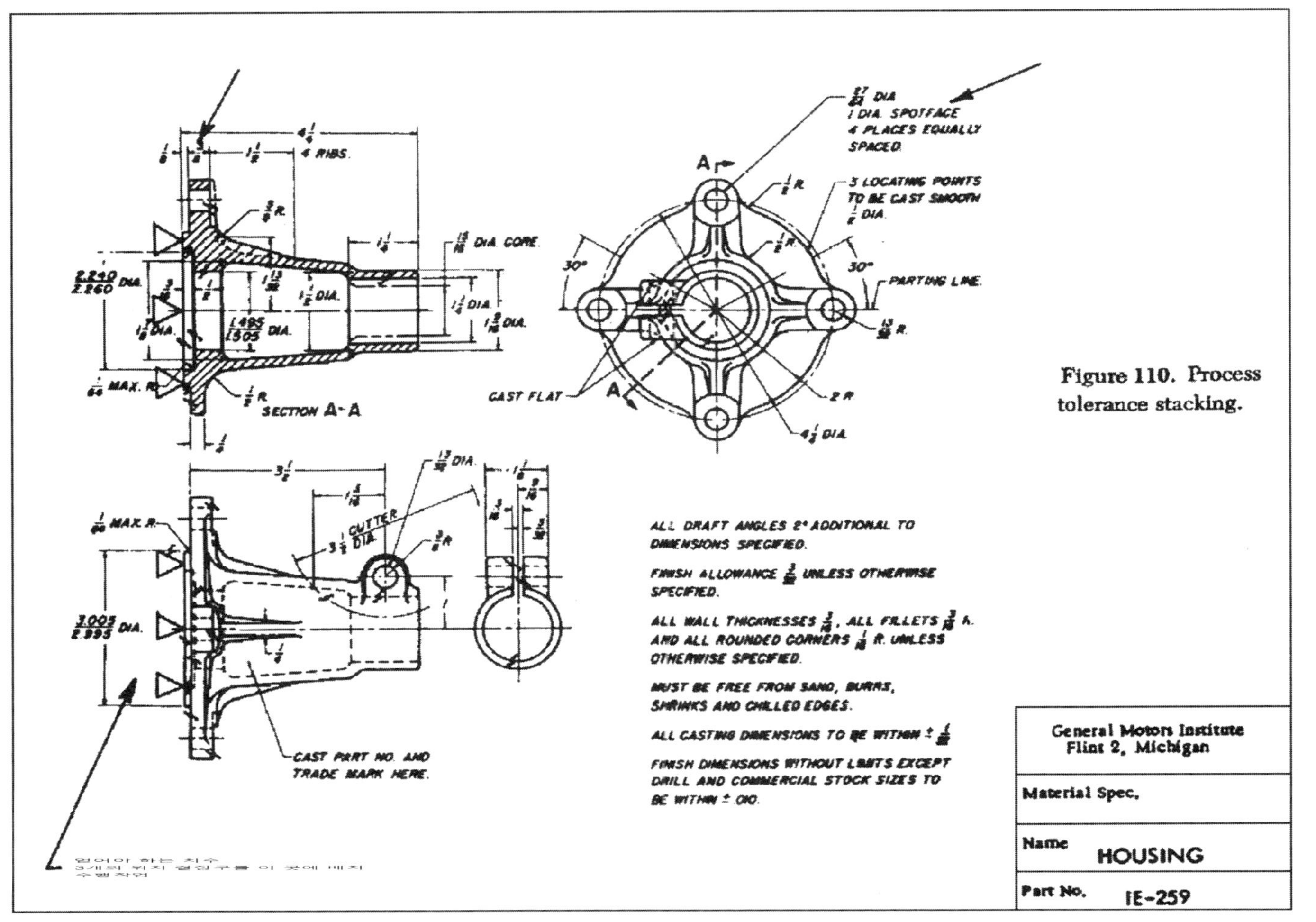
Figure 110. Process tolerance stacking.
SECTION A-A
4 RIBS.
DIA. CORE.
CAST FLAT
PARTING LINE.
1 DIA. SPOTFACE 4 PLACES EQUALLY SPACED.
3 LOCATING POINTS TO BE CAST SMOOTH
CUTTER
CAST PART NO. AND TRADE MARK HERE.
ALL DRAFT ANGLES 2° ADDITIONAL TO DIMENSIONS SPECIFIED.
FINISH ALLOWANCE UNLESS OTHERWISE SPECIFIED.
ALL WALL THICKNESSES, ALL FILLETS R. AND ALL ROUNDED CORNERS R. UNLESS OTHERWISE SPECIFIED.
MUST BE FREE FROM SAND, BURRS, SHRINKS AND CHILLED EDGES.
ALL CASTING DIMENSIONS TO BE WITHIN ±
FINISH DIMENSIONS WITHOUT LIMITS EXCEPT DRILL AND COMMERCIAL STOCK SIZES TO BE WITHIN ±.010.
General Motors Institute Flint 2, Michigan
Material Spec.
Name HOUSING
Part No. IE-259

그림 2.26

시킨 것이고 나머지 운동에 대한 제어는 이 고찰에 직접 관련을 갖지 않기 때문에 생략한다.

자리파기는 플랜지의 반대편에 대해 3/8인치가 되어야 한다. 이 치수의 공차는 ±0.010인치이다. 이 때 위치결정구로 부터 자리파기 면까지의 치수는 다음과 같다.

위치결정면에서 자리파기면까지 치수

$$= [1/8 \pm 0.010] + [3/8 \pm 0.010] = 1/2 \pm 0.020$$

부품도에 도시한 바와 같이 위치결정구로 부터 자리파기 면까지의 거리는 ±0.020의 공차를 가져야한다. 이 치수가 ±0.020의 공차를 가지도록 만들어 졌다고 가정하고, 또 1/8치수도 -0.010의 공차로 만들어졌다고 가정하면 3/8인치의 치수는 다음과 같이 된다.

$$[1/2 + 0.020] - [1/8 - 0.010] = [3/8 + 0.030]$$

여기서 나타난 바와 같이 1/2과 1/8의 각각 공차는 적절한 공차임에도 불구하고 3/8의 치수 공차는 요구되는 공차 보다도 0.020이나 넘는다. 이것은 공정상의 공차누적(process tolerance stack)이라 한다.

만약 1/2치수의 공차를 ±0.010으로 줄이면 3/8치수는 다음과 같다.

$$[1/2 + 0.010] - [1/8 - 0.010] = [3/8 + 0.020]$$

또는

$$[1/2 - 0.010] - [1/8 + 0.010] = [3/8 - 0.020]$$

비록 1/2치수의 공차를 절반으로 줄인다고 해도 3/8치수는 여전히 적절한 공차범위를 벗어난다. 3/8치수의 공차가 주어진 공차 범위 내에 있기 위해서는 1/2치수의 공차는 0의 공차로 생산되어야 한다.

$$[1/2 + 0.000] - [1/8 - 0.010] = [3/8 + 0.010]$$

$$[1/2 - 0.000] - [1/8 + 0.010] = [3/8 - 0.010]$$

이것은 공구의 마모, 먼지, 휨 및 다른 변수에 의해서 불가능하다.

여기서 왜 1/2치수가 3/8치수를 얻는데 꼭 사용되어야하는가의 의문이 생길 것이다. 이것은 자리파기를 위한 공구를 셋팅할 때 위치결정구가 접촉하고 있는 면을 기준으로 하고 이면에서 1/2만큼 위치에 커터가 위치하도록 하여 가공하기 때문이다.

이 문제를 해결하는데 두 가지의 방법이 있다.

첫째는 위치결정구를 지시된 표면에 그대로 두고 1/8치수 공차를 감소시키는 것이다.

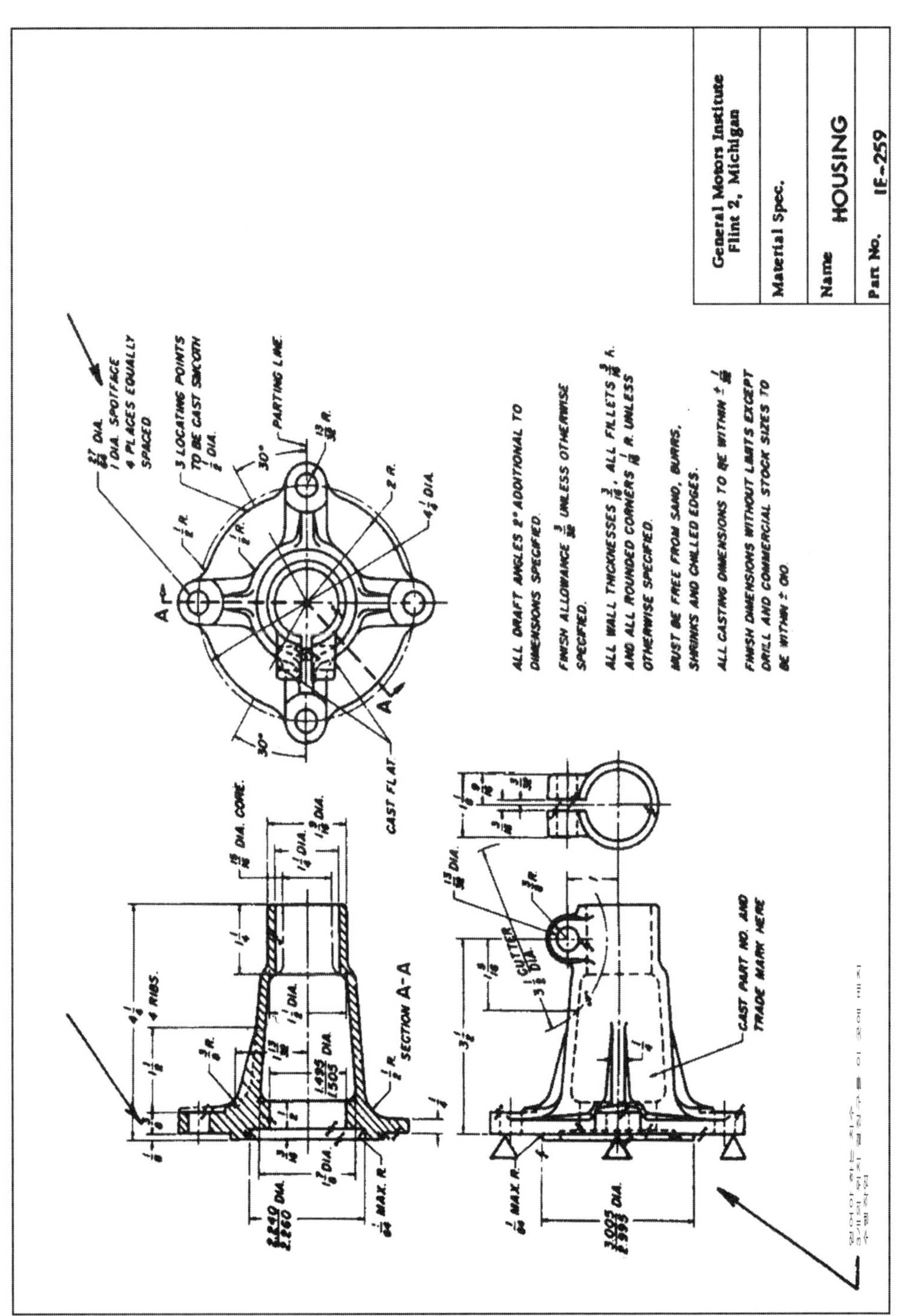
27/64 DIA.
1 DIA. SPOTFACE
4 PLACES EQUALLY
SPACED
3 LOCATING POINTS
TO BE CAST SMOOTH
1/2 DIA.
PARTING LINE
CAST FLAT
SECTION A-A
4 RIBS.
15/16 DIA. CORE.
2.240/2.260 DIA.
1.495/1.505 DIA.
1/64 MAX. R.
1 1/2 CUTTER
3 1/2 DIA.
13/32 DIA.
3.005/2.995 DIA.
CAST PART NO. AND
TRADE MARK HERE
ALL DRAFT ANGLES 2° ADDITIONAL TO
DIMENSIONS SPECIFIED.
FINISH ALLOWANCE 3/32 UNLESS OTHERWISE
SPECIFIED.
ALL WALL THICKNESSES 3/16, ALL FILLETS 3/16 R.
AND ALL ROUNDED CORNERS 1/16 R. UNLESS
OTHERWISE SPECIFIED.
MUST BE FREE FROM SAND, BURRS,
SHRINKS AND CHILLED EDGES.
ALL CASTING DIMENSIONS TO BE WITHIN ± 1/32
FINISH DIMENSIONS WITHOUT LIMITS EXCEPT
DRILL AND COMMERCIAL STOCK SIZES TO
BE WITHIN ±.010
General Motors Institute
Flint 2, Michigan
Material Spec.
Name HOUSING
Part No. IE-259

그림 2.27

1/8치수의 공차를 ±0.005로 하면 1/2치수의 공차는 다음과 같은 공차, 즉 ±0.005로 하면 된다.

[3/8＋0.010]＋[1/8－0.005]＝[1/2＋0.005]

[3/8－0.010]＋[1/8＋0.005]＝[1/2－0.005]

두 번째는 그림 2.27과 같이 위치결정구를 다른 표면으로 이동하는 것이다. 세 개의 위치결정구를 자리파기 표면의 플랜지 반대면에 배치함으로써 공정상 공차 누적이 존재하지 않는다. 자리파기 커터는 위치결정구로부터 3/8치수로 셋팅하면 되고 1/8치수는 커터의 세팅에 영향을 미치지 않는다. 이렇게 하면 공차를 줄이지 않고도 전 공차 범위 안으로 가공할 수 있다. 뿐만 아니라 형상 관리측면에서도 더 양호하게 되었다.

2) 중심선 관리

비록 위치결정구가 적절한 면에 놓여졌다 하더라도 부적절한 치수관리 요소는 남아 있다. 특히 원통형의 공작물에는 가공부위와 위치결정구의 위치관계는 치수 관리에 매우 중요한 요소가 된다.

그림 2.28은 봉재를 가공하는 경우 길이가공이 완료되고 밀링 작업과 드릴링 작업이 남아 있는 상태를 나타낸 도면이다. 여기서 밀링 가공을 위해 형상관리의 긴 원통형의 위치결정법에 따라 위치결정구의 위치를 그림 2.29와 같이 정하였다면 길이 방향의 25±0.1의 치수는 제대로 관리가 가능하지만 반지름 방향의 12.5±0.2는 제대로 관리를 할 수 없다. 12.5±0.2가 제대로 관리되기 위해서는 길이 방향의 중심선이 소재가 달라져도 변하지 않고 일정한 위치를 유지해야 하는데 그림 2.29와 같이 위치결정이 되면 소재의 지름 변화에 따라 수평 중심선은 그림 2.32에 보는 바와 같이 변위가 생겨 12.5± 0.2의 치수를 관리할 수 없다.

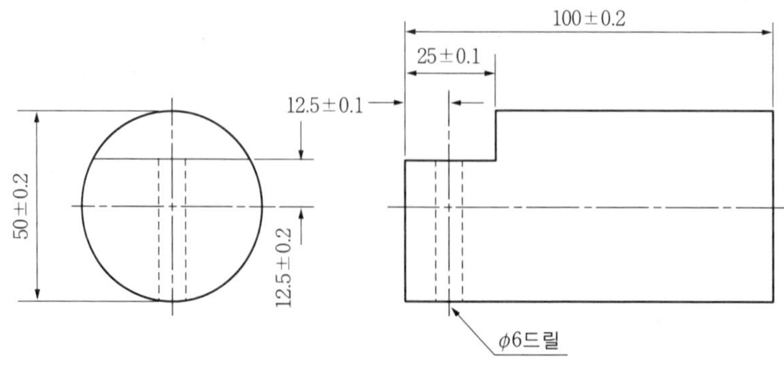

그림 2.28 원기둥 형상의 공작물

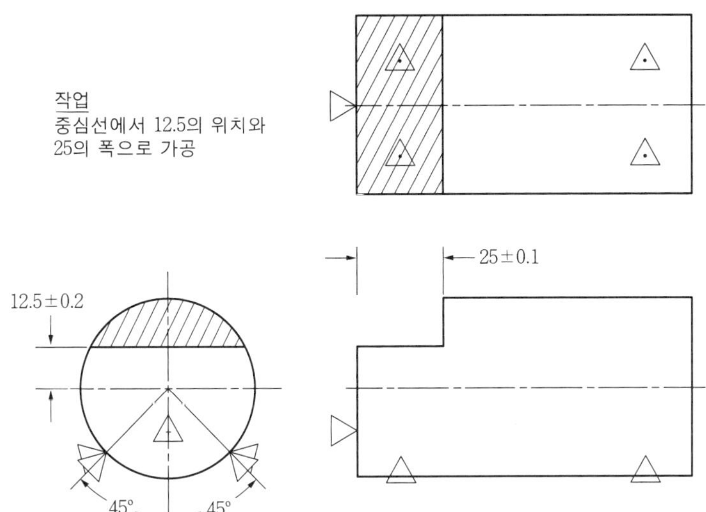

그림 2.29 밀링 작업에 대한 부적절한 위치결정

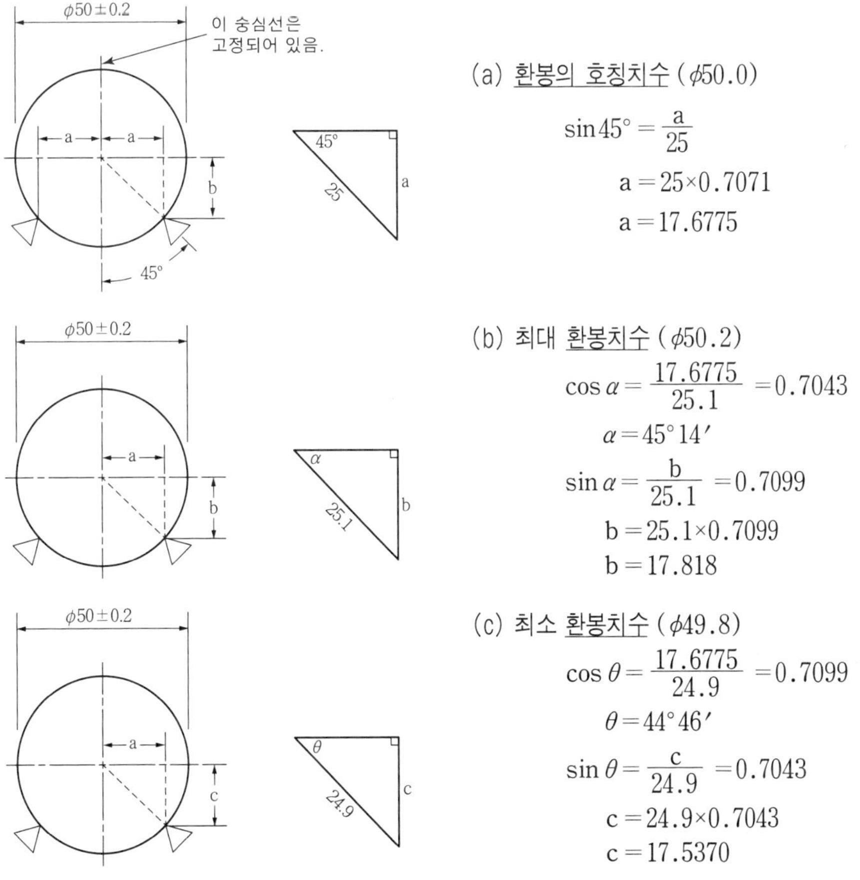

그림 2.30 지름치수 변화에 따른 중심선 변화

그림 2.30은 원통형 공작물의 지름 변화에 따라 위치결정구와 평행한 중심선까지의 거리를 실제 값으로 계산한 것이다. 여기에서 알 수 있는 바와 같이 지름이 $\phi 50$인 소재가 ±0.2의 지름 변화에 의해 중심선은 최대로 $b-c=17.8195-17.5361=0.2834$, 즉 0.2834의 변위가 발생하게 된다. 그러나 수직 중심선의 위치는 지름 변화와 상관없이 항상 일정하다.(여기서는 a값이 위치결정구에서 중심선까지의 거리가 되며 17.6777으로 일정하다)

밀링가공 부위의 치수 관리를 제대로 하기 위해서는 그림 2.31과 같이 위치결정구를 놓아야한다. 이와 같은 경우 소재의 치수 변화에 따라 수직 중심선은 변하나 수평 중심선은 변하지 않으므로 소재의 치수 변화에 의한 영향을 받지 아니한다.

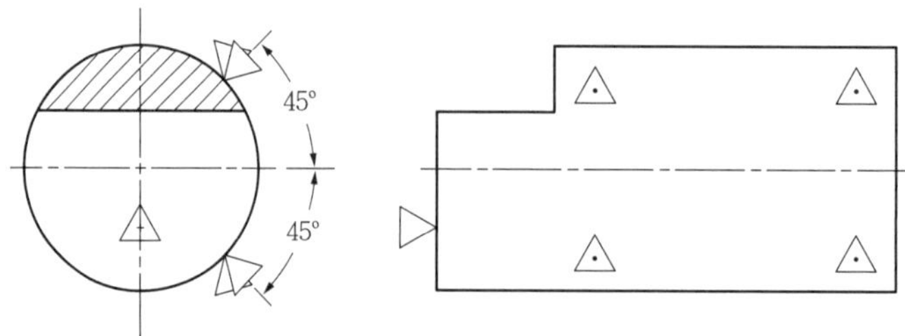

(a) 수평중심선이 변위하지 않는 새로운 위치결정

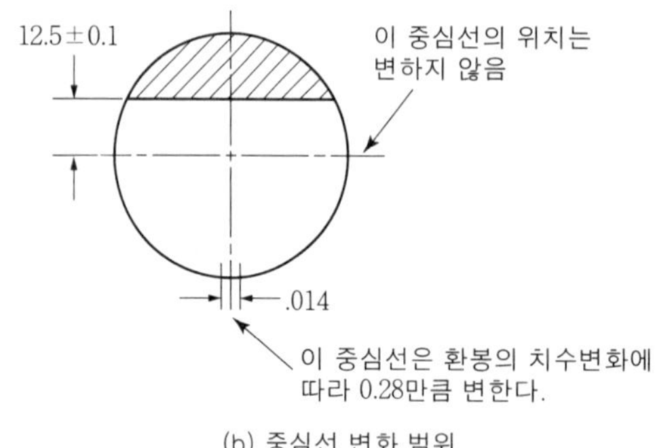

(b) 중심선 변화 범위

그림 2.31 밀링작업에 대한 치수관리가 제대로 된 위치결정

3) 위치결정구의 간격

위치결정구와 위치결정구 사이 거리는 형상관리와 치수관리에 영향을 미친다. 원통형 공작물에서 지지구의 위치가 가까워질수록 수평 중심선의 오차는 적어지지만 흔들림 경향이 증대되어 공작물의 안정성이 떨어지게 된다. 반대로 지지구의 위치가 멀리 떨어지면 공작물의 안전성은 좋아지지만 수평 중심선 오차는 증대되어 수평중심선

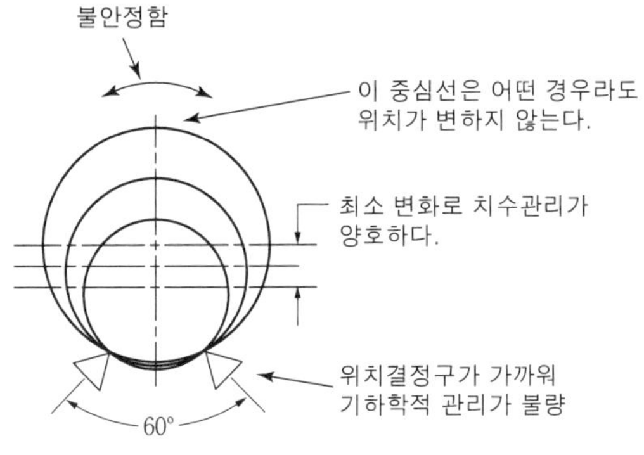

(a) 위치 결정구 간격 60°인 경우

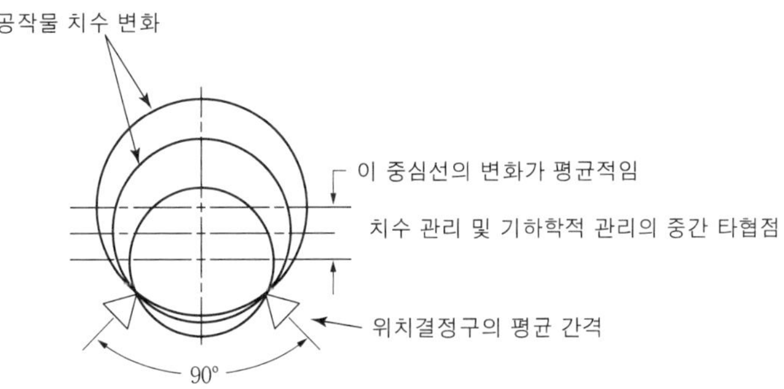

(b) 위치 결정구 간격 90°인 경우

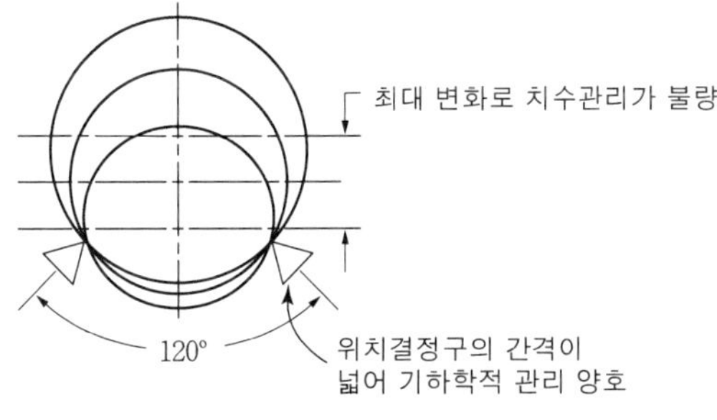

(c) 위치 결정구 간격 120°인 경우

그림 2.32 원형 공작물의 위치결정구의 간격에 대한 영향

관리는 나빠지게 된다.

그림 2.32는 수직 중심선 관리를 한 것으로 지지구의 간격에 관계없이 변위가 발생하지 않고 일정한 위치에 있으나 수평 중심선은 변위가 발생하고 변위량도 지지구의 간격이 가까울 때보다는 멀 때 증대되는 것을 알 수 있다. 따라서 형상 관리와 치수 관리를 중립적으로 유지시킬 수 있는 것은 지지구 간격이 90°일 때가 되는 것이다.

4) 기하학적 형상관리

공작물에 따라서는 평행도, 직각도, 동심도 등 기하학적 형상특성이 요구되는 경우가 있다. 이와 같은 경우 이들이 요구되는 공차내에 유지될 수 있도록 적절한 위치결정구의 배열이 필요하다. 그림 2.33은 홈이 좌측면에 대하여 정밀한 평행도가 요구되는 부품이다.

이 홈을 가공 할 고정구를 설계하는데 설계자는 그림 2.34와 같이 공작물을 관리하였다면 공작물은 형상관리는 잘 되었으나 평행도를 유지하는데는 적절하지 못하다.

그림 2.35는 평행도 관리를 위한 공작물관리를 나타냈는데 치수관리는 적절하나 형상관리는 잘 되었다고 볼 수 없다. 이와 같이 공작물이 평행도, 직각도, 동심도 등

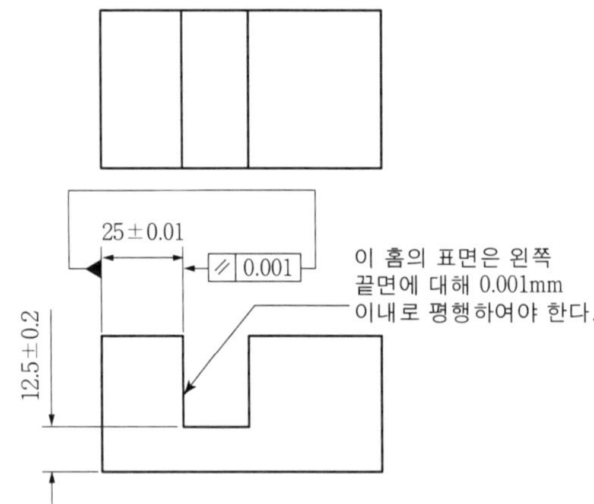

그림 2.33 평행도가 요구되는 부품도

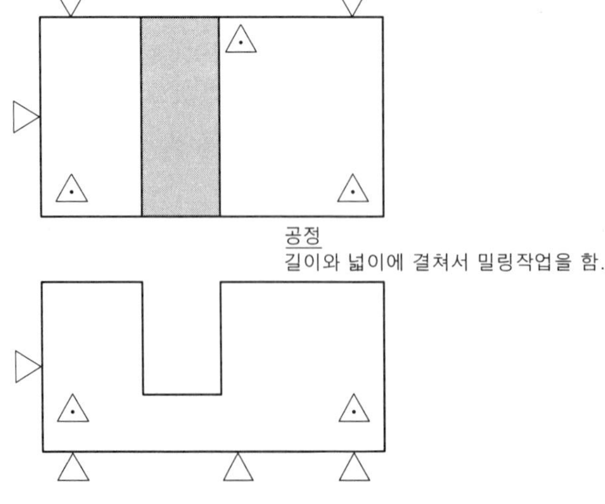

그림 2.34 형상관리가 잘된 위치결정

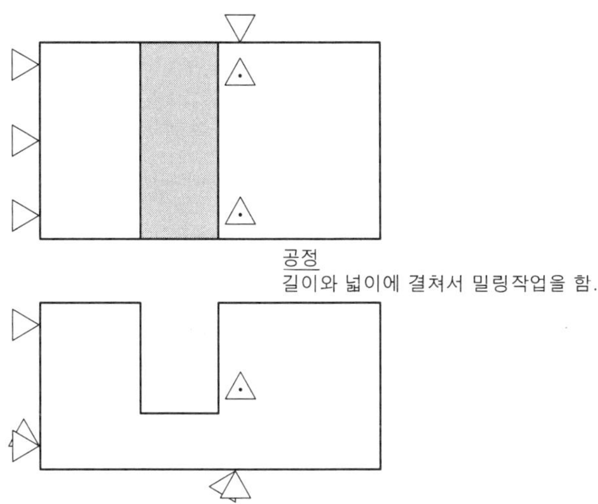

그림 2.35 평행도 관리가 잘된 위치결정

형상 특성이 요구되는 경우 다음과 같이 일반적인 규칙을 적용시켜 관리하므로서 요구되는 기하학석 형상을 유지시키는데 도움이 된다.

평행도, 직각도, 동심도 등 형상 공차가 중요시되는 경우 하나 이상의 위치결정구는 공차가 적용되는 면, 즉 형상 공차의 기준면에 놓여지도록 한다.

2.6 기계적 관리

형상관리와 치수관리는 공구와 관련된 공작물과의 위치관계를 확립하는데 그 목적이 있다.

기계적 관리(mechanical control)란 공작물에 절삭력이 작용했을 때, 이것을 견디어내며 일감과 공구 사이에 요구되는 일정한 위치 관계가 유지되도록 관리하는 것을 말한다.

기계적 관리를 위해서는 다음과 같은 조건들이 만족되어야 한다.

① 절삭력에 의해 공작물에 휨이 발생하지 않을 것

② 고정력으로 인해서 공작물에 휨이 발생하지 않을 것

③ 자중에 의해 공작물에 휨이 발생하지 않을 것

④ 고정력이 가해 질 때 공작물이 모든 지지구에 접촉하도록 할 것

⑤ 절삭력에 의해 공작물이 지지구로 부터 이탈되지 않게 할 것

⑥ 고정력에 의해 공작물이 영구 변형이나 휨이 발생하지 않을 것

최선의 기계적 관리를 위해서는 적절한 위치에 고정력을 가하고, 적절한 위치에 지지구 및 위치결정구를 놓음으로서 이루어진다.

기계적 관리를 위해서는 위치결정구의 배치에 주의해야 한다. 대개의 경우 위치결정구의 배치는 치수 및 형상관리를 우선으로 하여 배치해야하며 다른 두 조건을 만족하는 경우에 기계적 관리를 고려한다. 기계적 관리는 필요에 따라 지지구에 의해 이루어지기도 한다.

기계적 관리의 각 부분은 여러 복잡한 형상에 따라 다르며 공작물의 형상은 기계적 관리의 형상을 결정하는데 매우 중요한 요소이다.

공작물의 형상은 우연히 발생할 수 있는 휨 또는 비틀림의 양에 따라 직접적으로 관계한다. 여기서 휨이란 탄성 범위 내에서 공작물이 일시적으로 변형된 현상을 말한다. 비틀림이란 공작물이 소성 변형을 일으켜 영구적으로 변형된 형상을 말한다. 이것은 휨보다 더 심한 조건 하에서 발생하며 항복점을 넘어서는 점에서 공작물의 극단적인 휨에 기인한다. 그러므로 휨과 비틀림의 영향은 기계적 관리에 따라 공작물에 미치는 영향이 달라지게 된다. 육면체에 그림 2.36과 같이 홈을 밀링 가공할 때 절삭력이 가공 후 가공품의

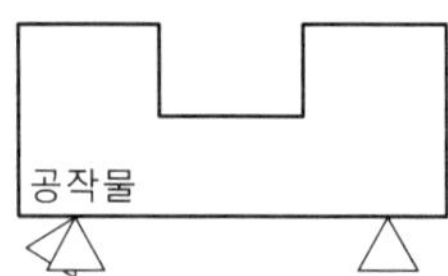

(a) 일정폭과 깊이로 홈을 밀링가공하기 위한 위치결정

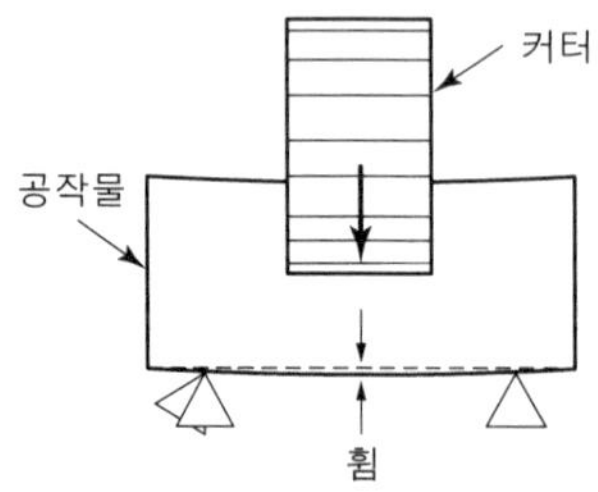

(b) 밀링가공시 절삭력에 의한 공작물의 휨 발생

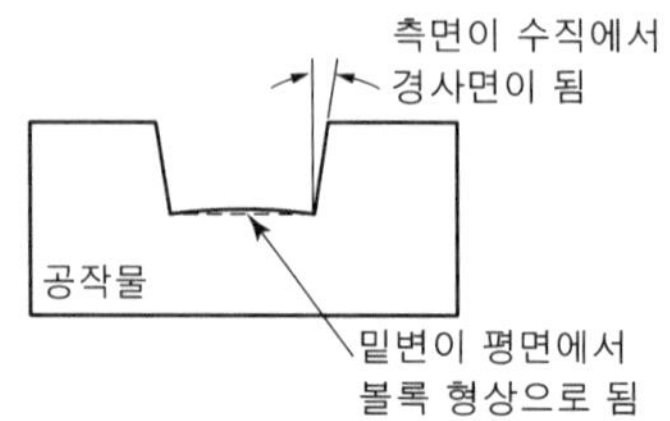

(c) 가공 완료후 공작물 형상

그림 2.36 절삭력에 의해 공작물이 휨

형상에 영향을 미치게 된다. 만약 절삭 깊이, 이송량, 절삭 속도 등 절삭조건이 적정값보다 초과되면 공작물은 커터에 의해 휘어진 상태에서 가공이 이루어지고 가공이 끝나 절삭력이 작용하지 않으면 공작물은 원래의 형상으로 스프링 백(spring back)된다. 그러나 완전하게 처음 형상으로 되는 것은 아니며 홈 부위는 그림과 같이 형상이 변하게 된다. 만약 치수나 형상이 공차역을 벗어나면 교정 작업후 사용하거나 못쓰게 된다.

1) 절삭력

절삭시 칩을 발생시키기 위해서는 이에 상당하는 힘이 필요하다. 이에 소요되는 힘을 절삭력이라 하는데 공작물에 휨이나 뒤틀림을 생성시켜 가공하고자하는 형상과 다른 형상으로 된다. 주어진 작업에서 공구는 가공물 한 부분의 형상을 만들어 준다. 그러나 공구가 요구하지 않는 가공 형상을 만든다면 이것은 잘못된 기계적 관리라 할 수 있다. 기계적 관리는 공구 형상을 관리하는 것이 아니고 절삭력에 의해 잘못된 형상으로 가공되는 것을 방지하는 것이다. 공구형상 또는 윤곽은 공구 설계자에 의해 만들어진다.

큰 절삭력은 더 많은 가공물의 휨과 비틀림을 생성시킨다. 과도한 절삭력은 공구 날의 무딤, 공구 날의 형상, 절삭 속도, 절삭 깊이 및 이송량 등 여러 요인에 기인된다. 이러한 절삭력은 공구설계사 또는 가공하는 사람에 의해 증감되는 것으로 절삭력 감소를 위해서는 이들의 노력이 필요하고 치공구 설계자와는 관계가 없다. 치공구 설계자는 공작물과 위치결정과의 관계에서 발생하는 절삭력의 방향관리를 하여 공작물에 휨이나 비틀림을 최소화시키는 데 있다.

그림 2.37에서와 같이 위치결정을 할 경우 공작물의 휨 또는 비틀림이 일어난다. 이

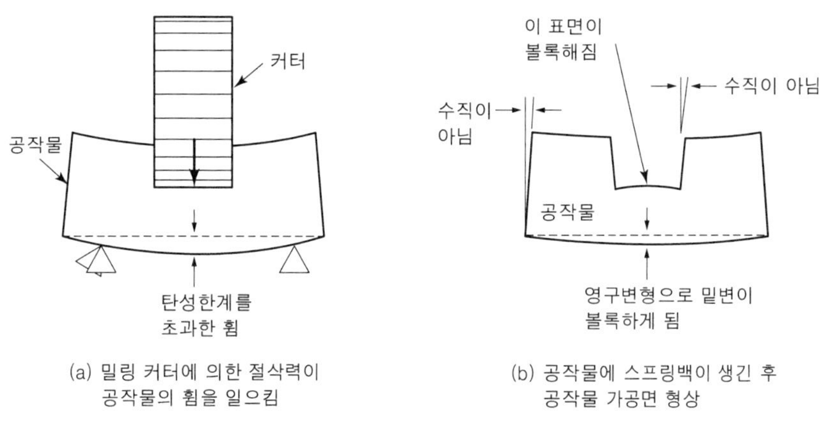

(a) 밀링 커터에 의한 절삭력이 공작물의 휨을 일으킴

(b) 공작물에 스프링백이 생긴 후 공작물 가공면 형상

그림 2.37 절삭력에 의한 공작물의 변형

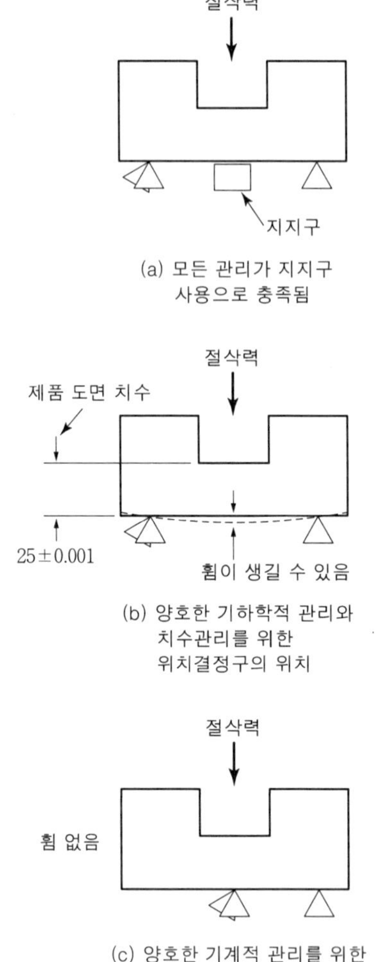

그림 2.38 기계적 관리를 위한 지지구

위치결정구는 형상관리를 위해서는 양호하게 배치된 상태이지만 기계적 관리가 미흡한 상태이다. 그림 2.38(c)와 같이 두 개의 위치결정구가 커터 바로 아래에 놓인다면 더 좋은 기계적 관리가 될 것이다. 그러나 이 경우 형상 관리측면에서 보면 공작물이 불안전한 상태로 놓여있게 된다. 그리하여 형상관리와 기계적 관리가 적절히 이루어질 수 있도록 그림 2.38(a)와 같이 지지구로 공작물을 받혀준다.

지지구는 가공물의 휨을 방지 또는 제한하는 역할을 한다. 지지구는 고정식 지지구와 조정식 지지구의 두 가지 형태가 있다.

고정식 지지구는 지지구를 고정시킨 것이다. 고정식 지지구에서 공작물은 지지구와 직접 접촉하지 않는다. 이와 같이 되기 위해서는 지지구는 위치결정구가 공작물과 접촉하는 면보다 아래쪽에 놓여져야 한다. 공작물이 불규칙하여 지지구가 위치결정구보다 먼저 접촉해서는 안된다. 지지구와 공작물의 접촉은 절삭력에 의해 공작물에 휨 현상이 일어 날 때 접촉 되도록 해야 한다. 공작물의 밑면이 평탄한 평면인 경우 지지구는 높일 수 있다. 절삭력이 작용하면 공작물에 휨이 발생하고 고정 지지구와 접촉한다. 고정식 지지구는 부분적인 기계적 관리를 한다. 공작물의 휨 정도는 절삭력의 크기와 위치결정구 면과 지지구 접촉면사이의 거리에 비례한다. 보다 좋은 기계적 관리는 조정식 지지구에 의해 할 수 있다.

조정식 지지구는 움직일 수 있는 지지구이다. 조정식 지지구는 위치결정구 접촉면 보다 훨씬 아래에 위치하였다. 공작물이 위치결정구 위에 완전하게 놓여지고 공작물이 위치결정구에 대해 공작물이 지탱될 수 있도록 고정력을 가한 후 지지구를 조정하여 일감과 접촉하도록 한다.

지지구의 조정 후에 절삭력이 가해지며 이때 공작물은 지지구가 받혀 주고 있으므로 휨이 발생하지 않는다. 작업이 완성되어 공작물을 제거할 때 지지구는 다음 공작물을 위하여 낮추어져야 한다.

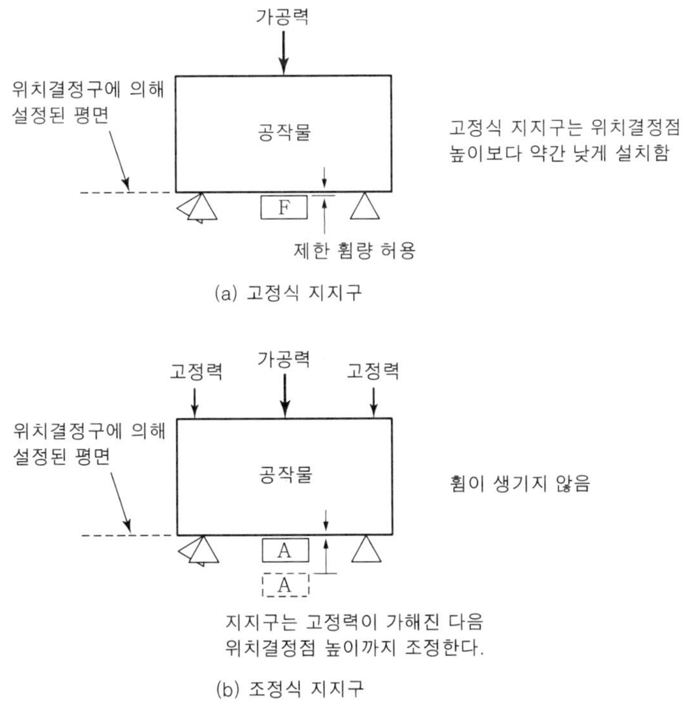

그림 2.39 지지구의 형태

조정식 지지구는 고정식 지지구 보다 비용이 더 많이 들지만 훌륭한 기계적 관리를 할 수 있다. 그러나 이것은 경비가 더 들어 갈 뿐 아니라 더 많은 작업 시간과 노력이 필요하므로 경제성과 품질의 비중에 따라 지지구의 종류를 선택해야한다. 지지구는 위치결정구가 아니고 공작물의 휨과 비틀림을 방지하는데 그 목적이 있다. 대체 위치결정구는 지지구 역할을 대신 할 수 있다.

밀링 가공시 에는 커터의 회전 방향과 이송 방향에 따라 절삭력의 방향이 바뀌게된다.(그림 2.40) 즉 동일한 이송에 대해서도 커터의 회전이 바뀌면 절삭력의 방향이 바뀌게된다. 각 커터의 회전 방향에 따른 효과를 요약하면 다음과 같다.

① 상향 절삭 ; 절삭력이 위쪽으로 작용하므로 휨이 생기지 않는다. 그러나 절삭력은 공작물을 위치결정구로부터 공작물을 들어 올리려는 경향이 있다.

② 하향 절삭 ; 절삭력이 아래로 작용하기 때문에 휨이 일어나는 것으로 절삭력은 위치결정구에 공작물을 고정시키기가 용이하게된다.

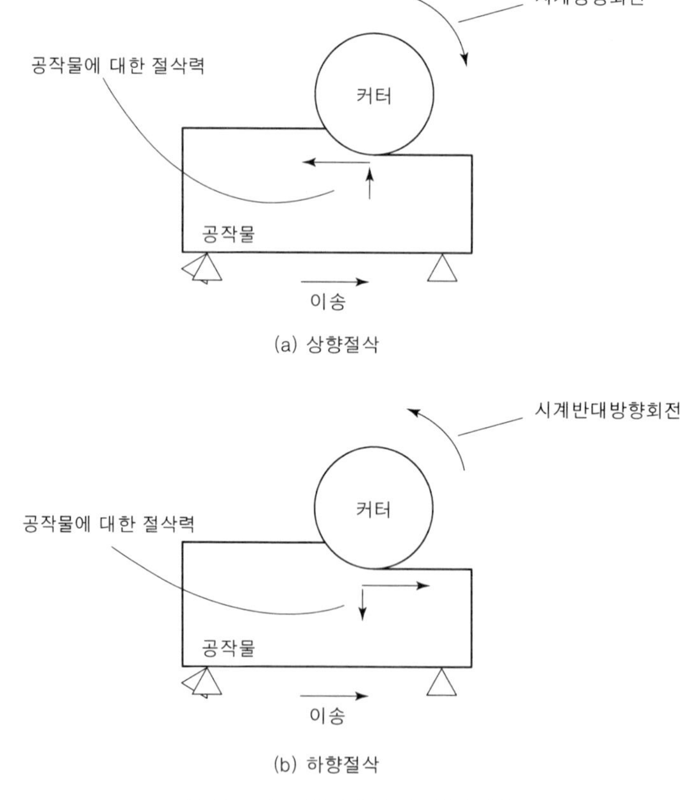

그림 2.40 상향절삭과 하향절삭

상향절삭은 공작물에 휨이 발생하지 않기 때문에 지지구가 필요하지 않으나, 가공물을 들어 올리는 경향이 있으므로 바람직하지 않다.

하향절삭은 위치결정구에 공작물을 고정시키려는 힘이 작용한다. 또한 이 힘은 공작물에 휨을 발생시킨다. 휨현상은 상향 절삭보다는 하향절삭에서 더 발생하게된다. 그러나 지지구를 받쳐 줌으로서 기계적 관리를 충분히 할 수 있다.

밀링가공시 기계적 관리는 가공물 휨을 감소시키기 위해 커터 회전방향의 관리로 얻어질 수 있다.

하향절삭은 고정력에 도움을 주어 기계적 관리를 돕고 커터회전은 다른 면에서 기계적 관리에 도움을 줄 수 있다.

위치결정구가 그림 2.41에 도시된 것과 같이 공작물이 놓여있다고 가정하면 상향절삭에서는 절삭력이 왼쪽으로 작용하여 가공물이 왼쪽으로 밀려나려 하게된다. 따라서 위치결정구는 그림과 같이 가공물의 왼쪽 끝에 놓아야한다. 이렇게 할 때 절삭력은 위치결정구에 공작물을 고정시키게되며 따라서 좋은 기계적 관리가 이루어지게 된다.

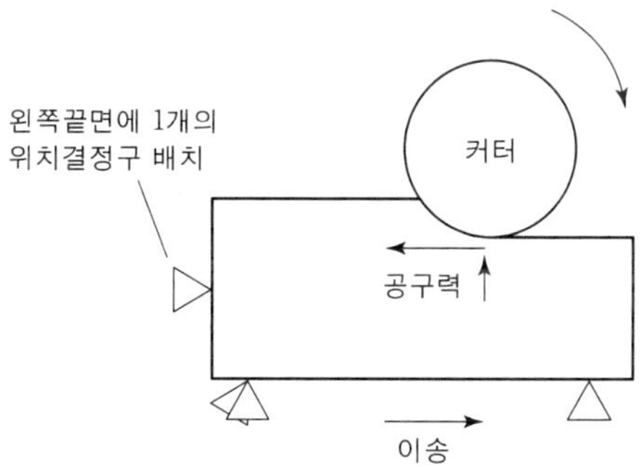

(a) 상향절삭을 위한 위치결정구 배치

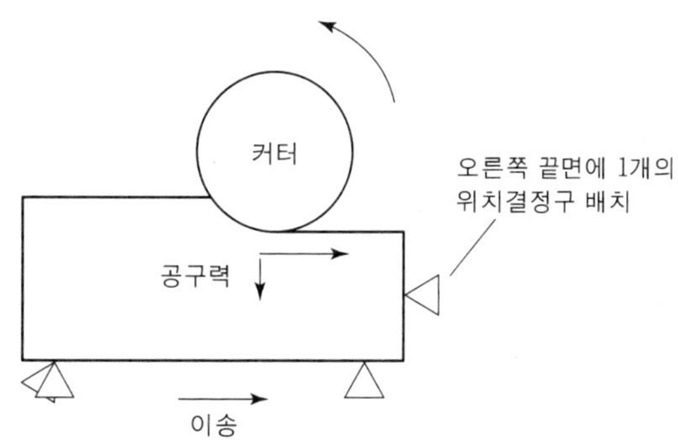

(b) 하향절삭을 위한 위치결정구 배치

그림 2.41 절삭방향에 따른 위치결정구의 위치

하향절삭에서는 절삭력이 오른쪽으로 작용하므로 위치결정구는 공작물의 오른쪽 끝에 놓아야한다. 만약 위치결정구가 반대쪽 끝에 놓여진다면 절삭력으로 인해서 소재가 위치결정구로 부터 벗어나게 될 것이다.

그림 2.41에서 가공물의 측면에 있는 하나의 위치결정구를 어느 쪽에 놓더라도 형상관리나 치수관리에는 영향을 주지 않는다.

하향절삭은 견고하고 강도가 뛰어난 기계를 요구하기 때문에 이 요소들은 기계적 관리로서 중요시되고 있다.

치공구를 설계할 때 절삭력에 대해 다음과 같은 기계적 관리의 법칙들을 적용해야 한다.

① 가공물의 휨을 제한하기 위해 위치결정구는 절삭력의 반대편에 놓는다. 그러나 이것은 형상 및 치수관리를 할 수 있을 때에만 가능하다.
② 필요한 경우 휨의 한계를 제한하기 위해 고정식 지지구를 사용한다.
③ 경제성보다 품질이 요구된다면 조정식 지지구를 절삭력 반대편에 사용한다.
④ 절삭력은 가공물이 위치결정구에 고정되기 쉬운 방향으로 조정한다.

2) 고정력

기계적 관리의 두 번째 주안점은 고정력 사용에 있다. 고정력은 적절한 위치와 크기로 가공물을 고정 할 수 있도록 하여야 한다. 고정력은 물론 대부분이 클램프에서 발생하게된다. 고정력은 형상관리와 치수관리가 된 상태에서 단지 가공물의 기계적 관리를 위해 필요하게된다.

고정력의 사용목적을 열거하면 다음과 같다.

① 가공물에 균일한 힘을 가할 수 있도록 작업자의 기술에 상관없이 모든 위치결정구가 가공물에 동시에 접촉할 수 있도록 한다.
② 절삭력에 상관없이 가공물이 모든 위치결정구에 접촉이 이루어져야 한다.
③ 가공물의 치수변화에 상관없이 가공물이 모든 위치정구에 고정되어야 한다.

그러나 가능하다면 고정력은 가공물에 휨이나 비틀림이 발생하지 않도록 하고, 지지구에 힘이 가해지지 않도록 하며, 절삭력의 바로 맞은 편에 위치하지 않도록 설계되어야 한다.

기계적 관리를 위해 고정력의 적절한 관리사항으로 다음과 같은 것들을 들 수 있다.

① 고정력은 상대 위치결정구에 직접 가해질 것.

② 고정력에 의한 휨이 발생할 경우 지지구를 사용한다.

③ 필요에 따라 고정력은 마찰기구를 사용하여 6번째의 위치결정구로 보완한다.

④ 비강성 공작물에는 하나의 큰 힘보다는 여러 개의 작은 힘을 작용시킨다.

⑤ 가공물의 손상방지를 위해 중요하지 않은 부위에 고정력이 작용하도록 한다.

⑥ 고정력은 하나의 분력이 발생하도록 하는 것이 바람직하다.

연습문제

❶ 공작물관리의 뜻을 말하라.

❷ 공작물관리 이론 6가지를 열거하라.

❸ 공간에서의 물체의 운동을 몇 개로 나누어 생각할 수 있는가?

❹ 3,2,1 위치결정법이란 무엇인가?

❺ 대체위치결정이란 무엇인가?

❻ 중심선의 위치를 제어하는 각종 시스템에 대하여 설명하라.

❼ V블록의 홈은 90°가 일반적인데 그 이유를 말하라.

❽ 다음에 대하여 설명하라.
1) 형상 관리
2) 치수 관리
3) 기계적 관리

❾ 원형 공작물의 치수 관리에 대하여 설명하라.

위치결정 및 지지

3장

3.1 위치결정구

치공구 부품 중에 공작물이 치공구내 일정한 위치에 위치할 수 있도록 하는 역할을 하는 치공구 부품을 위치결정구(locator)라 한다. 핀(pin), 버튼(button), 패드(pad), 부시(bush), 몸체의 일부 면 등이 위치결정구로 사용된다.

1) 핀과 버튼(pin and button)

각종 형상의 핀이 위치결정구로 사용되고 있다. 그림 3.1은 각종 핀의 형상들이고, 그림 3.2는 위치결정에 핀을 사용한 보기이다.

핀은 주로 핀의 측면으로 위치를 결정한다. 핀은 작용력이 큰 경우 굽힘모멘트에 의해 변형될 우려가 있으므로 보다 안정된 버튼이 많이 사용되고, 핀은 가벼운 하중을 받는 공작물에만 사용한다.

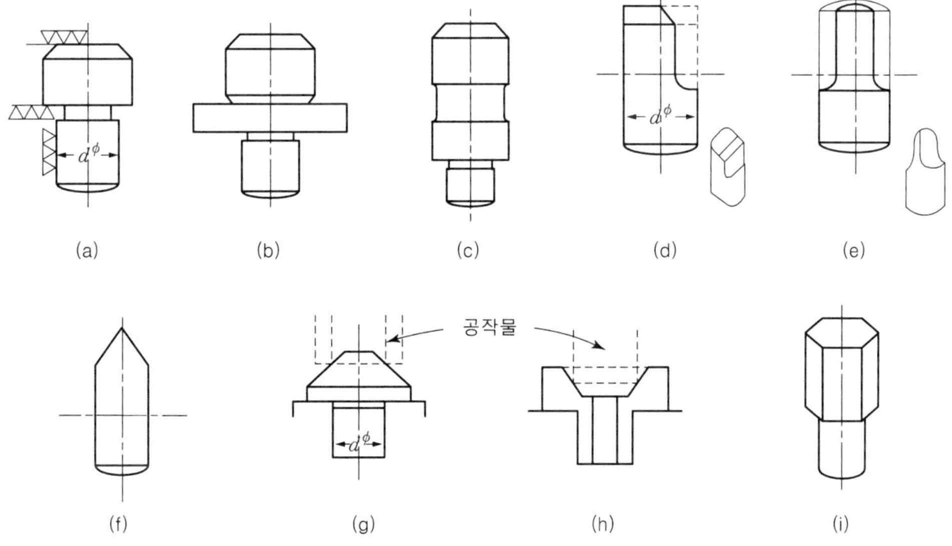

그림 3.1 위치결정핀의 여러 가지 형태

버튼은 볼트와 같이 머리부가 플렌지형으로 된 핀이다. 공작물과의 접촉은 그림 3.2 (c), (d)와 같이 플렌지부의 윗면 또는 측면과 접촉하도록 사용한다. 버튼의 윗면은 평면과 둥근 곡면이 있는데 곡면형은 주로 기계가공을 하지 않은 면에 사용한다.

핀이나 버튼의 측면과 공작물이 접촉하는 경우 선 접촉이 되어 마모되기 쉬우므로 이를 고려하여 그림 3.2(e), (f)와 같이 평면 접촉 되도록 한다.

핀은 치공구 본체에 억지 끼워맞춤하여 보다 정밀하고 안정되게 핀을 설치하는 것이 보편적이나, 핀을 교환할 필요가 있을 때에는 헐거운 끼워맞춤으로 설치한다. 이 경우도

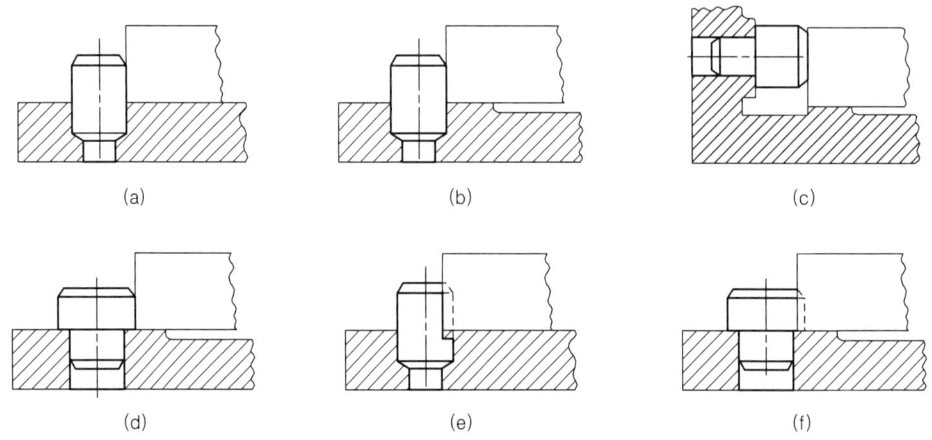

그림 3.2 핀과 버튼에 의한 측면위치결정방법

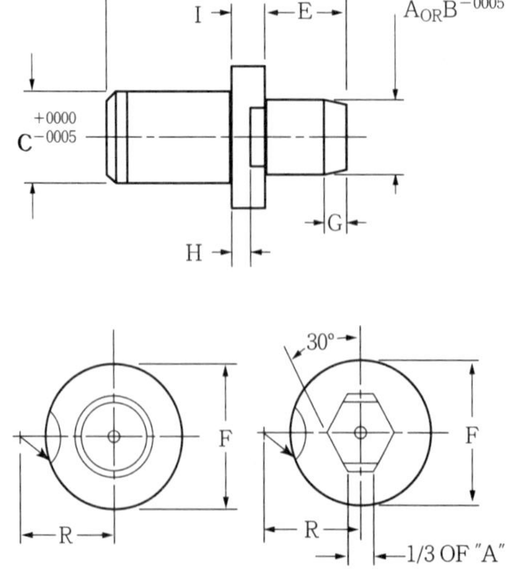

그림 3.3 교환형 위치결정핀

일단 설치된 후는 고정되어 있어야한다. 이들 핀을 고정하는 방식으로는 별도의 고정나사를 사용하여 움직이지 않도록 고정하거나, 한쪽 끝에 나사를 내어 너트로 조인다. 그림 3.3은 고정나사형 핀의 형상이고, 그림 3.4는 너트로 고정시킬 수 있는 형상이다. 그림 3.5는 플라스틱, 에폭시 등과 같이 단단하지 못한 몸체에 위치결정핀을 설치할 때 접착강도를 높일 수 있도록 설치부를 널링(knuring)한 널링 위치결정핀이다.

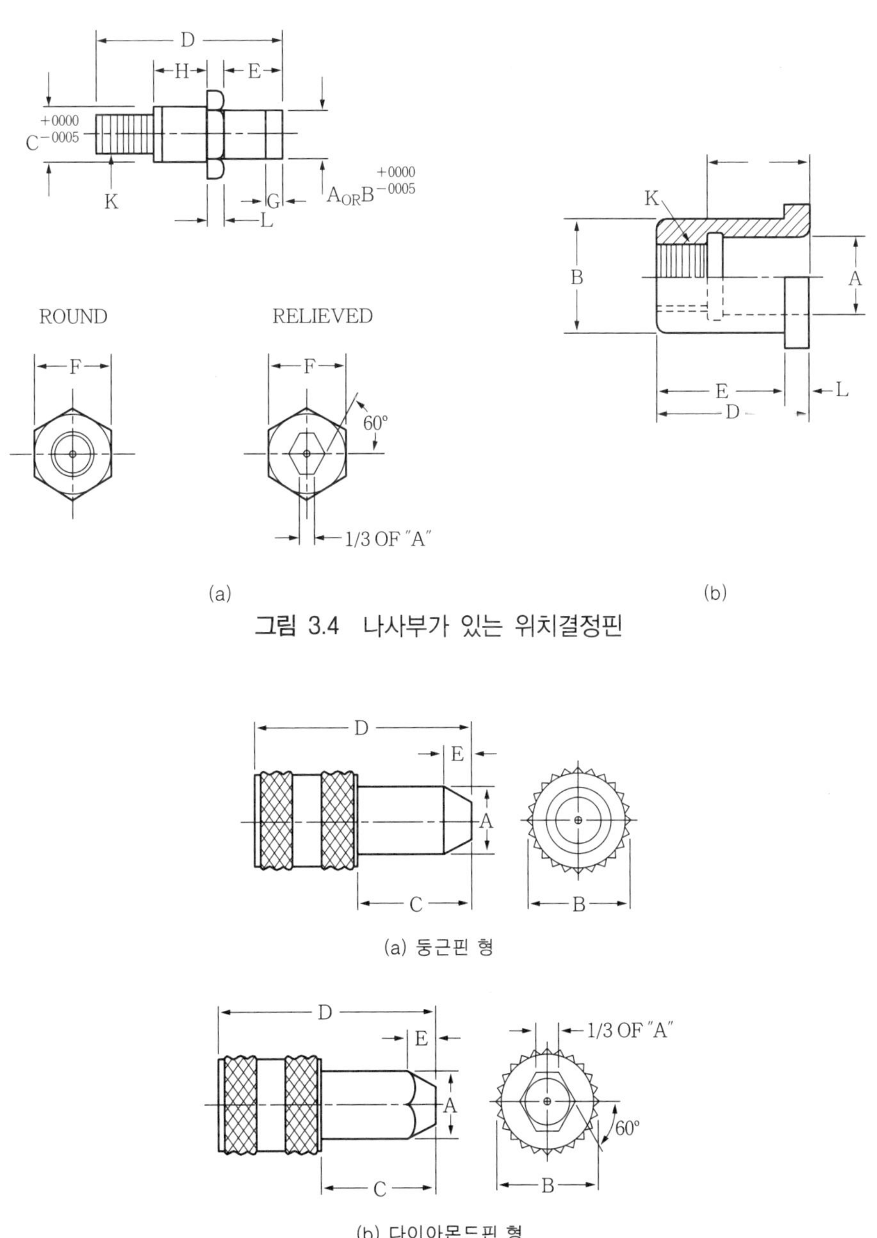

(a) (b)

그림 3.4 나사부가 있는 위치결정핀

(a) 둥근핀 형

(b) 다이아몬드핀 형

그림 3.5 널링부가 있는 위치결정핀

2) 패드(pad)

블록 형태의 위치결정구로 평탄한 접촉면을 확보할 수 있는 구조이다. 패드는 맞춤핀(dowel pin)으로 위치를 정확하게 맞추며, 나사에 의해 본체에 고정한다. 그림 3.6은 각종 형상의 패드이고, 그림 3.7은 원판형 패드의 사용보기이다.

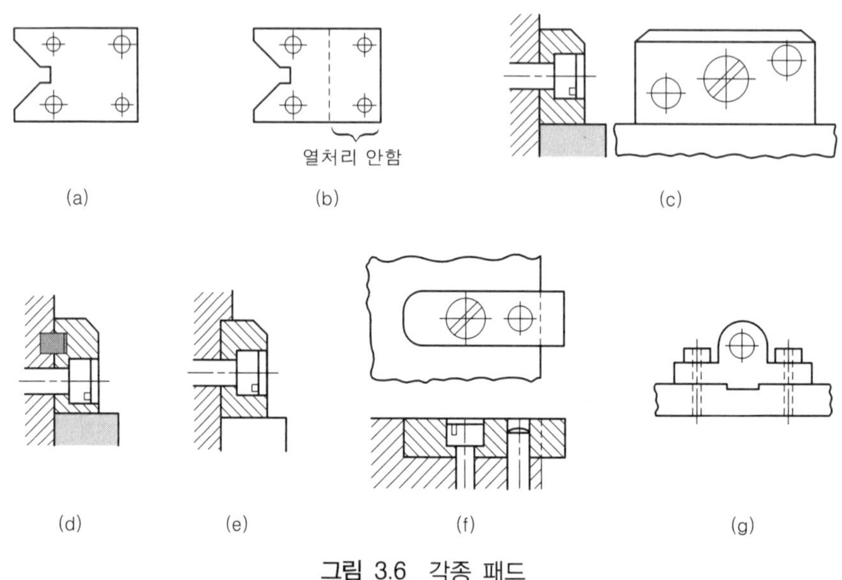

그림 3.6 각종 패드

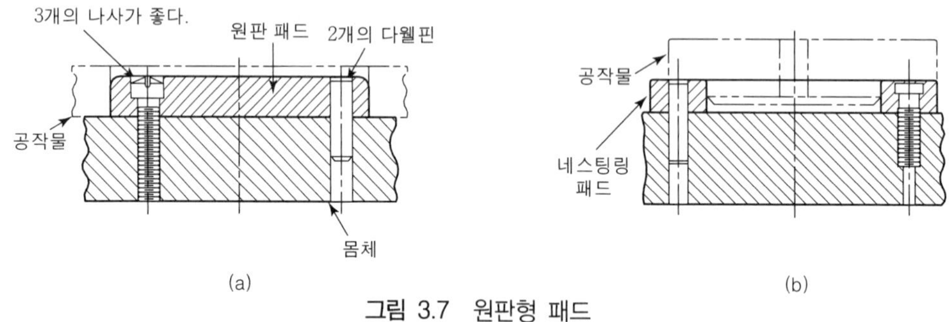

그림 3.7 원판형 패드

3) 부시(bush)

원통형 축이나 이와 유사한 형상을 공작물의 위치결정면으로 사용할 때 구멍에 끼워 위치결정을 시킨다. 이때 마모에 견디고 정확한 위치결정면을 얻기 위하여 부시를 사용한다.

그림 3.8은 부시가 위치결정구로 사용한 보기로 (a)와 같은 평형 부시는 사용 중 밀려날 우려가 있으므로 이를 방지하기 위해 (b), (c)와 같은 플렌지형 부시가 자주 사용된다.

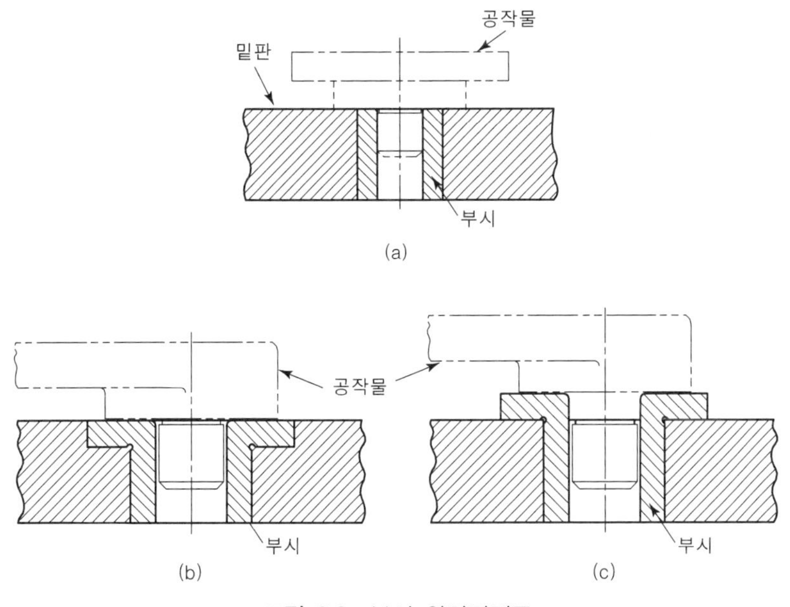

그림 3.8 부시 위치결정구

4) V형 위치결정

원통형이나 평평한 공작물의 끝이 원형 또는 각형일 때 V형 위치결정구를 사용하면 쉽게 공작물의 중심을 맞추어 위치결정시킬 수 있다.

그림 3.9(b)는 원통형 공작물에 V블록을 사용한 위치결정보기이고, 그림(c)는 평탄한 공작

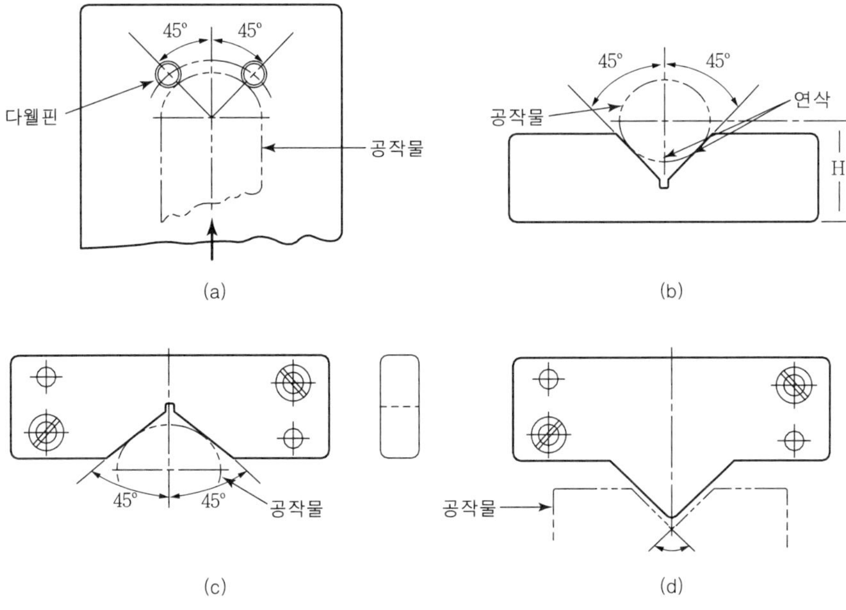

그림 3.9 V형 위치결정구 (1)

물으로 끝면이 둥글게 돌출된 부위에 V형 위치결정구를 사용한 보기이고, 그림(d)는 공작물의 홈부위에 위치결정한 V형 위치결정구의 사용보기이며 그림(a)는 2개의 핀으로 V형 위치결정을 한 것이다. 그림 3.10은 유사 V형 위치결정의 각종 형태를 보여주고 있다.

V형 위치결정에서는 공작물의 지름크기변화에 따라 공작물의 중심선이 변하는 방향과 그렇지 않는 방향이 있으므로 위치결정구의 설치방향 선택에 주의해야한다. 그림 3.11(a)는 올바른 위치결정이고, 그림 3.11(b)는 잘못된 위치결정이다.

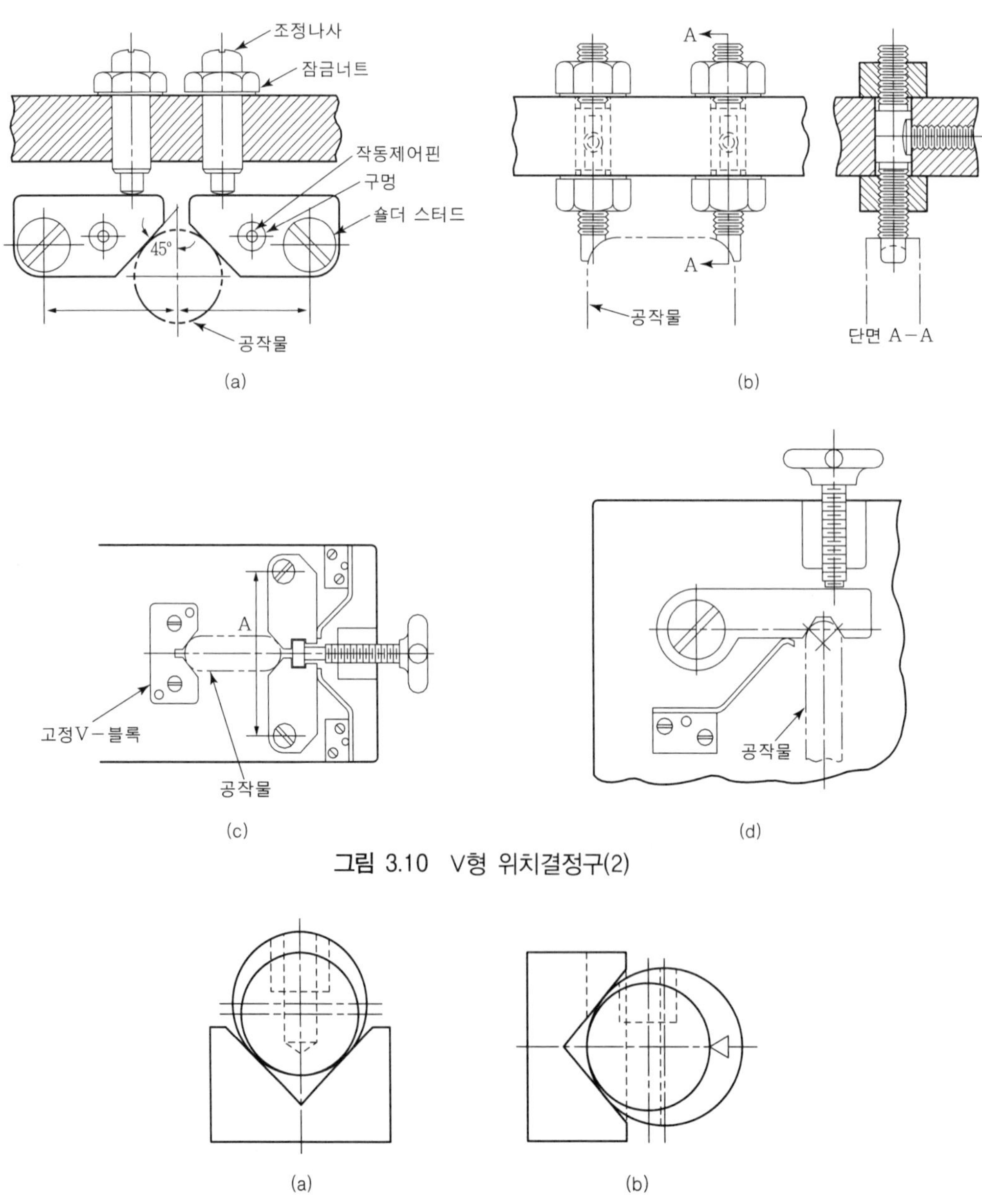

그림 3.10 V형 위치결정구(2)

(a) (b)

그림 3.11 V형 위치결정구와 공작물 변위

5) 조절위치결정구

위치결정구의 공작물과 접촉점의 위치를 공작물의 상태변화에 따라 조절할 수 있는 구조로 된 위치결정구로 주물이나 단조품처럼 공작물의 표면이 불량하거나 치수변화의 영향이 큰 경우 주로 사용한다. 그림 3.12는 나사로 위치를 조정할 수 있는 형태로 그림 3.12(a)는 위치를 조절후 너트를 조여 위치를 고정하는 형태이고, 그림 3.12(b)는 위치를 조절 후 셋스크류로 위치를 고정하는 형태이다.

이외에도 조절위치결정구는 위치결정구의 마모로 인해 조절이 필요한 경우, 또는 클램프 역할까지도 할 수 있다.

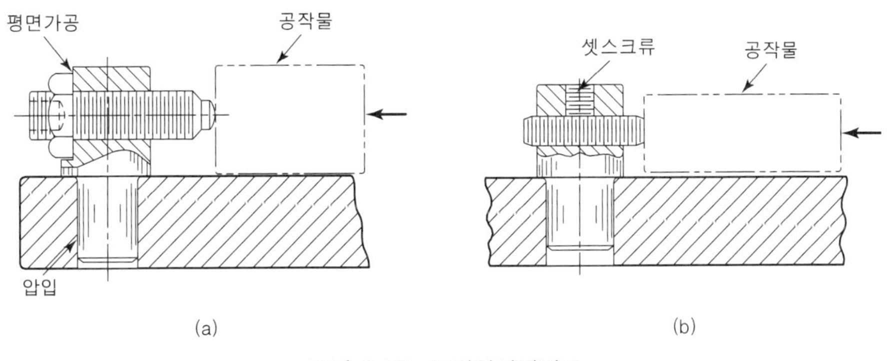

그림 3.12 조절위치결정구

6) 위치 고정핀(locking pin)

그림 3.13(a), (b)와 같은 형태의 핀들이 지그에서 공작물의 위치결정시키는 데 널리 사용된다. 이들 핀은 커버(cover)의 분할이나 템플렛 지그로 여러 개의 구멍을 가공시 먼저 가공된 구멍으로부터 공작물을 예정된 위치에 유지시키기 위해 위치결정용으로 사용되며, 이 경우 위치 고정핀은 지그 부시를 통해서 먼저 가공된 구멍에 삽입되므로 공작물을 지그내의 적절한 위치에 있도록 잡아준다.

위치 고정핀은 헐거운 끼워맞춤이 되도록 하는 것이 일반적이나 정밀도를 높이기 위해 억지 끼워맞춤 한 핀에는 큰 머리나 레버가 있는 핀으로 하여 빼낼 때 용이하게 해야한다. 또한 핀의 분실 방지를 위해 지그 몸체에 매달 수 있는 방법을 강구하도록 한다.

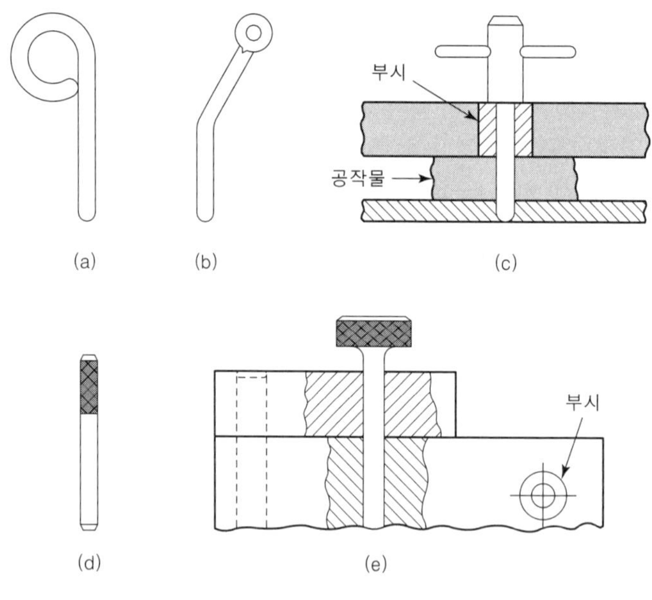

그림 3.13 위치결정 핀

7) 육안 위치결정

표면의 황삭 가공처럼 정밀을 요하지 않는 작업에서 공작물의 위치결정을 손쉽고 빠르게 할 수 있도록 육안으로 위치결정하는 것을 말한다. 육안 위치결정 방법으로는

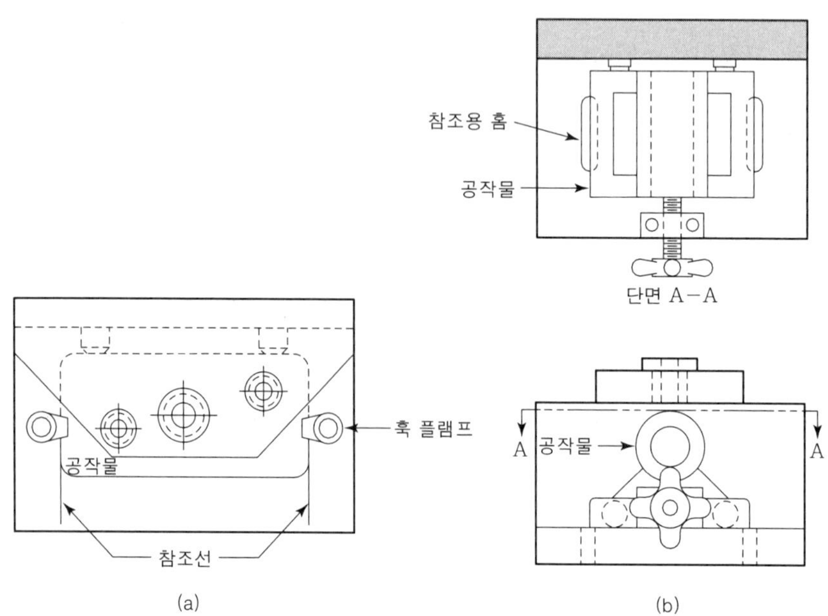

그림 3.14 육안 위치결정법

그림 3.14(a)와 같이 몸체에 참조선을 그어 이 선에 위치시키는 방법과 그림(b)와 같이 몸체에 홈을 파서 이 홈에 위치결정시키는 두 가지 방법이 있다.

3.2 지지구 (support)

지지구는 위치결정구를 보완하기 위하여 사용하는 치공구 부품으로 공작물의 위치결정을 하는 역할을 하지만 위치결정구(locator)라고 하지 않고 지지구(support)라 한다. 즉 지지구는 공작물의 형상관리를 보완하고 공작물의 위치를 정적으로 안정시키기 위해 추가되는 요소이다. 일반적으로 위치결정구가 공작물의 아래쪽에 놓이면 지지구가 되고, 측면에 놓이면 위치결정구라 한다.

지지구는 세 가지 형태로 구분할 수 있다.

① 고정식(fixed type)
② 조절식(adjustable type)
③ 평형식(equalizing type)

고정식은 그림 3.15와 같이 본체를 가공하거나 본체에 고정설치한다. 고정형 지지구는 보통 공작물의 기계가공면을 지지할 때 사용한다.

조절식은 나사를 사용하여 위치를 조절하는 형식(그림 3.16 (a), (b), (c)), 스프링을 사용하여 위치를 조절하는 형식(그림 3.16 (d), (e)), 나사와 밀대(plunger)를 사용하여 위치를 조절하는 형식(그림 3.17)이 있다.

조절식 지지구는 흔히 하나 또는 그 이상의 고정식 위치결정구와 함께 사용하여 공작물의 균형을 잡아준다.

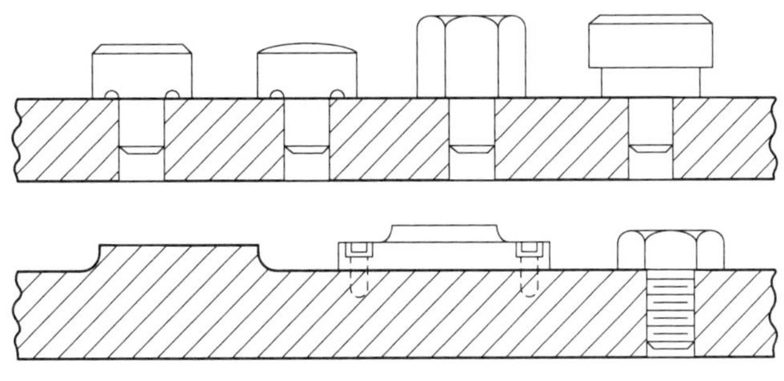

그림 3.15 고정식 지지구

평형식은 그림 3.18과 같이 조절식 지지구의 일종으로 2개의 연결된 접촉점을 똑같은 세기로 지지해준다. 즉, 한 쪽이 눌리면 다른 쪽은 올려져서 공작물과 균등한 접촉이 이루어지며 이러한 기능은 특히 주물의 불규칙한 면을 지지하는 데 효과적이다.

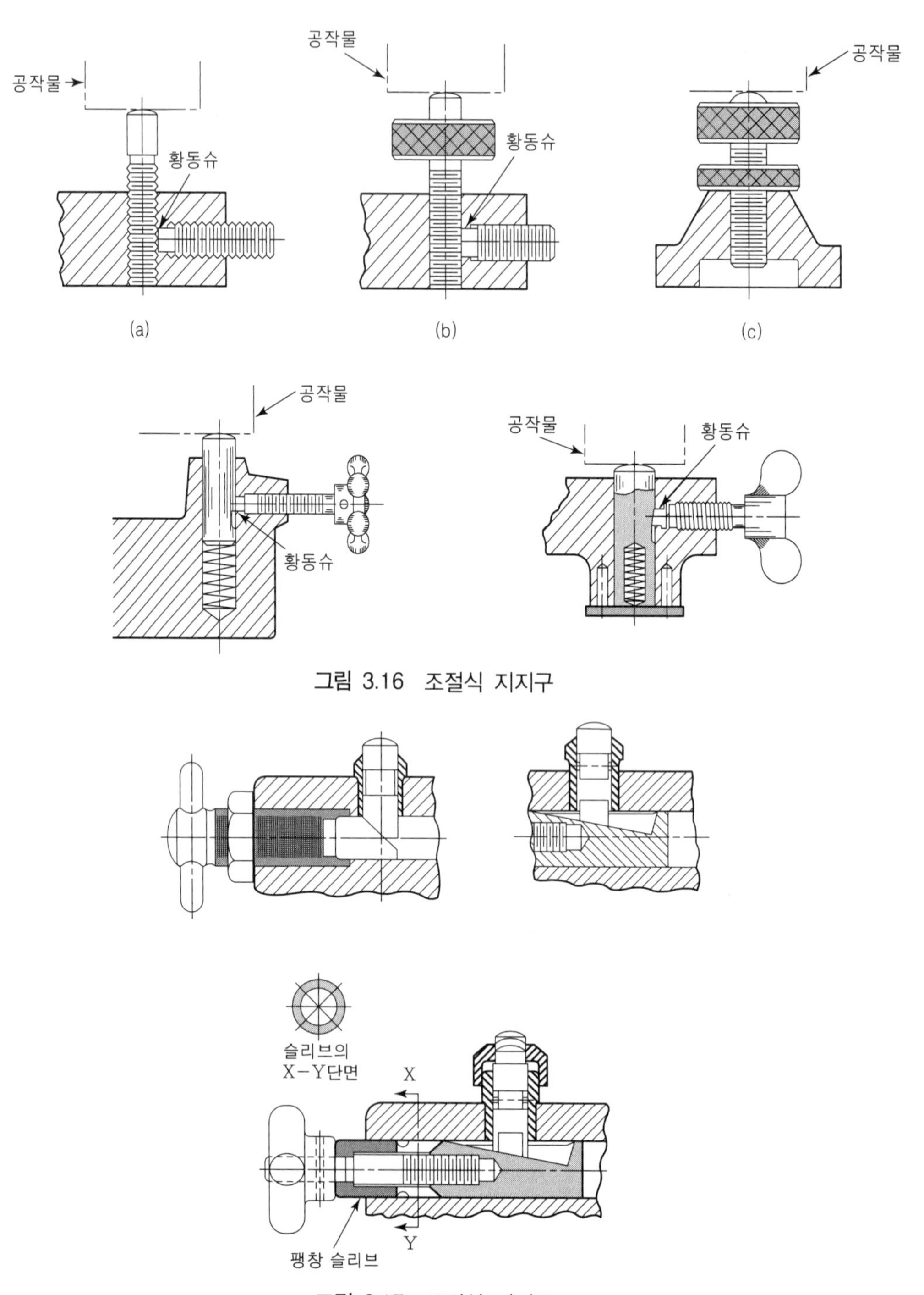

그림 3.16 조절식 지지구

그림 3.17 조절식 지지구

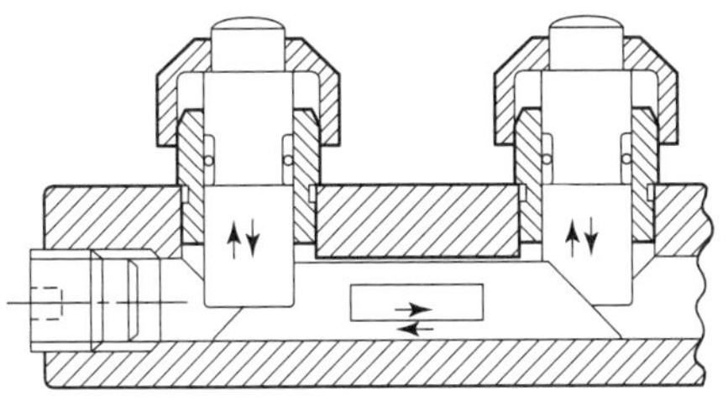
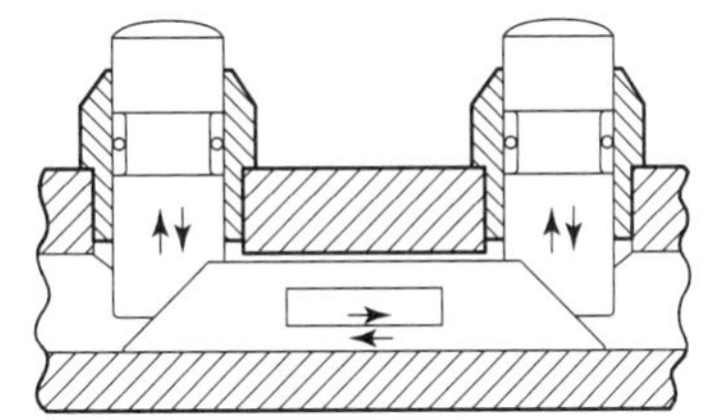

그림 3.18 평형식 지지구

그림 3.18은 평형식 지지구의 한 예이다.

3.3 공작물 위치결정면 선택

치공구를 사용한 작업에서 공작물을 위치결정시킨다는 것은 위치결정구와 공작물을 접촉상태로 하는 것을 말하며, 이 접촉면이 작업상의 기준이 된다. 즉 공작물의 기준면이 된다.

이 기준면을 어느 면으로 선택하느냐에 따라 가공 정밀도에 직접 영향을 미치게 된다.

이 위치결정면은 앞 장에서 기술한 공작물관리원칙에 부합하도록 선택되어야하고 이외에도 기계가공면, 넓은 평면, 구멍이나 홈의 내면을 위치결정면으로 잡는 것이 바람직하다.

고정밀도 부품을 가공할 때는 위치결정면은 가공 공차 이내로 다듬질되어 있어야 한다.

3.4 네스팅 (nesting)

한 공작물이 일직선 상에서 적어도 두 개의 반대 방향의 운동을 억제하는 경우, 둘 또는 그이상의 표면 사이에서 억제되며 위치결정되는 방법을 네스팅이라 한다.

네스팅은 연삭, 폴리싱작업을 할 때 위치결정 및 홀딩(holding)하기 위해 자주 사용된다. 특히 불규칙한 형상을 가진 공작물을 위해 자주 네스팅이 사용된다.

그림 3.19는 각종 형태의 네스팅으로 그림 (a)는 윤곽에 의한 네스팅이며, 그림 (b)는 블록에 의한 네스팅이고, 그림 (c)는 핀에 의한 네스팅을 보여주고 있다.

그림 (a)의 2개의 반원형 구멍은 작업자가 공작물을 쉽게 설치하고 제거할 수 있도록 손가락이 들어갈 수 있는 공간을 만들어 놓은 것이다.

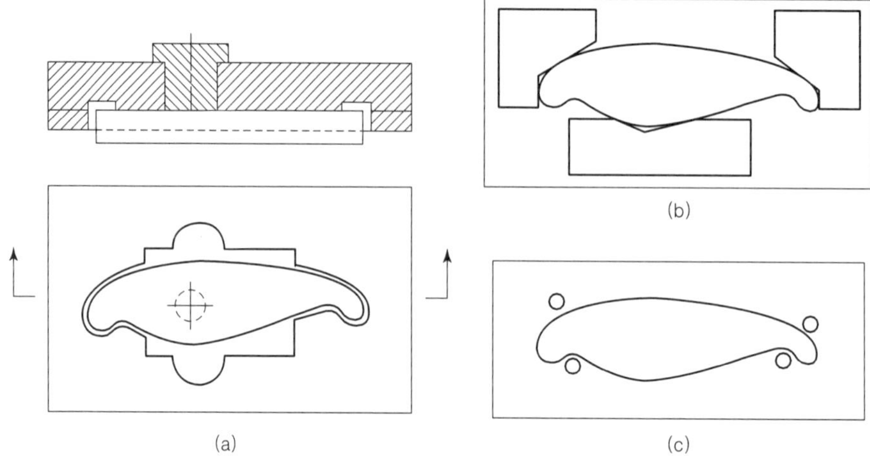

그림 3.19 네스팅의 여러 형태

네스트(nest)와 공작물 사이의 최소 틈새는 공작물의 공차에 의해 결정되나 네스팅에 의한 위치결정은 항상 어느 정도의 변위가 따르게 된다. 그러므로 불규칙한 형체를 네스팅 할 경우에는 공작물의 윤곽이 정확하게 가공되어 있을 필요가 있다. 그러므로 네스팅의 소재로 단조품은 부적합하고, 프레스 제품이 주로 사용되고 있다.

3.5 방오법 (foolproofing)

비대칭인 공작물을 치공구에 위치결정할 때 공작물의 올바른 위치를 쉽게 찾아내어 신속하게 위치시킬 수 있는 구조로 된 위치결정기구를 풀프루핑이라 한다.

풀프루핑은 적어도 하나의 비대칭면을 가진 공작물에 적용되며 완전 대칭인 공작물엔 사용할 필요가 없다. 왜냐하면 완전 대칭인 공작물은 어떠한 방향으로 위치시키더라도 항상 동일한 형상으로 가공된다. 그러므로 풀프루핑은 적어도 하나 또는 그 이상의 불규칙한 형상의 공작물을 위치결정할 때 올바르게 위치시켜 오작품이 나오지 않도록 한다.

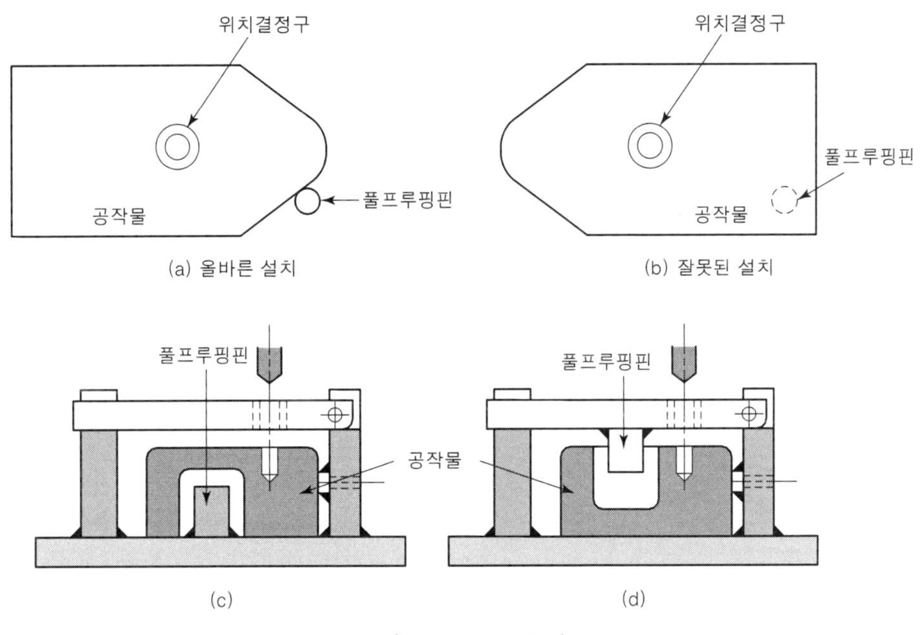

그림 3.20 풀프루핑

3.6 재밍 (jamming)

공차가 작은 축과 구멍을 끼울 때 안내부가 불충분 하면 그림 3.21(a)와 같이 한 쪽이 기울어져 끼워지지 않는 경우가 있는데, 이런 현상을 재밍(jamming)이라 한다. 재밍은 주로 마찰에 의해 발생되며, 마찰이 없다면 공작물은 구멍형 위치결정구에 미끄러져 들어갈 것이다. 재밍은 틈새, 맞물림 길이, 작업자의 손흔들림 등에 의해 발생된다.

그림 3.22(a), (b)는 긴 위치결정구에서 위치결정구에 홈을 파서 재밍을 방지한 형태이다.

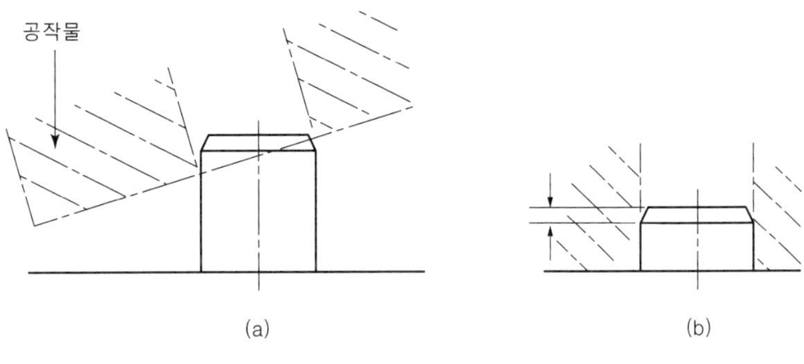

그림 3.21 재밍 및 재밍 방지

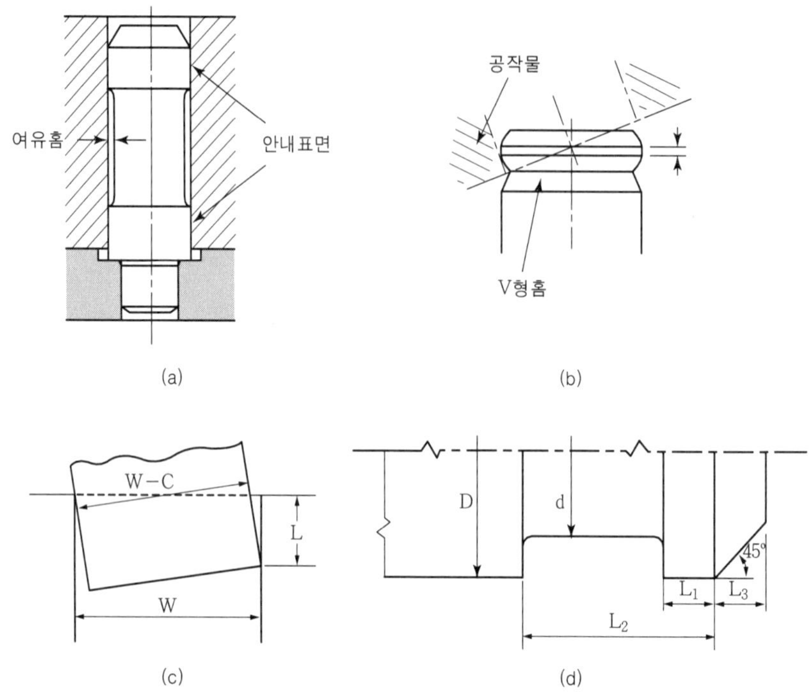

그림 3.22 재밍 및 재밍 방지법

홈의 위치 및 크기 치수는 다음과 같이 구한다.

$$L_2 = \mu D$$

여기서 μ : 마찰계수, D : 구멍의 지름

이외의 치수는 다음 식으로 구할 수 있다.

$$L_1 = 0.02D. \quad L_3 = 1.7 \quad d = 0.97D$$

3.7 공차

치공구의 공차는 제품 공차에 직접적인 영향을 미친다. 제품은 치공구 공차이상으로 정밀하게 가공할 수 없는 것이다. 소정의 제품 공차를 얻기 위해서는 관련된 조건에 맞추어 계산으로 산출해야 하겠지만, 보편적으로 공작물에 대응하는 치공구 공차는 공작물 공차의 20%~50%의 범위에서 사용한다. 20% 이하의 공차는 치공구의 제작비를 증가시킬 뿐 품질향상에 도움이 되지 않으며, 50% 이상으로 하면 요구정밀도 보장이

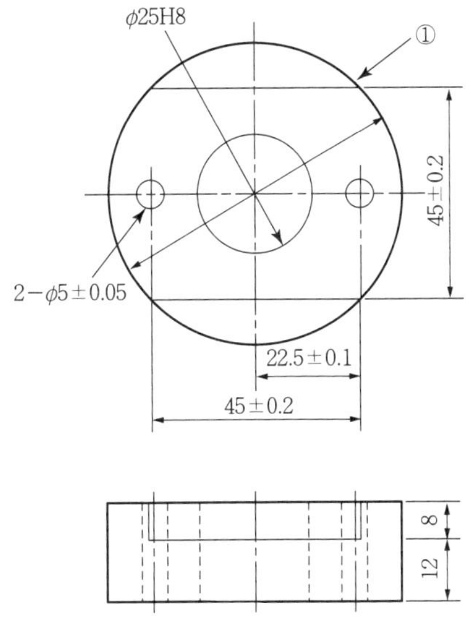

그림 3.23 butt plate 제작도

어렵게 된다.

butt plate에서 φ5구멍 2개를 뚫기 위해 지그에 2개의 부시가 필요한데 두 부시사이의 위치 치수는 제품치수 45±0.2와 관련되며, 그 공차값은 제품 공차 ±0.2의 20%는 ±0.04이고 50%는 ±0.1이므로 지그에서 두 부시사이의 거리 치수는 45±0.04~45±0.1의 치수로 한다.

3.8 중복 위치결정구

중복된 위치결정구는 반드시 피해야 한다. 위치결정구가 중복되면 제작비가 증가될 뿐 아니라 공작물의 정밀도를 저하시키는 원인이 되기도 하며, 심하면 공작물의 장착이 불가능해서 작업을 할 수 없는 경우도 있다. 그림 3.24는 중복 위치결정구의 예로서 그림(a)와 같이 공작물 밑면과 몸체홈 밑면이 동시에 접촉하도록 하여 위치결정구(몸체) 윗면과 홈의 밑면을 위치결정면으로 하려면 허브의 높이와 홈의 깊이가 완전일치 일치해야한다. 즉 이들이 일치되면 윗면, 아랫면이 모두 위치결정구 역할을 할 수 있으나 모든 공작물이 완전히 동일한 치수로 될 수 없어 홈의 깊이와 허브의 높이는 차이가 나게되어 어느 한쪽이 크거나 작게되는데 허브의 길이가 홈의 깊이보다 작을 때는 (b)와 같이 윗면만이 위치결정면으로 역할을 하고, 반대로 허브의 길이가 홈 깊이보다 길면 (c)와 같이 홈 밑면만이 위치결정 역할을 하게 된다. 그러므로 어느 한 면만을 위치결정면으로 선택하여 이에 알맞은 위치결정방법을 강구해야 한다.

그림(d)와 같이 2면을 위치결정하는 것은 과잉위치결정이 되므로 피하고 그림(e)와 같이 1면은 조절식 지지 핀으로 받치도록 해야한다.

그림 3.25에서 (a)의 (가), (c)의 (가), (d)의 (가)는 올바르게 위치결정된 것이고 나머지는 과잉 위치결정 상태이다. 그림 (a)의 (나)에서 위치결정구 c, d는 윗방향의 직선운동을 제어하는 데 필요한 것으로 1개로 충분하며, 그림 (b)의 (가)는 위치결정구

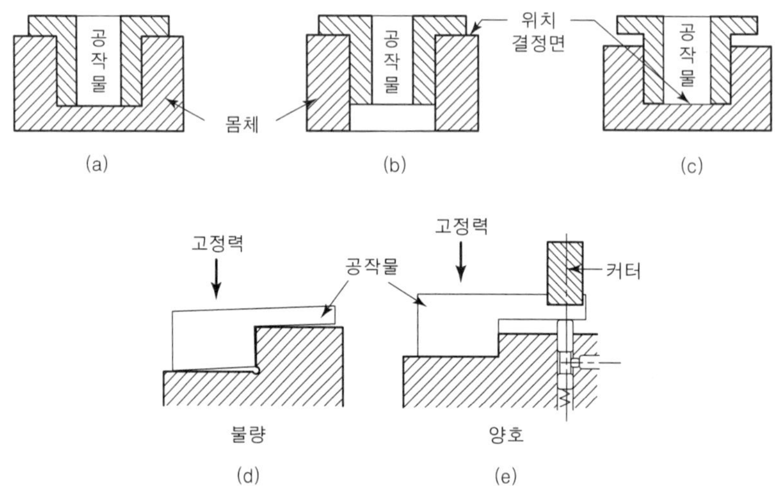

그림 3.24 중복위치결정

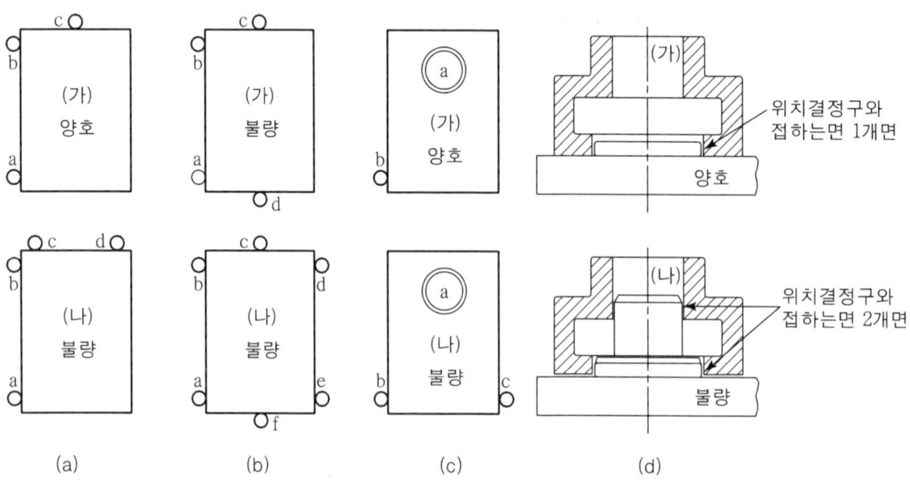

그림 3.25 중복 위치결정구

c, d 중 1개만 필요하고 나머지 하나는 과잉 위치결정이 되며 (나)에서는 abc, abf, cde, def 4쌍 중 어느 것이든 1쌍으로 충분한 위치결정이 되므로, 나머지는 과잉 위치 결정이 된다. 그림 (c)의 (나)에서는 b나 c 중 어느 1개로 충분하고 그림 (d)의 (나)에서는 핀의 지름이 큰 쪽, 혹은 작은 쪽 어느 한 쪽만 위치결정구로 역할하고 한 쪽은 과잉으로 공작물과 접촉하지 않거나 경우에 따라 공작물을 설치할 수 없게 된다.

그림 3.26과 같이 구멍이 뚫린 부품을 위치결정할 때 공작물의 외면과 구멍을 동시에 위치결정면으로 잡으면 문제가 발생한다.

중복된 핀들은 고정되어 있으므로 변화하는 부품의 크기에 따라서 조절될 수가 없어서 공작물이 핀 간격보다 크면 공작물을 설치할 수 없고, 반대로 공작물이 작으면 핀과 공작물 사이에 틈새가 존재하여 한쪽 면에 접촉하면 다른 한 쪽은 접촉되지 않으므로 위치결정구 역할을 할 수 없는 것이다. 이러한 현상을 피하기 위해서는 구멍과 외면을 동시에 위치결정면으로 잡지 않고 어느 한 쪽만을 위치결정면으로 선택해야 한다.

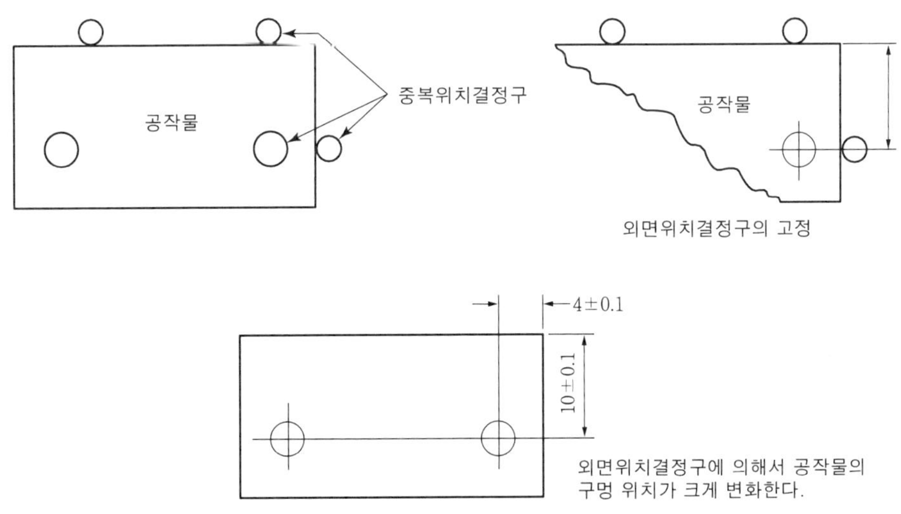

그림 3.26 중복 위치결정

3.9 중심 위치결정 기구

중심 위치결정이란 가공 기준선이 가공물의 내부를 지나고 있을 때 이 기준이 되는 가상선에 대한 위치결정을 말한다. 중심 위치결정(centering)은 발전된 위치결정 방법이다. 일반적인 위치결정은 한 방향의 위치결정에 한 표면에 대해서만 적용되는데 반하여 중심위치결정은 두 표면을 활용하여 그 사이의 중심평면을 위치결정한다.

중심 위치결정구는 V형 위치결정구와 같이 단일요소인 경우도 있고 복수 요소로 구성되는 경우도 있다. 복수요소 중심위치결정구는 위치결정구 또는 클램프로서 사용된다. 즉 하나는 위치결정구 다른 하나는 클램프로 사용하고 또는 둘의 역할을 동시에 하는 경우도 있다.

그림 3.27은 대표적인 위치결정의 형태를 보여주는 것이다.

중심 위치결정구는 다음과 같이 세 가지 유형이 있다.

① 앵귤러 블록형(angular block type)

② 링크 조정형(link adjustable type)

③ 기존 자동 중심척(self-centering chuck)

앵귤러 블록형으로는 V-블록, 원추형 위치결결구, 구형 위치결정구가 있다.

링크 조정형의 링크는 봉(telescoping rod), 캠, 쐐기, 스프링 등으로 작동되는 기구를 포함하며, 이들 요소의 동작에 의해 공작물의 중심, 평면, 축심, 또는 중심으로부터 같은 거리에 있도록 연결된 것이다.

그림 3.28은 캠을 이용한 중심위치결정 보기이고, 그림 3.29는 스프링과 쐐기를 이용한 중심위치결정보기의 예이며, 그림 3.30은 링크에 의한 중심위치결정보기이다.

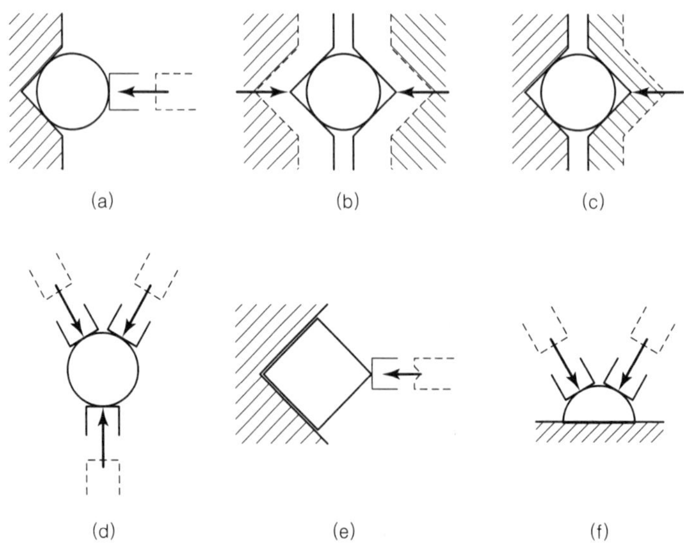

그림 3.27 대표적인 중심 위치결정 형태

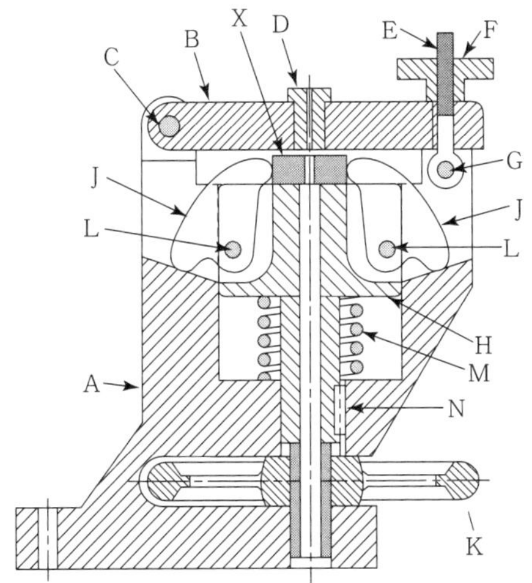

A:드릴 지그 본체
B:스윙 암
C, G, L:피벗 핀
D:드릴 부시
E:클램핑 스터드
F:클램핑 너트
H:스프링 하중을 받는 원통 플러그
J:캠
N:키, K:회전 손잡이
X:공작물
M:스프링

그림 3.28 캠에 의한 중심위치결정

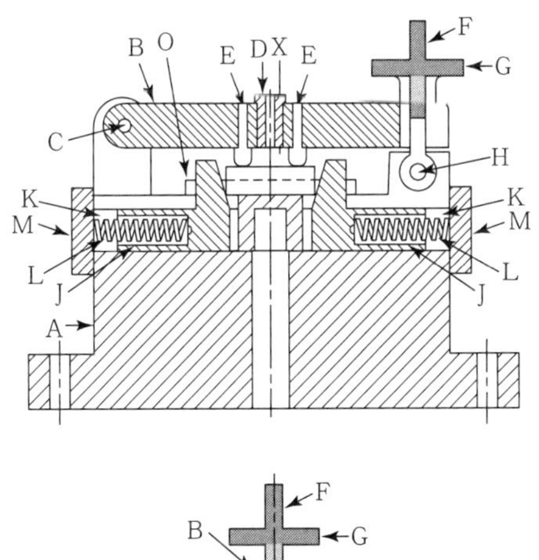

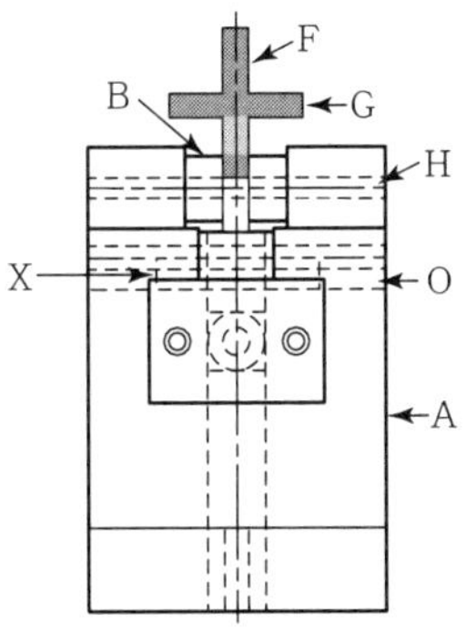

A:지그 본체(jig body)
B:스윙 암(swing arm)
C, H:피벗 핀(pivot pin)
D:드릴 부시(drill Bushing)
E:기압 패드(pressure pad)
F:클램핑 스터드(stud)
G:클램핑 너트(nut)
J:위치결정 및 클램핑 레버
K:핀, L:스프링
M:패드, O:슬리브
X:공작물

그림 3.29 스프링과 쐐기에 의한 중심위치결정

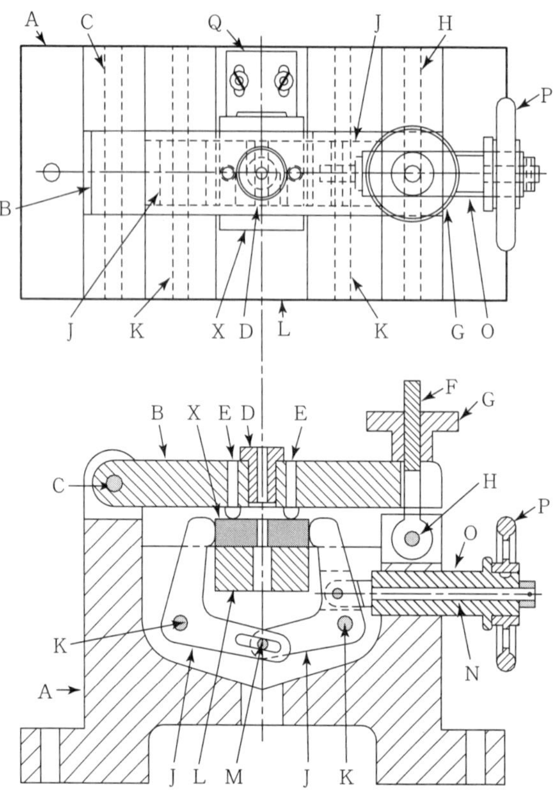

A:지그 본체
B:스윙 암
C, H, K 및 M:피벗 핀
D:드릴 부시
E:기암 핀
F:클램핑 스터드
G:클램핑 너트
J:링크
L:밑면 위치결정구
N:작용 레버
O:기압 볼트(슬리브)
P:손잡이(기압용)
X:공작물
Q:멈춤 판

그림 3.30 링크에 의한 중심위치결정

3.10 분할 기구

분할 기구를 설계할 때에는 마멸이 발생하여도 보정할 수 있는 기구로 하며, 흔들림은 항상 한 방향에서 제거할 수 있도록 하고, 칩 등에 의하여 분할 정밀도에 오차가 발생되지 않도록 해야한다.

그림 3.31은 정밀도를 그다지 필요로 하지 않는 경우에 사용되는 분할용 핀의 형태로 널리 쓰이고 있는 형식이다. 그림 3.32는 레버를 이용한 분할 기구이고, 그림 3.33은 분할판을 사용한 지그이다.

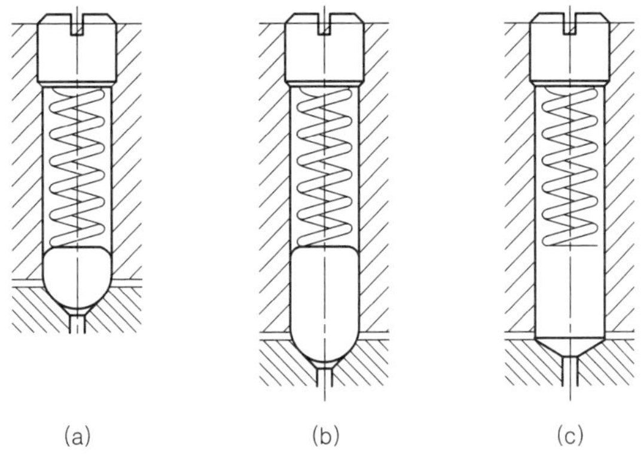

그림 3.31 분할핀

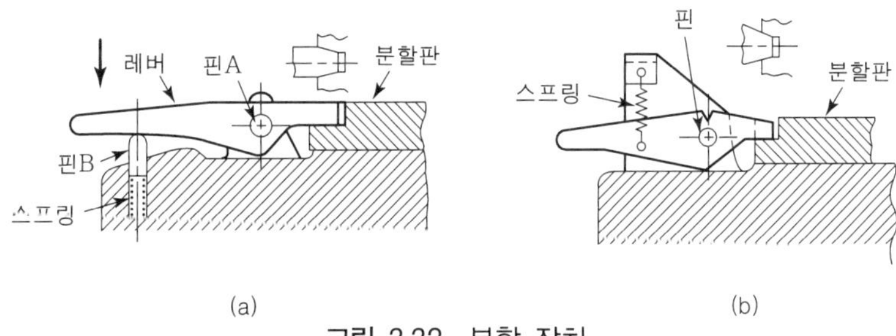

그림 3.32 분할 장치

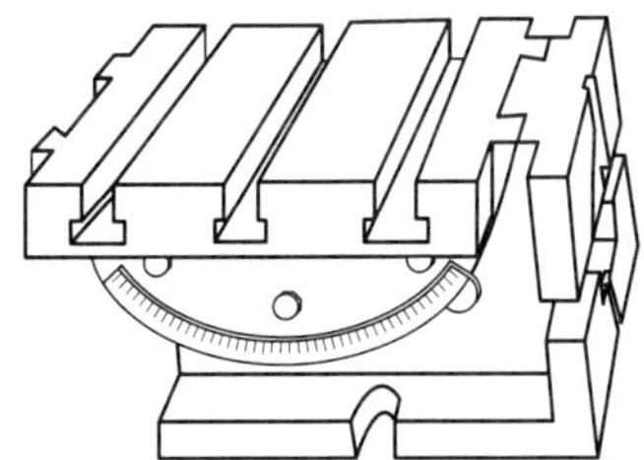

그림 3.33 분할판을 사용한 분할

연습문제

❶ 위치결정이란 무엇을 뜻하는가?

❷ 치공구에서 공작물의 위치결정에 사용하는 부품을 무엇이라 하는가?

❸ 위치결정구는 공작물의 어떤 부위에 접촉하도록 하여야하는가? 그 이유는?

❹ 위치결정구로 다이어몬드 핀을 사용하는 경우가 있는데 그 이유는?

❺ 네스팅의 뜻과 그 용도에 대하여 설명하라.

❻ 재밍이란 무엇이며, 그 방지 대책에 대하여 설명하라.

❼ 공작물의 두 개의 구멍에 두 개의 핀을 위치결정구로 사용하고자 할 때 위치결정핀 사이의 위치 공차는 일반적으로 공작물의 구멍간 위치 공차의 몇 %를 적용하는가?

❽ 다음과 같은 부품의 위치결정에 적합한 위치결정구의 형태를 선택하라.

1) 그림 3.34 부품의 구멍 가공을 위한 위치결정

① 네스팅 ② V형 위치결정구

③ 위치결정핀 ④ 재밍

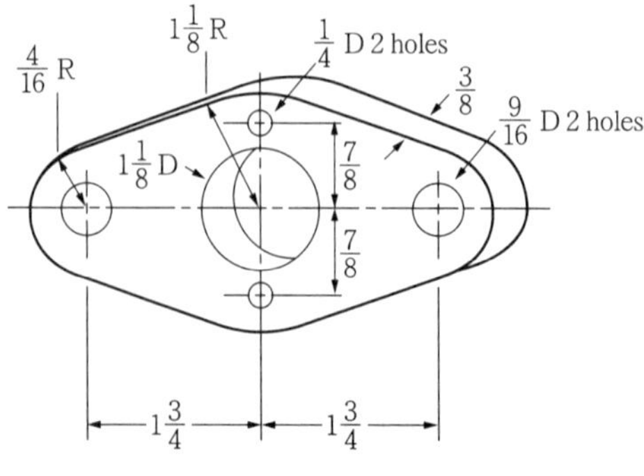

그림 3.34 부라켓

2) 그림 3.35 부품의 점선으로 표시된 V형 홈 가공을 위한 위치결정

① V형 패드와 맞춤핀 ② 네스트와 조절 위치결정구

③ 원형 위치결정핀과 다이아몬드 핀 ④ 고정 및 조절 위치결정구

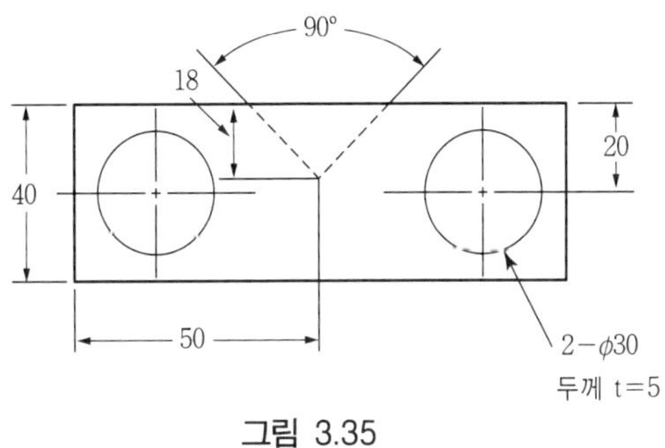

그림 3.35

3) 그림 3.36 부품의 점선으로 표시된 구멍(φ6드릴) 가공을 위한 위치결정

① 네스팅과 풀푸루핑 ② V형 위치결정구와 다웰핀

③ 두 개의 위치결정핀 ④ 패드와 반원 핀

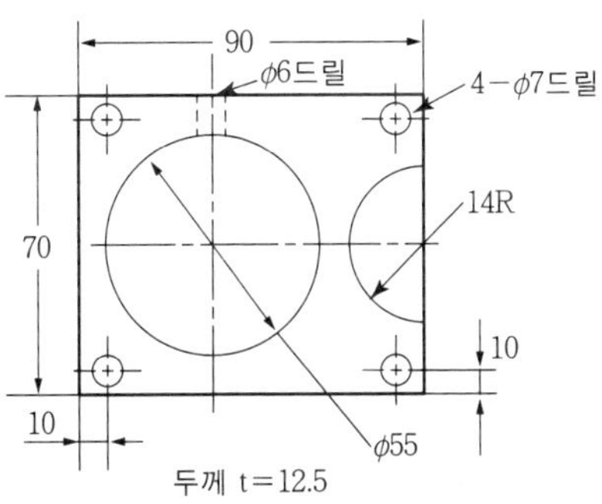

그림 3.36

4) 그림 3.37 부품의 두 개 구멍 가공을 위한 위치결정

① 네스팅 ② V형 위치결정구

③ 위치결정핀 ④ 조절 위치결정구

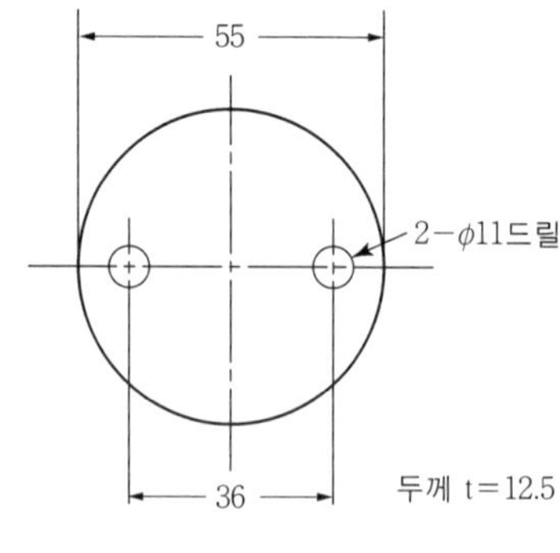

그림 3.37

5) 그림 3.38 부품의 점선으로 표시된 10mm홈을 밀링가공을 위한 위치결정

① 네스팅 ② V형 위치결정구

③ 위치결정핀 ④ 패드

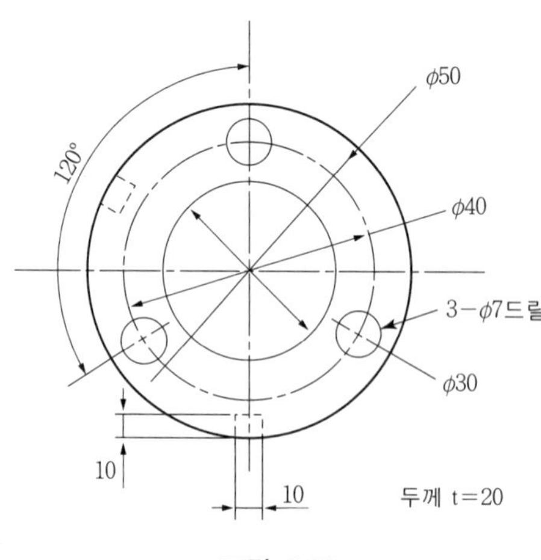

그림 3.38

클램프

4장

치공구에서 위치결정구 및 지지구에 의해 정확히 위치결정된 공작물은 작업시 절삭력 등 각종 외력에 의해 움직이지 않고 제자리를 유지할 수 있도록 고정해 주어야 한다. 이때 여러 가지 방법에 의해 공작물을 고정하게 되는데 이들 고정용 부품을 클램프(clamp)라 한다.

이 클램프의 적정한 선정 및 사용은 제품의 품질과 생산성 향상, 원가의 절감에 영향을 미치므로 치공구 제작시 가장 경제적으로 제품을 생산할 수 있도록 경제성을 고려하여 설계해야 한다.

잘못 설계된 클램프는 불완전한 공작물 관리를 유발하여 공작물의 변형 등 가공제품 불량 발생 요인이 될 수 있다.

공작물의 설치 제거 시간의 과대 소요는 생산 능률 저하를 가져오며 소량 생산시 고가의 클램프 기구는 제품원가의 상승요인이 된다.

클램프의 설계는 제품의 특징, 작업조건, 생산 수량 등에 따라 품질을 유지하면서 경제적으로 생산할 수 있는 구조가 되도록 하여야 한다. 그러므로 클램프는 다음과 같은 사항을 고려하여 선정되고 설계되어져야 한다

① 클램프는 공작물의 견고한 부위를 가압하여, 공작물에 휨이나 비틀림이 발생하지 않도록 한다. 특히 비강성체의 공작물은 손상, 변형, 뒤틀림을 방지하기 위하여 여러 개의 작은 힘으로 분산하여 고정한다.

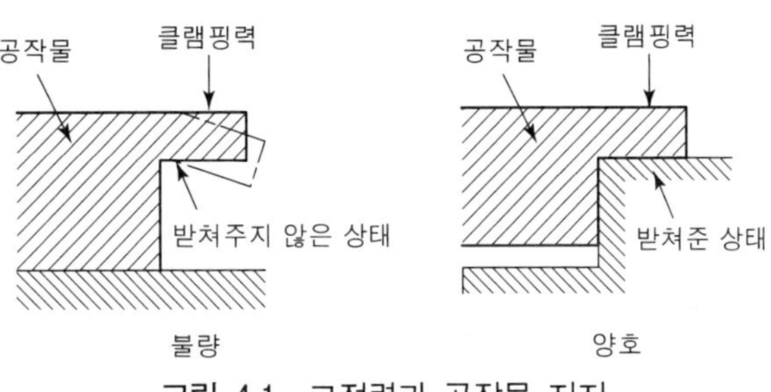

그림 4.1 고정력과 공작물 지지

② 클램프의 고정력은 위치결정구나 지지구에 직접 가하도록 하여 공작물이 위치결정구로 부터 떨어지지 않도록 한다.
③ 절삭력이 작용하는 반대 방향에 고정력이 작용하지 않도록 한다.
④ 클램프는 진동, 떨림, 하중 등에 충분히 잘 견딜 수 있도록 한다.
⑤ 클램프는 공작물의 설치, 제거시, 작업 중 간섭현상이 일어나지 않도록 한다.
⑥ 클램프는 가능한 복잡한 구조를 피하고 간단한 구조로 한다.
⑦ 클램핑 위치는 될 수 있는 한 중요하지 않는 면을 선택하고, 기계 가공면 등 고정력에 의해 손상될 우려가 있는 부위에 설치할 필요가 있는 경우는 다음과 같은 처리를 하여 사용한다.
㉠ 알루미늄, 구리와 같이 연질재의 패드를 부착하여 사용한다.
㉡ swibel pad를 부착하여 사용한다.

4.1 클램프의 종류

치공구에 사용하는 클램프는 다음과 같은 것들이 있다.

① 스트랩 클램프(strap clamp)
② 나사 클램프(screw clamp)
③ 캠 클램프(cam clamp)
④ 토글 클램프(toggle clamp)
⑤ 쐐기 클램프(wedge clamp)
⑥ 척과 바이스(chuck and vise)
⑦ 비기계적 클램프
⑧ 동력 클램프(power clamp)
⑨ 기타 클램프

4.2 클램프 종류별 특성 및 용도

1) 스트랩 클램프(strap clamp)

그림 4.2와 같이 지렛대 원리에 의해 공작물을 고정하는 형태이다.

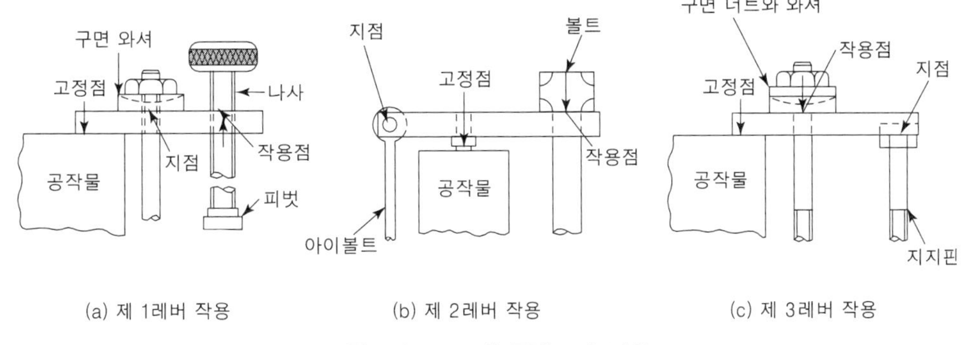

그림 4.2 스트랩 클램프의 작용

스트랩 클램프는 단독으로는 사용되지 못하며 볼트, 너트, 캠, 유공압 실린더 등 요소와 조합되어 작동된다.

일반적으로 스트랩 클램프는 지렛대의 고정점, 지점, 작용점의 위치에 따라 제1레버 작용형태, 제2레버 작용형태, 제3레버 작용형태의 3종류가 있다.

제1레버 작용형태는 그림 4.2(a)와 같이 고정점, 지점, 작용점의 순서로 된 것으로 지점이 고정점에 가까울수록 고정력은 증가한다. 제2레버 작용형태는 그림 4.2(b)와 같이 지점, 고정점, 작용점의 순서로 된 것으로 주로 힌지 스트랩 클램프(hinged strap clamp)에 적용되며 가장 큰 고정력을 얻을 수 있다. 제3레버 작용형태는 그림 4.2(c)와 같이 고정점, 작용점, 지점의 순서로 된 것으로 가장 보편적으로 사용되는 형태로 고정력은 작용력보다 항상 작게 된다.

스트랩의 형상은 그림 4.3과 같이 힌지 형스트랩, 슬라이드 형스트랩, 걸쇠 형스트랩의 3가 형상이 있어 공작물의 착탈을 용이하게 한다.

스트랩은 치공구 몸체 밑면과 평행하도록 설치하게 설계되어 있으나, 공작물의 두께

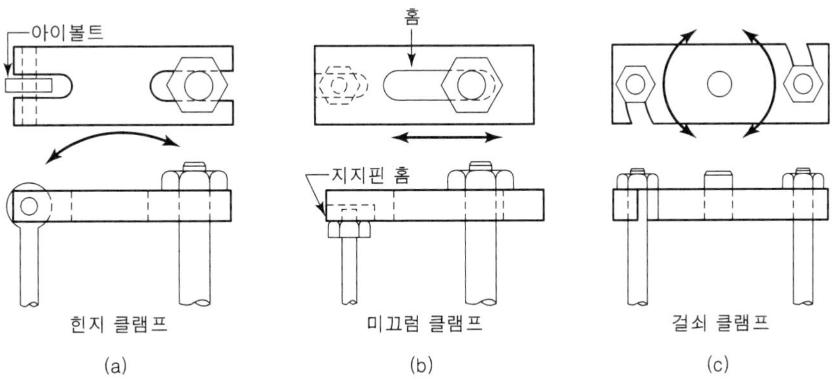

그림 4.3 스트랩 클램프 형태

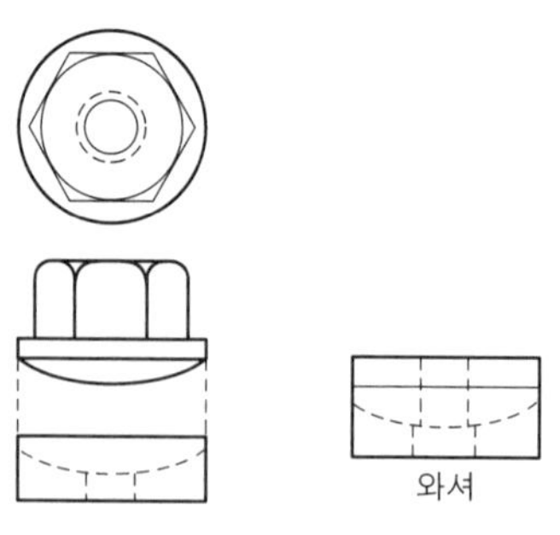

그림 4.4 구면너트와 와셔

차이에 의해 항시 평행을 유지시킬 수 없다. 이런 점을 감안하여 그림 4.4와 같은 구면너트와 와셔를 사용한다.

힌지 스트랩(hinged strap)은 스트랩의 한 쪽 끝이 피봇(pivot)점을 중심으로 선회할 수 있도록 되어 공작물을 쉽게 설치 및 제거를 할 수 있다.

슬라이드형 스트랩(slide strap)은 스트랩 클램프에서 보편적으로 사용하고 있는 형식으로 중심부위에 홈이 파여 있어 이동방향과 양을 제어한다.

걸쇠 스트랩(swing strap)은 스트랩이 피봇축 또는 스터드(stud)를 중심으로 회전할 수 있는 구조이다. 힌지 스트랩은 상하 회전을, 걸쇠 스트랩은 수평면상 회전을 주로 하여 공작물의 설치 및 제거를 한다.

스트랩 클램프의 작동은 손잡이형 나사(그림 4.5), 육각너트, 캠(그림 4. 6), 쐐기(그림 4.7), 유공압 장치 및 기타 기구로 작용력을 발생시켜 공작물을 고정한다.

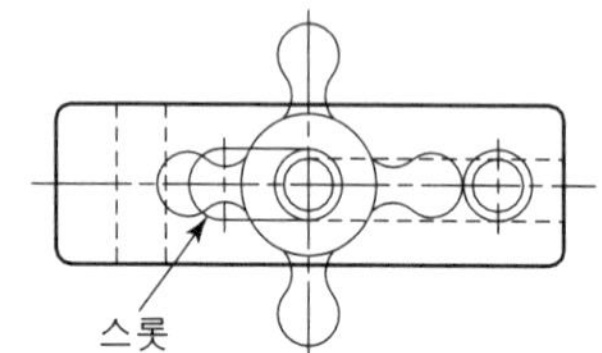

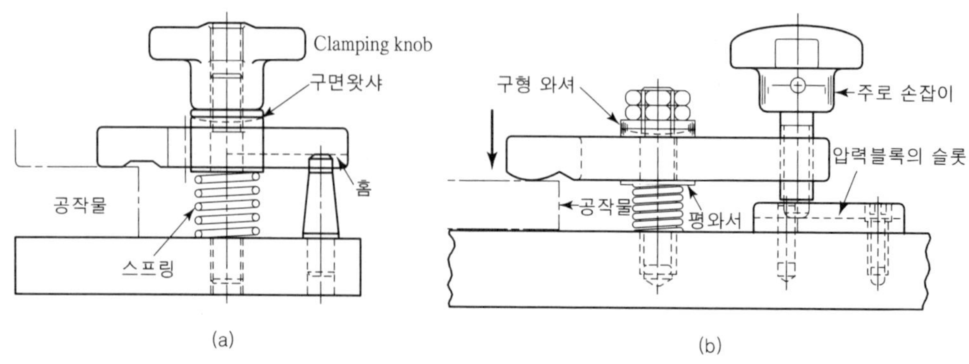

그림 4.5 나사작동 스트랩 클램프

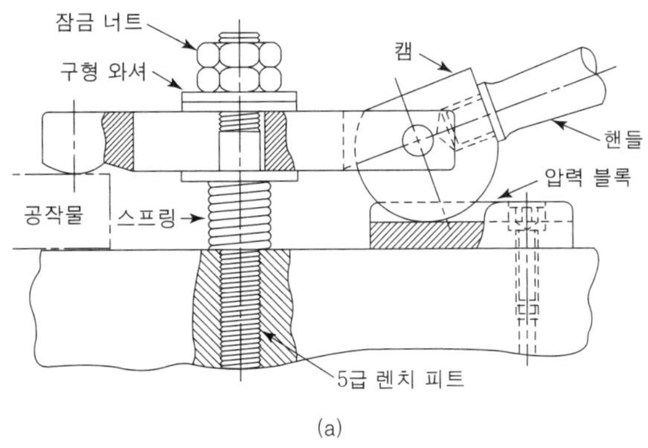

(a)

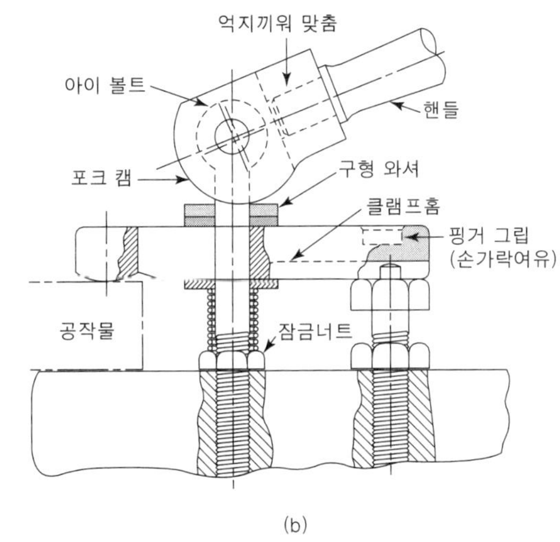

(b)

그림 4.6 캠작동 스트랩 클램프

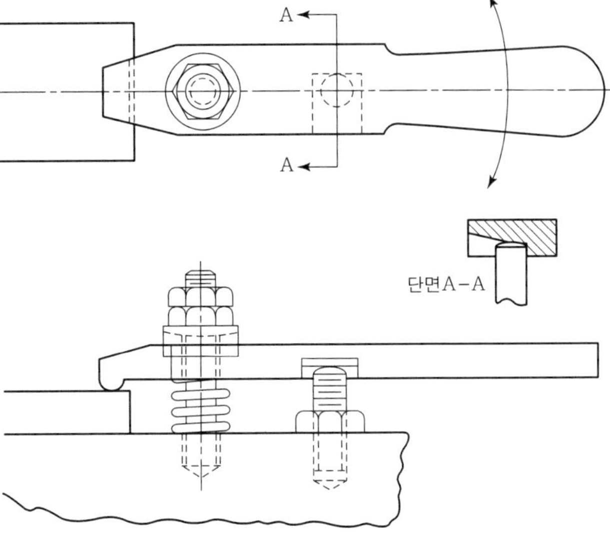

그림 4.7 쐐기작동 스트랩 클램프

2) 나사 클램프(screw clamp)

나사를 이용한 공작물의 고정은 직·간접적으로 치공구 제작에 있어 널리 응용되어 사용하고 있다. 특히 복잡하지 않고 저렴하게 적용할 수 있어 소량생산에 많이 사용하고 있다.

그러나 나사 클램프의 단점은 나사의 회전에 의해 얻어지는 토크(torque)를 이용한 것으로 작업속도가 느려 효율성이 떨어진다. 나사 클램프의 장점을 살리고, 단점을 보완하여 효율을 개선한 나사 클램프로 다음과 같은 것들이 있다.

1 스윙 클램프(swing clamp)

그림 4.8과 같이 본체에 설치된 스터드(stud)에 회전하는 스윙암과 나사 클램프를 조합한 형태로 작업속도를 높일 수 있다.

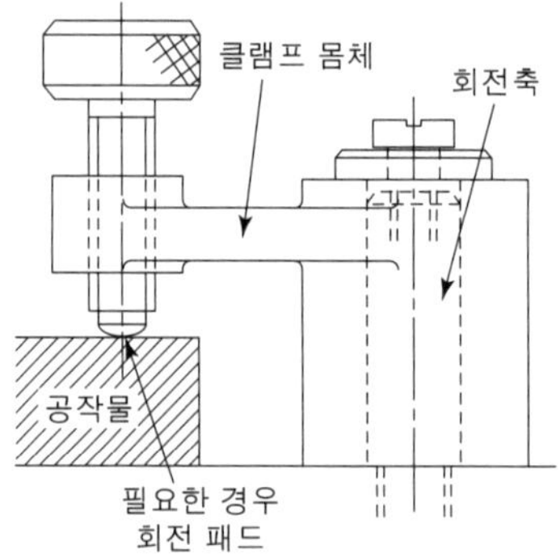

그림 4.8 스윙 클램프

2 후크 클램프(hook clamp)

후크 클램프는 그림 4.9와 같이 스윙 클램프와 유사하지만 그 크기가 훨씬 작다. 후크 클램프는 대형 공작물용 클램프보다는 소형 공작물에 유효하다.

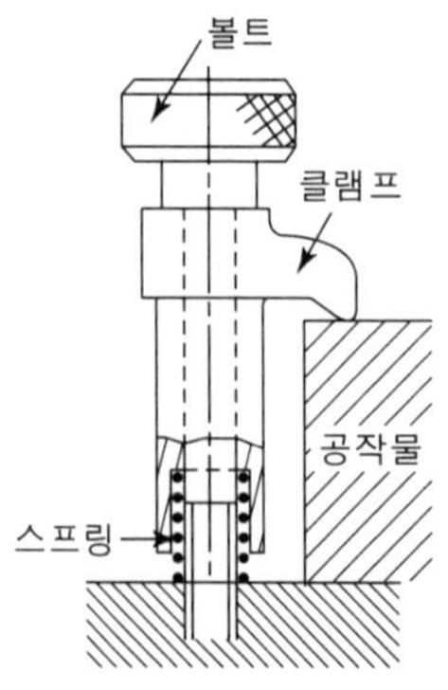

그림 4.9 후크 클램프

③ 급속작동 손잡이(quick acting knob)

급속작동 손잡이는 저렴한 치공구 제작에 유용하게 사용한다. 클램프를 풀고자 할 때에는 그림 4.10(b)과 같이 손잡이를 비스듬히 해서 나사산에서 빠져나오게 한 후 잡아당기고, 고정을 하기 위해서는 손잡이 너트를 수평으로 하여 나사산이 물리도록 하고 돌리면 클램핑이 된다.

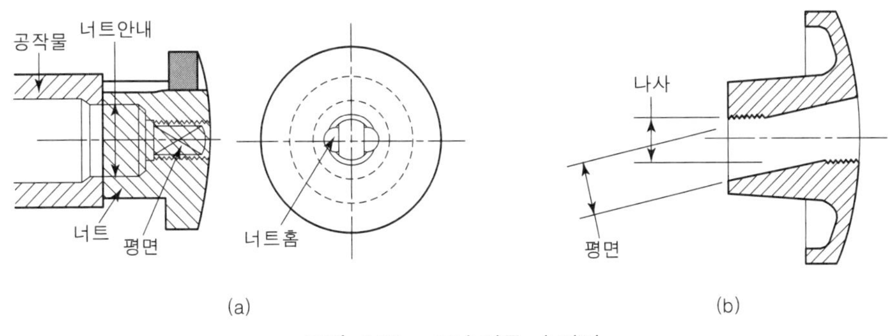

그림 4.10 급속작동 손잡이

3) 캠 클램프(cam clamp)

캠 클램프를 적절하게 선정 사용한다면 공작물을 신속하고도 간단하게 능률적으로 고정할 수 있다. 그러나 캠의 원리나 구조상 캠 클램프를 사용하지 못하는 경우도 있다.

진동이 심한 경우에는 그림 4.11(a)와 같이 공작물을 직접 가압하는 클램프는 사용하지 않아야 하는데 이는 클램프가 풀려 위험한 상태가 되기 때문이다. 이러한 단점을 보완하기 위하여 그림 4.11(b)와 같이 캠으로 스트랩 클램프를 작동시키는 간접 가압식 캠 클램프를 사용한다.

클램핑 장치로 사용되는 기본적인 캠 형태로는 판형 편심캠, 판형 나선 캠, 및 원통형 캠의 3종류가 있다.

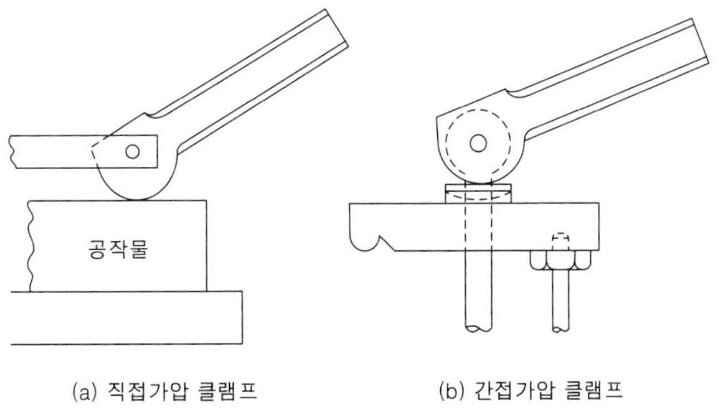

그림 4.11 캠 클램프 작용 위치

1 판형 편심캠

그림 4.12(a)와 같이 외형 윤곽이 진원이고 원의 회전 중심이 원의 중심에서 일정 거리 떨어져 있는 형태로 캠 중 제작이 가장 쉬우며, 중심위치에서 어느 쪽으로나 작동될 수 있다. 일반적으로 편심캠은 상사점에서 공작물을 클램핑하므로 클램핑 할 수 있는 캠의 면적이 비교적 적고 상사점을 넘어서면 클램프는 풀려 버린다. 그러므로 편심캠은 나선캠보다 클램핑 성능이 뒤진다.

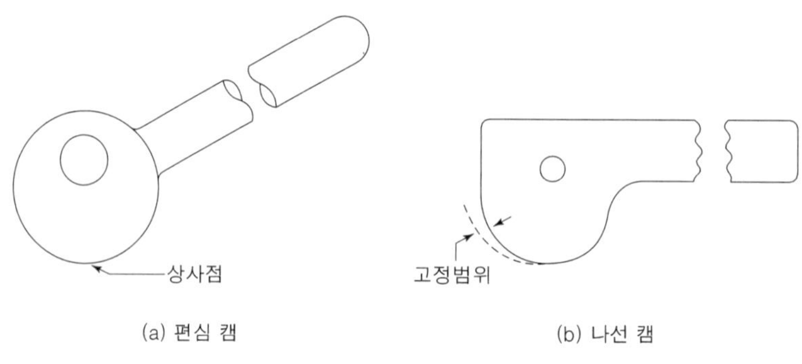

그림 4.12 편심캠과 나선캠

2 판형 나선캠

그림 4.12(b)와 같이 외형 윤곽이 나선곡면으로 된 캠으로 치공구의 캠 고정장치에서 가장 널리 사용하고 있는 형태로 편심캠에 비해서 공작물의 고정 특성이 우수하고 고정시 공작물과 접촉면적이 넓다.

3 원통형 캠

그림 4.13과 같이 편심 축이나 원통 표면에 홈을 파서 클램프를 작동시킨다. 그림 4.14는 급속 작동을 할 수 있도록 한 정확한 고정과 함께 신속한 작동을 할 수 있도록 원통형 캠의 원리를 이용한 것이다.

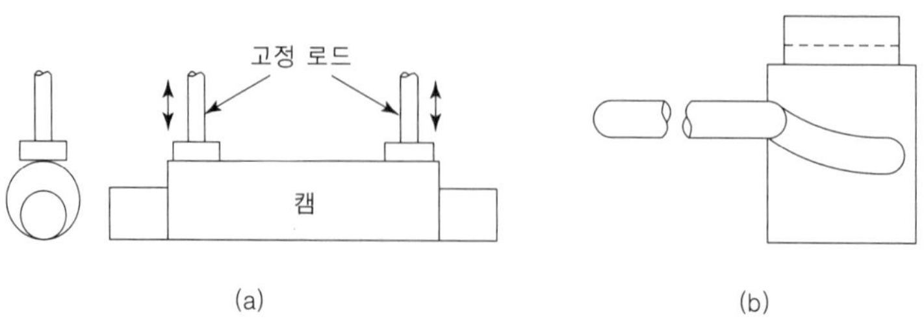

그림 4.13 원통형 캠

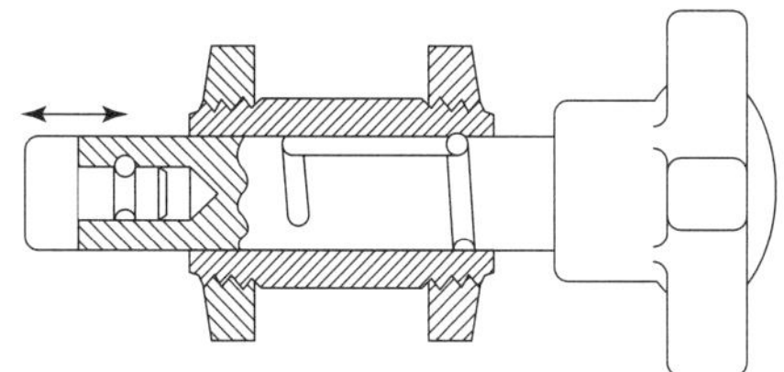

그림 4.14 급속작동 캠 클램프

4) 쐐기형 클램프(wedge clamp)

쐐기형 클램프는 캠과 유사하게 경사면의 원리를 적용한 것으로 판형 쐐기와 원추형 쐐기의 두 가지 형태가 있다.

① 판형 쐐기

판형 캠(flat cam)이라고도 하며 그림 4.15, 4.16과 같이 클램프와 공구 본체 사이에 놓여 있는 쐐기가 경사면을 이용하여 공작물을 조일 수 있도록 한 것이다.

일반적으로 고정 후에 스스로 풀리지 않게 하려면 쐐기의 기울기를 1°~ 4°의 범위로 하여 자립 고정될 수 있도록 한다.

쐐기는 경사각이 커질수록 스스로 풀리기가 용이해진다. 큰 각도나 스스로 풀려지는 쐐기는 그 자체로는 고정이 되지 않으므로 캠이나 나사와 같은 장치를 추가하여 쐐기를 고정시켜야 한다.

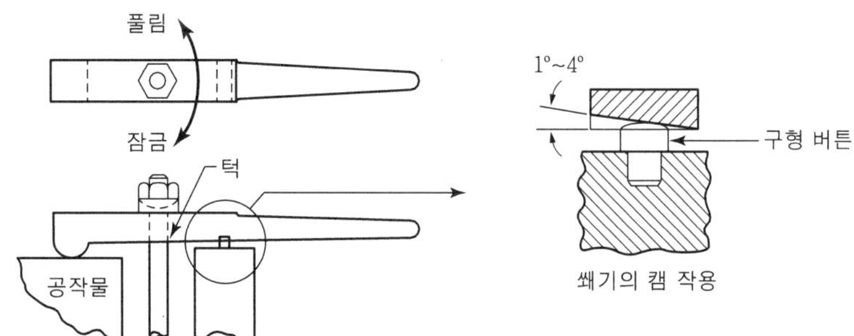

그림 4.15 자립고정 쐐기 클램프

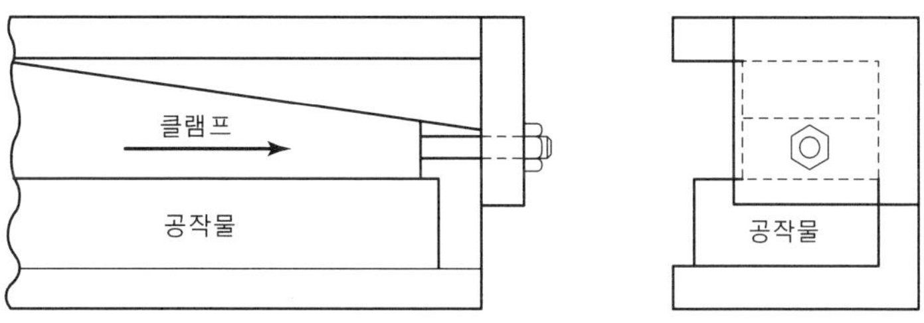

그림 4.16 자동 풀림 쐐기 클램프

② 원추형 쐐기

심봉(mandrel)이라고도 하며, 그림 4.17과 같이 구멍이 있는 공작물에서 구멍을 이용해 공작물을 고정 할 때 사용한다.

심봉은 단체형과 팽창형의 두 가지 형태가 있으며 단체형은 심봉과 동일한 지름의 구멍을 가진 하나의 구멍치수에만 사용되고, 팽창형은 일련의 크기에 사용할 수 있도록 되어 있다.

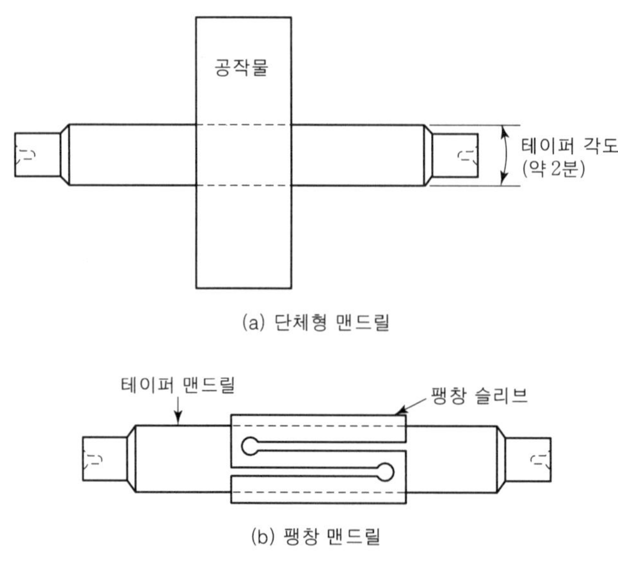

그림 4.17 원추형 쐐기

5) 토글 클램프(toggle clamp)

토글 클램프는 두 개 이상의 레버가 3점 이상의 피벗(pivot)으로 연결되어 지렛대

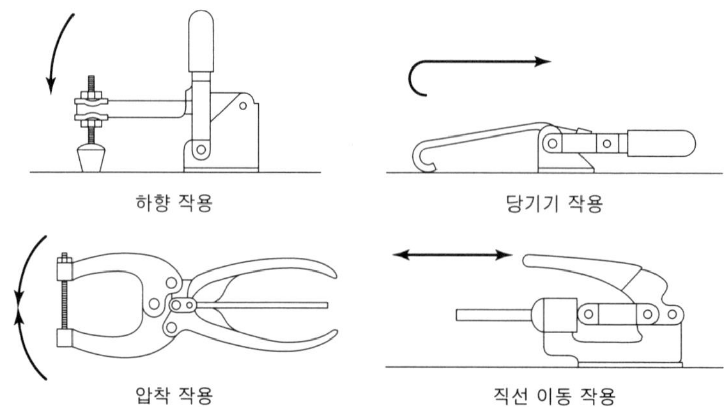

그림 4.18 토글 클램프의 4가지 기본 형태

원리로 고정할 수 있는 클램프로 작동이 신속하면서도 작용력에 비해 월등히 큰 고정력을 얻을 수 있고 확실한 클램핑을 할 수 있다.

토글 클램프는 그림 4.18과 같이 4가지의 기본적인 형태로 작동한다. 즉 하향 누름형, 끌어당김형, 압착형, 직선 운동형이 있다.

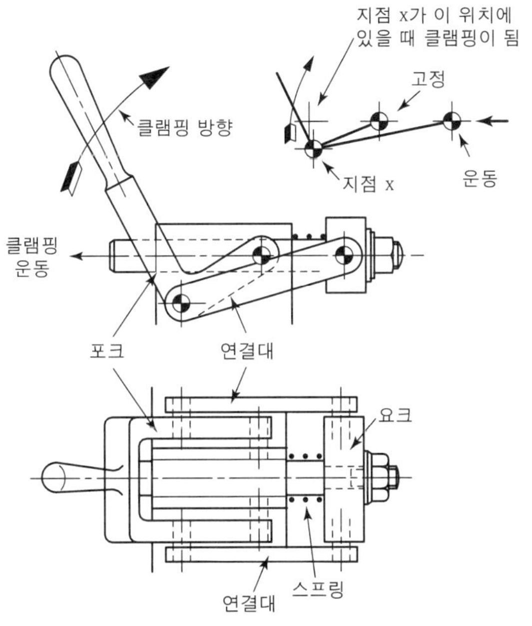

그림 4.19 토글 클램프

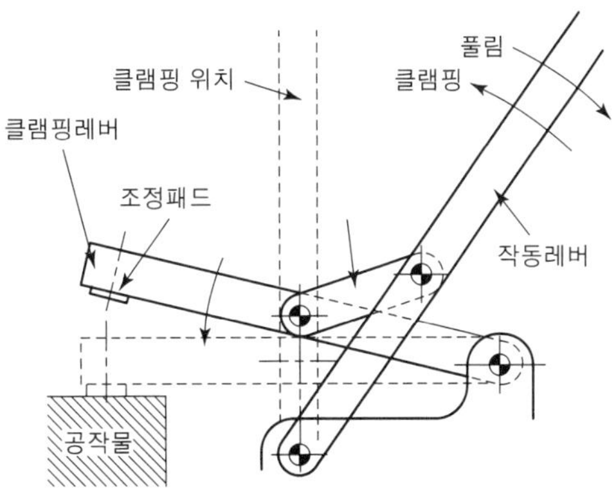

그림 4.20 토글 클램프

6) 척과 바이스(chuck and vise)

시판되는 척과 바이스를 잘 개조하면 치공구 제작비를 대폭 줄일 수 있다. 예산이 적을 때는 하나의 척으로 여러 개의 치공구를 대신하여 사용할 수 있다. 즉 죠(jaw)만을 각 작업에 알맞게 제작하여 사용한다. 그림 4.21과 그림 4.22는 각각 척의 죠와 바이스의 죠를 특정 공작물의 클램핑에 알맞은 형태로 개조한 예이다.

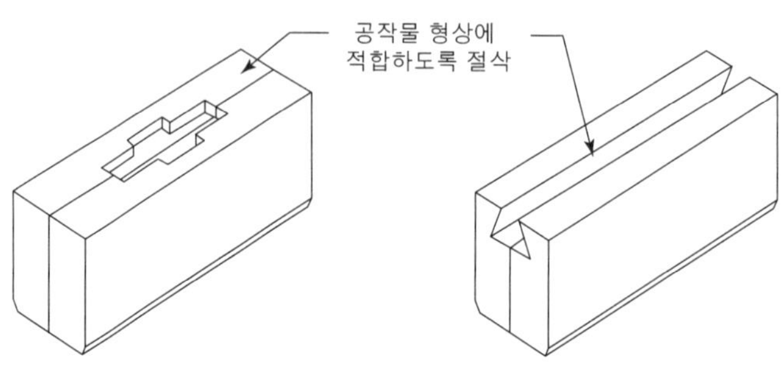

그림 4.21 바이스죠의 개조

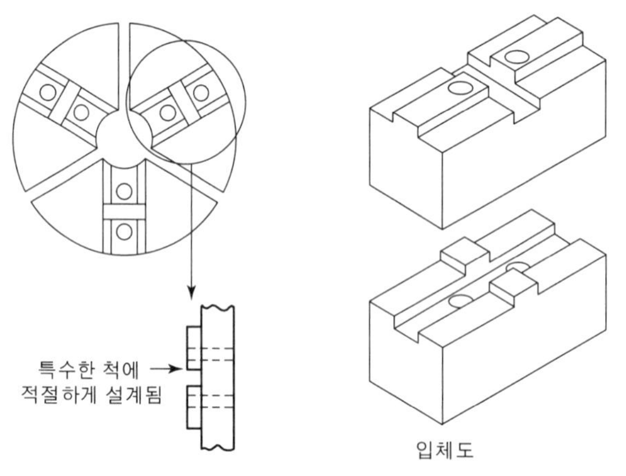

그림 4.22 척 죠의 개조

7) 비 기계적 클램핑

비 기계적 클램프는 공작물의 형상, 크기 또는 변형의 가능성 때문에 기계적인 장치에 의해 고정할 수 없는 경우에 사용하는 것으로 자석척, 진공척이 있다.

1 자석척

자석척은 주로 자성체인 철금속에 주로 사용하지만 그림 4.23과 같은 장치와 함께 사

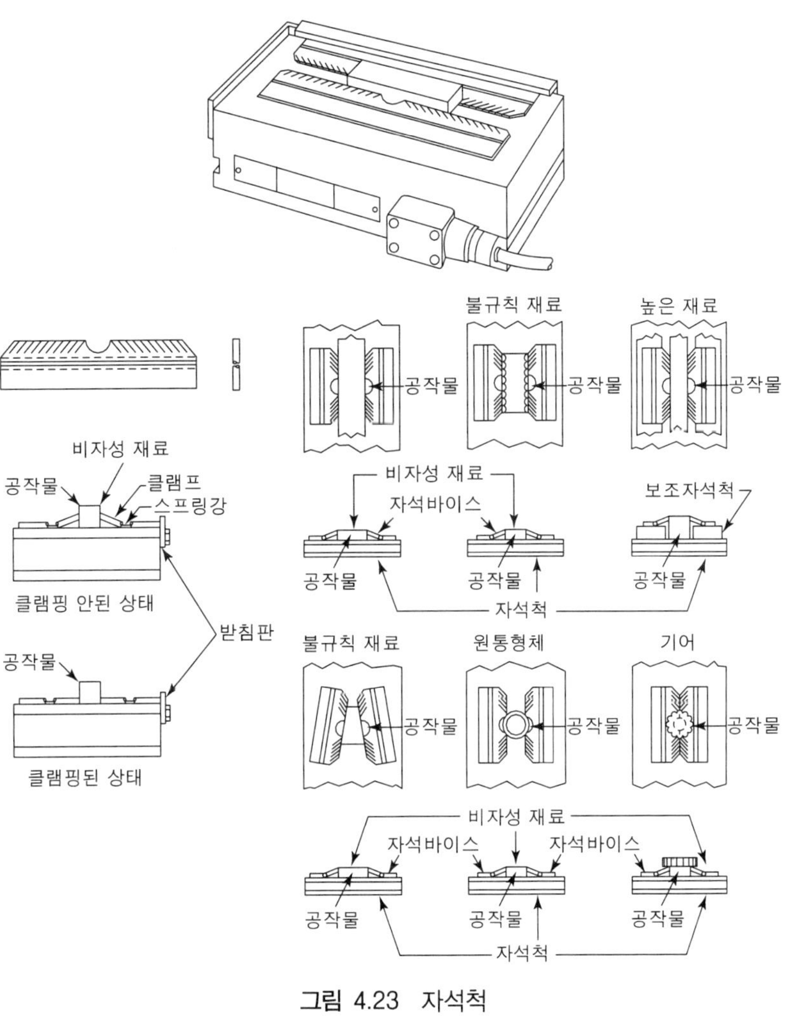

그림 4.23 자석척

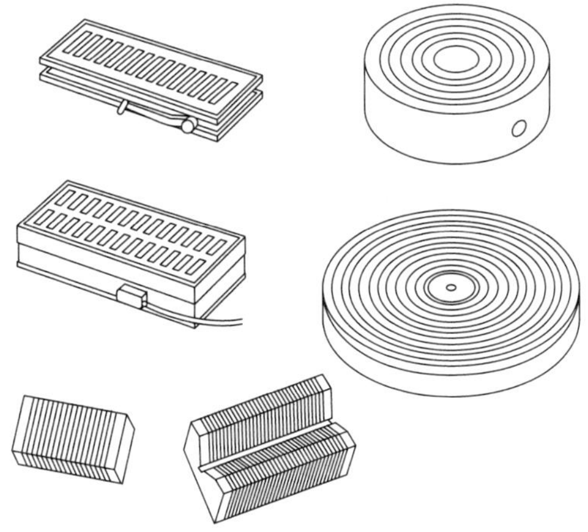

그림 4.24 자석척의 여러 형태

용하면 비자성체도 고정할 수있어 모든 재료를 고정할 수 있다.

자석척의 형태는 그림 4.24와 같이 여러 형상이 시판되고 있다. 그림 4.25는 밀링머신에서 축에 키홈을 절삭하는데 사용한 자석식 고정의 실례이다.

그림 4.25 자석클램프 밀링고정구

2 진공척

진공척은 비자성체나 균일하게 고정되어야하는 공작물을 클램핑하고자 할 때 사용한다. 진공척은 클램핑 전표면에 균일한 압력을 분포시켜 주며 자석 척과 같이 거의 전 가공에 클램핑 할 수 있다.

그림 4.26은 진공척의 구조이고 그림 4.27은 밀링 작업에 진공척을 사용한 예이다.

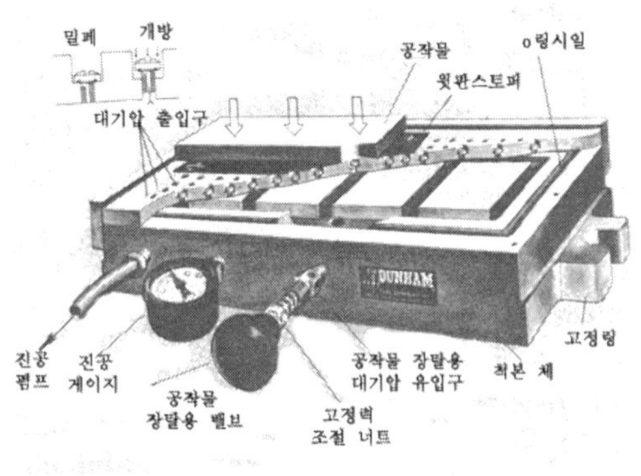

그림 4.26 진공척

그림 4.27 밀링에 사용된 진공척

8) 기타 클램핑 장치

지금까지 살펴본 클램프들은 클램핑하기 쉬운 대칭형이나, 비교적 단순한 형태의 공작물을 고정하는 형태들이었다. 그러나 복잡한 형상의 공작물 또는 다수의 공작물을 고정할 때에는 이에 알맞은 클램핑 장치가 필요하다.

1 복잡한 형상의 공작물 클램핑

복잡한 형상의 공작물을 클램핑하는 데는 여러 가지 방법이 있는데 그 중에서 가장 좋은 방법은 클램프와 위치결정구를 공작물의 형상과 동일한 형상으로 하는 것이다. 복잡한 형상을 기계가공하여 치공구 본체에 부착하여 사용할 수 있으나 비용이 많이 들기 때문에 거의 사용하지 않고, 그 대신 에폭시 수지나 저용융 금속 등으로 성형 주조하여 사용하고 있다.

① 에폭시 수지

에폭시 수지는 특수한 바이스나 척의 죠를 주조하는데 유효하게 사용되며 단독으로 사용하거나 금속, 모래 또는 유리 등을 채워서 사용하기도 한다. 그림 4.28과 같이 수지가 채워진 상자에 공작물을 넣음으로서 쉽게 성형된다. 또한 이 때 이형재(releasing agent)를 발라서 에폭시가 경화한 뒤에 공작물을 쉽게 제거할 수 있도록 한다.

② 저용점 금속

창연(bsmuth), 납(lead), 안티몬(antimony) 등과 같은 저용융금속을 그림 4.29와 같이 공작물 형태와 동일한 주물 죠를 만들고 이것을 사용하여 공작물을 클램핑한다.

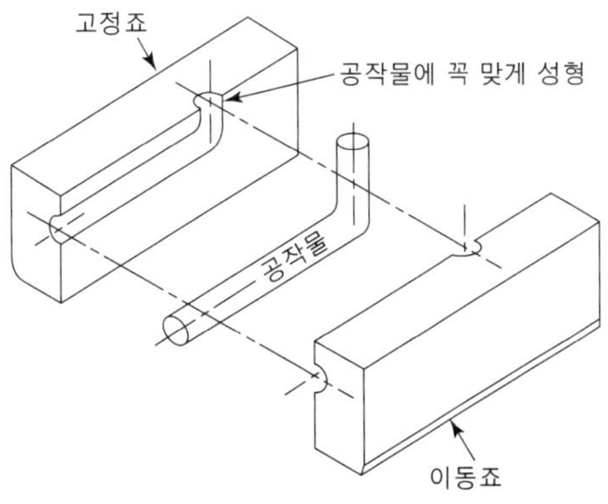

그림 4.28 에폭시수지로 성형한 바이스 죠

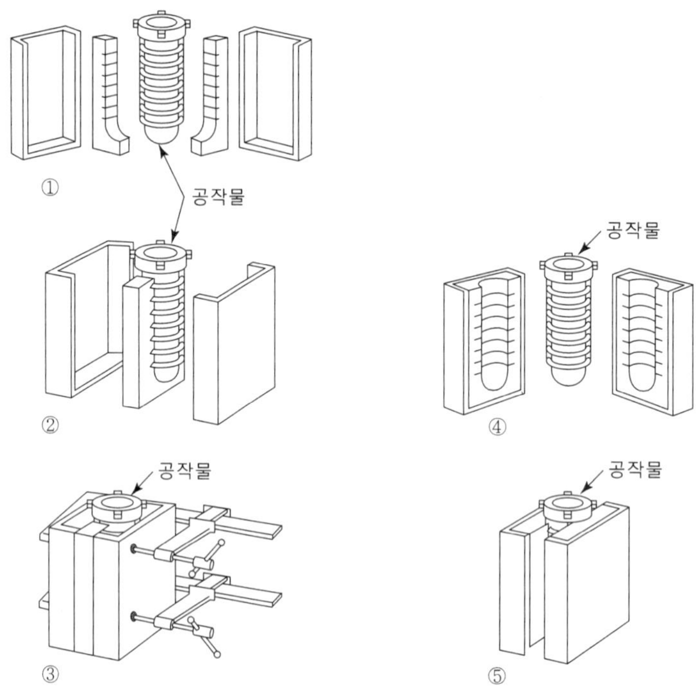

그림 4.29 저용융 합금의 이용

주물 죠의 제작은 주형틀 안에 공작물을 넣고 공작물 주위에 저용융 금속을 채워 주조한다.

2 다수의 공작물 클램핑 장치

대량 생산일 경우 한 번에 여러 개의 공작물을 동시에 작업할 수 있는 고정구가 필요로 할 때가 있다. 단일 부품에 대한 클램핑의 원리와 원칙을 활용하면 다수 공작물의 클램핑도 어렵지 않게 설계할 수 있겠지만 다수 클램핑 장치 설계시는 다음을 특히 주의해야 한다.

클램핑력은 모든 공작물에 균등하게 작용되어야 하고 또한 단일 조작으로 작동되거나 체결되도록 해야한다. 만약 균등하게 압력을 가하지 못하게 되면 가공이 잘못될 수도 있으며, 심하면 공작물이 튀어나와 위험을 초래할 수도 있다.

그림 4.30은 적절지 못한 다수 공작물 클램핑이고, 그림 4.31과 그림 4.32는 적절한 다수 공작물 클램핑의 예이다.

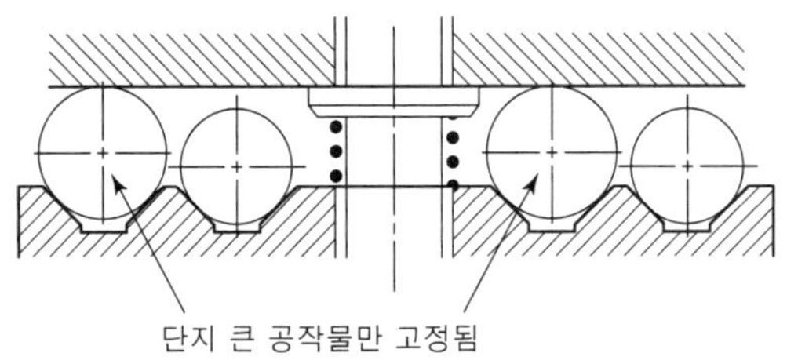

그림 4.30 적절치 못한 다수 클램핑 장치

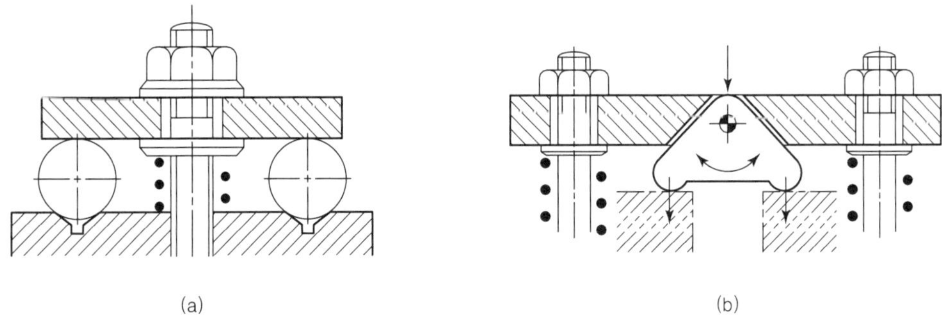

그림 4.31 적절한 다수클램핑

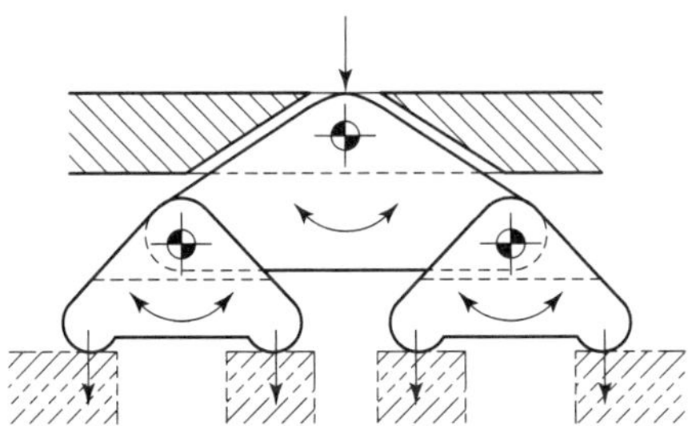

그림 4.32 4개 공작물의 균등한 클램핑력

연습문제

❶ 위치 결정구와 클램프를 비교 설명하라.

❷ 고정력은 공작물의 어떠한 부위에 작용하도록 해야하는가?

❸ 캠 클램프의 장단점에 대하여 기술하라.

❹ 치공구에 사용하는 클램프의 종류를 아는대로 열거하라.

❺ 다음 오른쪽과 왼쪽을 서로 관련 있는 것끼리 연결하라.

㉮ 스트랩 클램프	① 철 금속류
㉯ 나사 클램프	② 에폭시 또는 저용융 합금
㉰ 토글 클램프	③ 판형 및 원뿔 형체
㉱ 캠 클램프	④ 레버 작용
㉲ 동력 클램프	⑤ 단일 작용점으로만 해야하는 경우
㉳ 진공척	⑥ 피벗과 레버 작용
㉴ 주조형 클램프	⑦ 단지 플라스틱을 위해 사용
㉵ 자석척	⑧ 최상의 압력 제어
㉶ 쐐기 클램프	⑨ 진동시 푸릴 우려
㉷ 복수 고정	⑩ 스프링 력에 의해 작동
	⑪ 클램핑력의 균등화
	⑫ 나사산에서 발생하는 토크 사용

❻ 토글 클램프(toggle clamp)의 장점에 대하여 설명하라.

공구의 안내 및 셋팅

5장

치공구에는 가공할 때 공구가 필요로 하는 정확한 위치에서 가공할 수 있도록 공구를 안내하는 부시(bush)와 가공의 한계를 설정하는 세트 블록(set block)이 있다. 이들의 정밀도는 제품의 정밀도에 직접 영향을 미치는 매우 중요한 요소이다.

5.1 부시 (bush)

부시는 드릴링, 리밍, 카운터보링, 카운터싱킹, 스폿페이싱 등과 같은 작업 수행시 사용되는 공구를 정확하게 위치결정시키며, 안내하는 역할을 하는 정밀한 치공구 요소이다.

부시는 통상 지그내에서 반복 작업에 의한 마모와 정밀도를 유지할 수 있도록 열처리를 하고 정확한 치수로 연삭되어 있으며, 동심도는 일반적으로 0.008 이내로 한다.

1) 부시의 종류

부시는 플랜지의 유무에 따라 플랜지형 부시와 평형 부시로 구분되고, 용도에 따라, 고정부시, 삽입부시, 라이너 부시, 특수 부시로 구분한다.

2) 부시의 종류별 특성 및 용도

1 고정부시(press fit bush)

고정부시는 지그판에 억지끼워 맞춤하여 설치 사용하는 부시로서, 교환할 필요가 없는 소량생산용 지그에 사용한다. 고정부시는 평형과 플랜지형의 2종류가 있는데 평형은 저렴하게 지그를 제작할 수 있으며, 카운터 보링(counter boring)없이 지그판에 평탄하게 설치할 수 있어 가장 보편적으로 사용하고 있으나, 사용 중 지그판 밑으로 빠질 우려가 있다.

플랜지형은 부시에 가해지는 힘에 의해 사용 중 밑으로 빠지는 것을 방지할 수 있는 턱

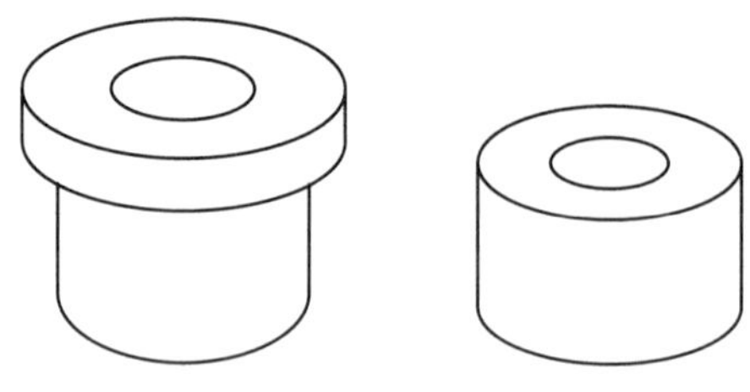

그림 5.1 고정부시

(플랜지)이 있는 형상으로 지그판에 평탄하게 설치하려면 지그판의 구멍을 카운터 보링해야 한다.

2 삽입부시(renewable bush)

삽입부시는 필요에 따라 수시로 교환할 수 있도록 지그판에 헐거운 끼워맞춤으로 설치하여 사용하는 부시로 동일 구멍에 여러 공정의 작업이 이루어지거나, 마모된 부시를 바꾸며 다량생산을 할 때 사용한다. 삽입부시의 고정은 고정나사로 플랜지 부위를 조여 고정하며, 종류는 회전 삽입부시과, 고정 삽입부시의 두 가지가 있다.

① 회전삽입부시(slip renewable bush)

그림 5.2와 같은 형상으로 한 구멍에 여러 공정(드릴링 후 리밍 또는 태핑 등)의 작업에 사용한다. 이 부시는 라이너 부시와 함께 사용하며 그림 5.3과 같이 돌려서 잠그거나 풀 수 있도록 플랜지 부분이 가공되어 있다.

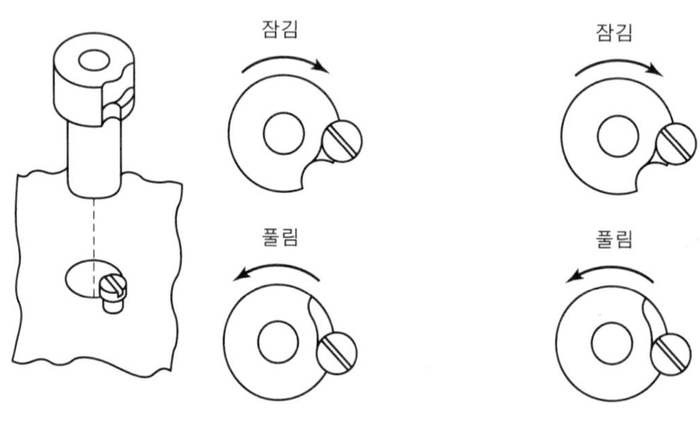

그림 5.2 회전삽입부시

그림 5.3 회전삽입부시의 교환

② 고정삽입부시

그림 5.4와 같은 형상으로 부시가 마모될 때까지 한 가지 작업을 할 경우에 사

용한다. 라이너 부시에 헐거운 끼워 맞춤으로 설치하고, 그림 5.5와 같이 잠금나사에 의해 고정된다.

가격이 싼 지그에서는 라이너 부시를 사용하지 않고 지그판 구멍에 직접 설치해서 사용할 때도 있다.

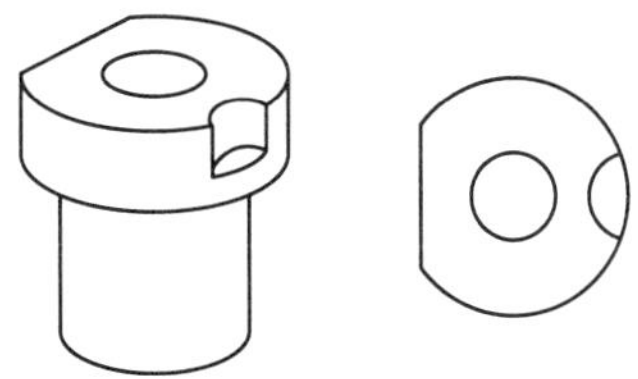

그림 5.4 고정삽입부시

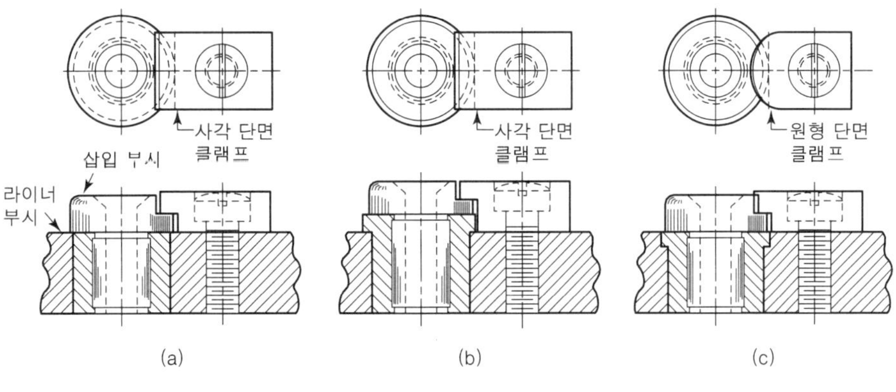

그림 5.5 고정삽입부시의 고정

3 라이너 부시(liner bush)

그림 5.6과 같은 형상으로 고정 부시와 같은 형상이나 두께가 고정부시보다 얇다. 라이너 부시는 삽입 부시의 안내용으로 사용되며 지그판에 억지 끼워 맞춤으로 영구히 설치한다. 라이너 부시를 사용하면 정확하고 높은 경도를 지니기 때문에 지그의 정밀도와 수명을 향상시킬 수 있다.

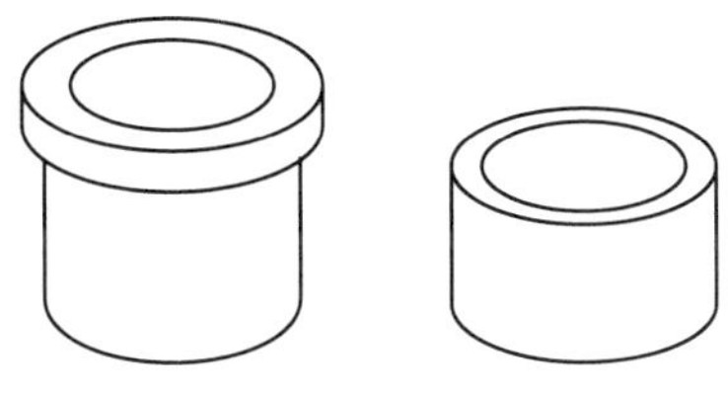

그림 5.6 라이너 부시

4 특수 목적용 부시

드릴 작업의 종류가 다양하므로 각각에 알맞은 작업을 위해서 사용하는 부시로 그 종류가 대단히 많다.

① 템플렛 부시(template bush)

그림 5.7은 템플렛 부시이다. 이 부시는 얇은 지그판(2~10mm)에 설치하여 사용하는 것으로 지그를 경량화 시킬 수 있다. 그림 5.7(a)는 고정링을 사용하여 고정하는 형태이고 그림 5.7(b)는 나사 고정형이다.

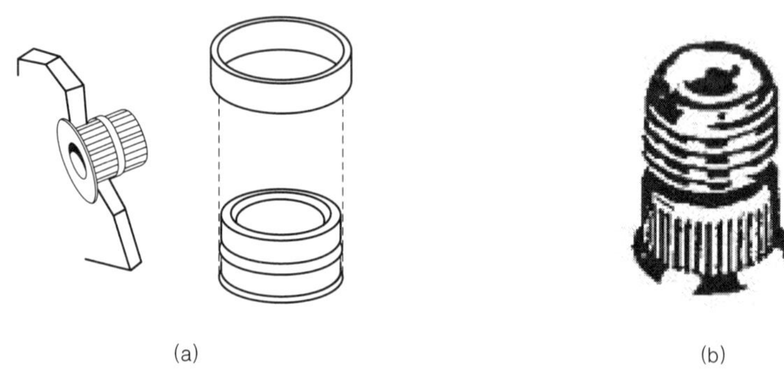

그림 5.7 템플렛 부시

② 기름홈 부시(oil-groove bush)

고속의 지속적인 드릴 작업을 할 때 부시의 내면에 그림 5.8과 같은 기름홈을 가공하여 윤활을 도모한다.

③ 널링 부시(serrated and knurled bush)

그림 5.9와 같이 부시 외주에 널링이 되어 있는 부시로서, 합성수지 같은 재료의 지그판에 설치하여 사용 중 부시가 헐거워지는 것을 방지한다.

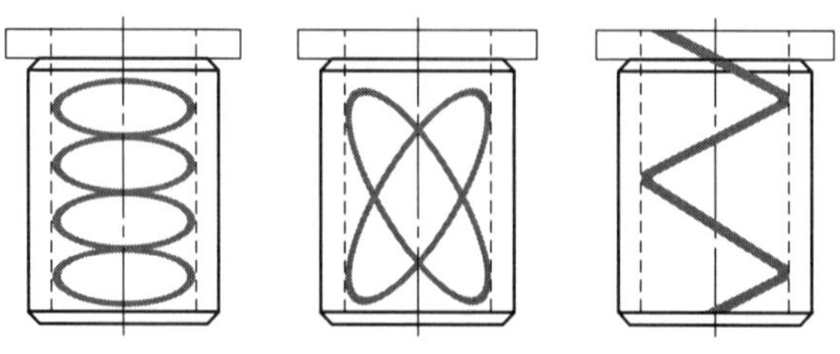

그림 5.8 기름홈 부시

그림 5.9 널링 부시

④ 기타

표준 부시로는 길이가 짧아서 적절하게 지지하거나 안내하기가 부족할 때 올바른 안내를 위해 사용하는 부시가 긴 부시(exchanged-range bush)이며, 대량 생산에서 생산 능률을 향상시키기 위해 부시의 교환을 줄이고 장시간 사용하기 위한 초경 부시 등이 있다.

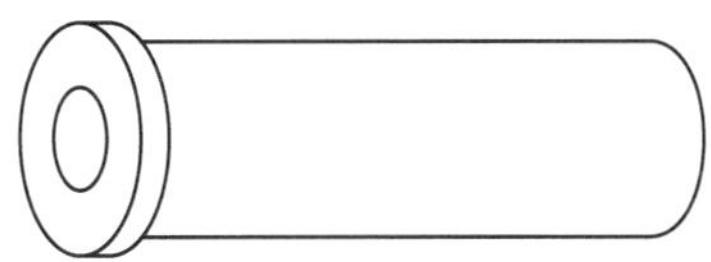

그림 5.10 긴 부시

3) 부시의 설계

드릴 지그의 설계시 먼저 고려해야 할 사항은 부시로서, 다음과 같은 순서로 치수를 정한다.

① 일감에 알맞은 공구(드릴, 리머, 탭 등)의 지름 결정
② 작업조건에 맞는 부시의 종류 선정
③ 부시의 내경과 외경 결정
④ 부시의 길이와 지그판의 두께 결정
⑤ 부시의 위치 결정

드릴의 지름을 결정하는 데는 제작도면상에 주어진 구멍이 가공될 수 있도록 드릴의 지름을 정한다. 일반적으로 드릴 작업에서는 드릴의 크기보다 구멍이 크게 가공될 우려가 많으므로 드릴 지름을 잘 결정해야 한다.

부시의 종류는 가공도면을 면밀히 분석하여 가공될 공작물의 수량 및 가공공정에 따라 부시의 종류를 선택한 후 KS B 1030(JIS5201)에 의한 부시의 내외경 치수 등 부시 제작에 필요한 치수를 정한다.

고정 부시는 그림 5.11과 표 5.1을 활용하여 정하고, 삽입 부시는 그림 5.12와 표

5.2, 또는 그림 5.13과 표 5.3을, 안내용 고정부시는 그림 5.14와 표 5.4를 활용하여 각 부위의 치수를 정한다.

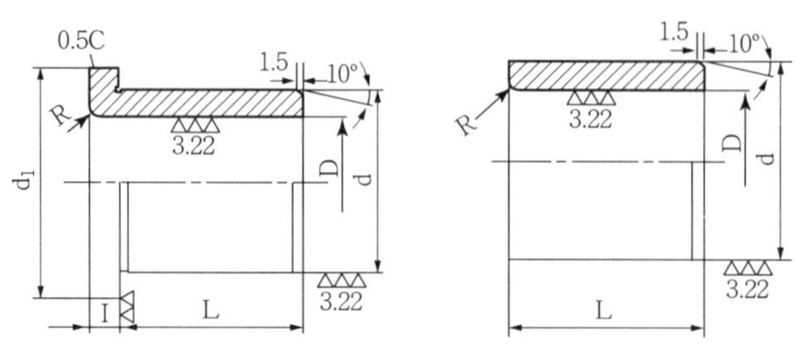

그림 5.11 고정 부시

표 5.1 고정 부시의 치수

D	d	d_l	R	I	L									
2이하	5	9	1	2.5	8	10	12							
2초과 3이하	7	11	1	2.5	8	10	12							
3초과 4이하	8	12	1	3		10	12	16						
4초과 6이하	10	14	1	3		10	12	16						
6초과 8이하	12	16	2	4			12	16	20					
8초과 10이하	15	19	2	4			12	16	20					
10초과 12이하	18	22	2	4				16	20	25				
12초과 15이하	22	26	2	5				16	20	25				
15초과 18이하	16	30	2	5					20	25	30			
18초과 22이하	30	35	3	6					20	25	30			
22초과 26이하	35	40	3	6						25	30	35		
26초과 30이하	42	47	3	6						25	30	35		
30초과 35이하	48	55	4	8							30	35	45	
35초과 42이하	55	62	4	8							30	35	45	
42초과 48이하	62	69	4	8								35	45	55
48초과 55이하	70	77	4	8								35	45	55

비고 : 1. 필요한 경우에는 구멍의 한쪽 끝에 둥글기를 붙여도 좋다.
2. 삽입 부시의 안내로서는 플랜지가 없는 고정부시를 사용하고, 플랜지 붙이고 정부시는 사용하지 않는다.

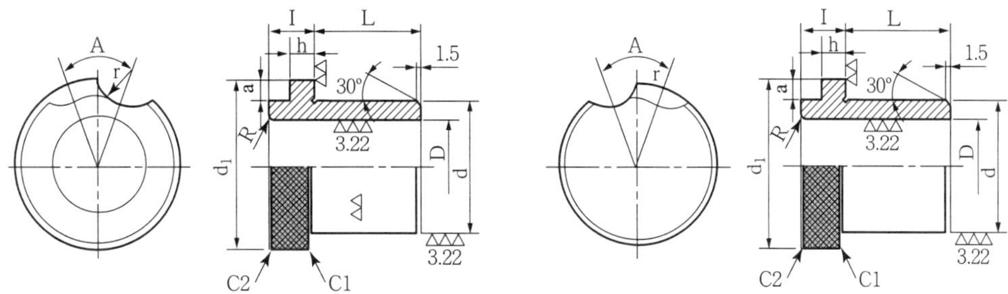

그림 5.12 회전 삽입부시

표 5.2 회전 삽입부시의 치수

D	d	d_1	a	I	h	R	r	A	L						
4이하	8	16	3	8	3.5	1	7	60°	12	16					
4초과 6이하	10	19	3	8	3.5	1	7	60°	12	16					
6초과 8이하	12	22	3	8	3.5	2	7	60°		16	20				
8초과 10이하	15	26	3	9	3.5	2	7	60°		16	20				
10초괴 1이히	18	30	3	9	3.5	2	7	45°			20	25			
12초과 15이하	22	35	4	12	5	2	9	45°			20	25			
15초과 18이하	26	40	4	12	5	2	9	45°				25	30		
18초과 22이하	30	47	4	12	5	3	9	40°				25	30		
22초과 26이하	35	55	5	15	6	3	10	40°					30	35	
26초과 30이하	42	62	5	15	6	3	10	35°					30	35	
30초과 35이하	48	69	5	15	6	4	10	35°						35	45
35초과 42이하	55	77	5	15	6	4	10	35°						35	45

비고 : 1. 필요한 경우에는 구멍의 한쪽 끝에 둥글기를 붙여도 좋다.

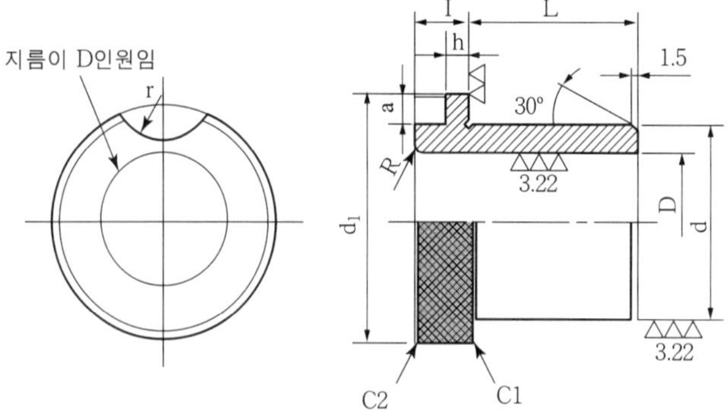

그림 5.13 고정형 삽입부시

표 5.3 고정형 삽입부시의 치수

D	d	d_l	a	I	h	R	r	L						
4이하	8	16	3	8	3.5	1	7	12	16					
4초과6이하	10	19	3	8	3.5	1	7	12	16					
6초과8이하	12	22	3	8	3.5	2	7		16	20				
8초과10이하	15	26	3	9	3.5	2	7		16	20				
10초과1이하	18	30	3	9	3.5	2	7			20	25			
12초과15이하	22	35	4	12	5	2	9			20	25			
15초과18이하	26	40	4	12	5	2	9				25	30		
18초과22이하	30	47	4	12	5	3	9				25	30		
22초과26이하	35	55	5	15	6	3	10					30	35	
26초과30이하	42	62	5	15	6	3	10					30	35	
30초과35이하	48	69	5	15	6	4	10						35	45
35초과42이하	55	77	5	15	6	4	10							45

비고 : 1. 필요한 경우에는 구멍의 한쪽 끝에 둥글기를 붙여도 좋다.

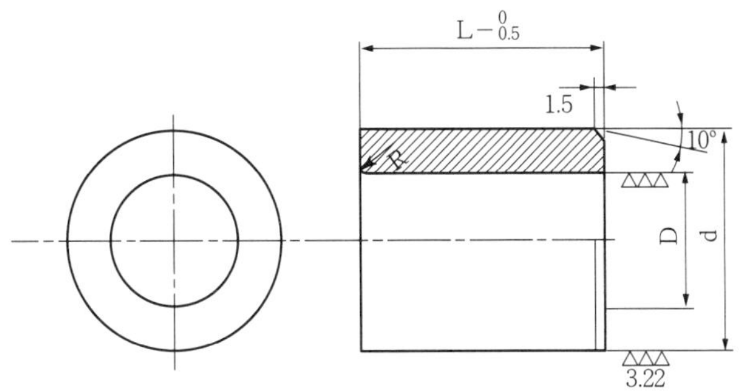

그림 5.14 안내용 고정부시

표 5.4 안내용 고정부시의 치수

단위 [mm]

D	d	R	L						
8	12	2	12	16					
10	15	2	12	16					
12	18	2		16	20				
15	22	2		16	20				
18	26	2			20	25			
22	30	3			20	25			
26	35	3				25	30		
30	42	3				25	30		
35	48	4					30	35	
42	55	4					30	35	
48	62	4						35	45
55	70	4						35	45

KS 규격에 따르면 부시의 중요치수의 허용차는 그림 5.15와 표 5.5, 표 5.6과 같다.

표 5.7은 KS규격의 드릴지름과 리머지름의 치수허용차를 표시하며, 표 5.8은 KS 끼워 맞춤 공차 중에서 부시에 많이 사용되는 것이다.

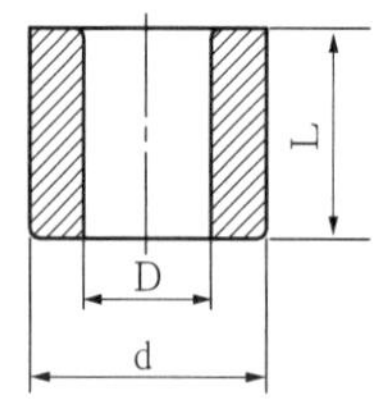

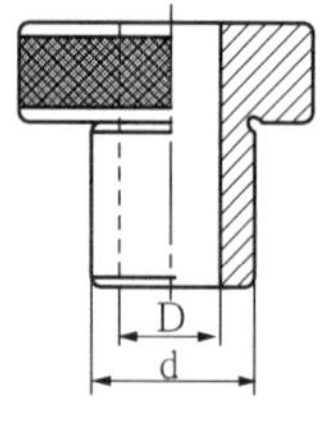

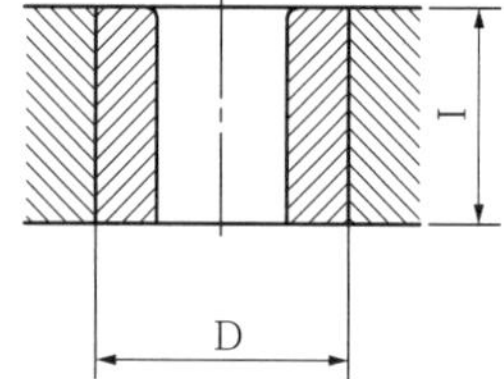

그림 5.15

표 5.5 부시의 치수허용차

단위 : μm

사용목적	고정부시			삽입부시		지그본체 (참고)	
	d	D	L	d	D	D_1	L_1
드릴용부시	p6	G6	0 -500	m5	G6	H7	+500 0
H7 구멍 리머용 부시	p6	표 5.6에 따른다	0 -500	m5	표 5.6에 따른다	H7	+500 0
삽입 부시용 부시	p6	표 5.6에 따른다	0 -500	-		H7	+500 0

표 5.6 부시안지름의 치수허용차

단위 : μm

부시 안지름의 구분	1이상 3이하	3초과 6이하	6초과 10이하	10초과 18이하	18초과 30이하	30초과 50이하	50초과 80이하
부시 안지름의 치수차	+14 + 8	+20 +12	+24 +15	+29 +18	+34 +21	+41 +25	+49 +30

비고 : 표 5.6의 치수차의 수치는 아래 치수차를 m6의 위 치수로 하고, 위 치수차는 아래 치수차에 6급의 공차를 더한 것이다.

표 5.7 드릴과 리머지름의 치수차

단위 : μm

드릴 지름의 구분	1이상 3이하	3초과 6이하	6초과 10이하	10초과 18이하	18초과 30이하	30초과 50이하	50초과 80이하
부시 안지름의 치수차	+ 0 -14	+ 0 -18	+ 0 -22	+ 0 -27	+ 0 -33	+ 0 -39	+ 0 -46
H7 구멍 리머 지름의 치수차	+ 6 + 2	+ 9 + 4	+12 + 6	+15 + 7	+17 + 8	+20 + 7	+24 +11

표 5.8 KS 끼워맞춤 공차

단위 : μm

구멍 · 축의 종류, 등급 \ 호칭치수의 구분		1이상 3이하	3초과 6이하	6초과 10이하	10초과 18이하	18초과 30이하	30초과 50이하	50초과 80이하
축	p6	+16 + 9	+20 +12	+24 +15	+29 +18	+35 +22	+42 +26	+51 +32
	m5	+ 7 + 2	+ 9 + 4	+12 + 6	+15 + 7	+17 + 8	+20 + 9	+24 +11
구멍	G6	+10 + 3	+12 + 4	+14 + 5	+17 + 6	+20 + 7	+25 + 9	+29 +10
	H7	+ 9 0	+12 0	+15 0	+18 0	+21 0	+25 0	+30 0

표 5.9 기준면과 지그 구멍간 거리 공차

단위 : μm

구멍의종류 \ 중심거리	180이하	180이상
리머 구멍	±5	±10
드릴 구멍	±30	±50

부시와 부시간, 또는 기준면과 부시간의 위치 공차는 일감의 도면상에 주어진 허용차의 20~50%범위로 취하면 된다. 표 5.9는 일반적으로 적용하고 있는 구멍 중심간의 위치 허용공차로 기준면과 구멍과의 거리에 적용한다.

4) 부시 설계 보기

예를 들어 ϕ25H7의 구멍 가공에 사용 할 부시 설계할 때 필요한 치수결정은 다음과 같이한다.

1 고정부시로 할 때

드릴의 지름은 ϕ25이며 따라서 부시의 안지름호칭치수는 ϕ25가 된다. 표 5.1에서 부시의 안지름 ϕ25는 22초과 26.0이하 범위 내이므로, 가로줄에 있는 값들을 선택 각 부위의 호칭 치수를 정하면 된다. 즉 바깥지름(d)은 ϕ35가 되고 부시 길이(L)는 20, 25, 30의 3종류 중 어느 한 가지를 선택하면 된다. 중간 치수인 25를 선택하면 지그판의 두께도 이와 같이 25가 된다. 플랜지형이라면 플랜지부 바깥지름(d_1)은 ϕ40, 플랜지

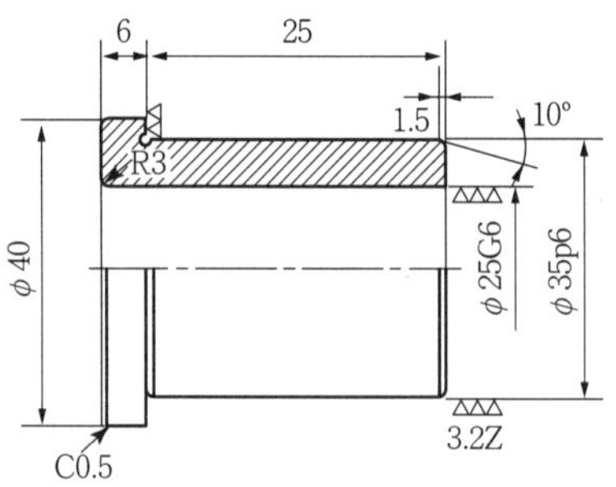

그림 5.16 고정부시 설계도

두께(I)는 6이며, 부시 입구부위의 모깍기 반지름(R)은 3이 된다. 부시의 안지름, 바깥지름 길이 치수에는 공차가 주어져야 하는데 이들의 공차 값은 표 5.5에서 구한다. 여기서 안지름은 G6, 바깥지름은 p6이므로 안지름은 ϕ25G6, 즉 $\phi 25^{+0.020}_{+0.007}$, 바깥지름은 ϕ35p6, 즉 $\phi 35^{+0.042}_{+0.026}$가 되며 길이는 $25^{\ 0}_{-0.5}$이 된다. 그러므로 부시의 도면은 그림 5.16과 같다. 지그판의 두께는 $25^{+0.5}_{\ 0}$이며, 지그판의 부시용 구멍은 ϕ40H7이 된다.

2 삽입 부시로 할 때

삽입 부시를 사용할 때에는 라이너 부시와 함께 사용하므로 삽입 부시를 설계하고 이에 맞는 라이너 부시를 설계한다.

삽입 부시에는 회전형 삽입 부시와, 고정형 삽입 부시가 있으므로 각각에 맞는 표를 선택하여 위 항에서 설명한 고정 부시 설계와 같은 방법으로 한다. 즉 회전형 삽입 부시로 할 때는 그림 5.12와 표 5.2를 사용하고, 고정형 삽입 부시는 그림 5.13과 표 5.3을 사용한다. 안지름호칭치수는 고정 부시와 동일하므로 ϕ25가 된다. 표 5.2에서 부시의 안지름 ϕ25는 22초과 26이하의 범위 내이므로 가로줄에 있는 값들을 선택 각 부위의 호칭치수를 구하고, 공차값은 표 5.5에서 구한다. 그러므로 안지름(D)은 고정 부시와 같은 ϕ25G6, 즉 바깥지름(d)은 ϕ35m5, 즉 $\phi 35^{+0.020}_{+0.009}$ 부시 길이는 25, 30의 2종류 중 어느 한 가지를 선택하면 된다. 플랜지부 바깥지름(d_1)은 ϕ55, 플랜지 두께(I)는 15이며, 부시 입구부위의 모깍기 반지름(R)은 3이고 부시 길이(L)는 30을 택하면 $30^{\ 0}_{-0.5}$이 된다.

지그판의 두께는 라이너부시 길이에 의해 $30^{+0.5}_{\ 0}$이 되며 지그판의 부시용 구멍은 라이너 부시의 바깥지름에 의해 ϕ48H7, 즉 $\phi 48^{+0.025}_{\ 0}$이 된다. 따라서 삽입 부시의 도면은 그림 5.17과 같이 된다.

3 라이너 부시 설계

라이너 부시는 위에서 구한 삽입 부시의 바깥지름에 의해 안지름이 정해지고 이를 바탕으로 그림 5.14와 표 5.4에 의해 각부 치수를 결정한다. 여기서는 삽입 부시의 바깥지름이 ϕ35이므로 라이너 부시의 안지름은 ϕ35G6 즉 $\phi 35\,^{+0.025}_{+0.009}$, 바깥지름 ϕ48p6, 즉 $\phi 48\,^{+0.051}_{+0.032}$이고 입구 안쪽 모서리 둥글기는 R4이며 길이는 30을 선택하여 $30\,^{\;0}_{-0.5}$이 된다. 라이너 부시의 도면은 그림 5.18과 같다.

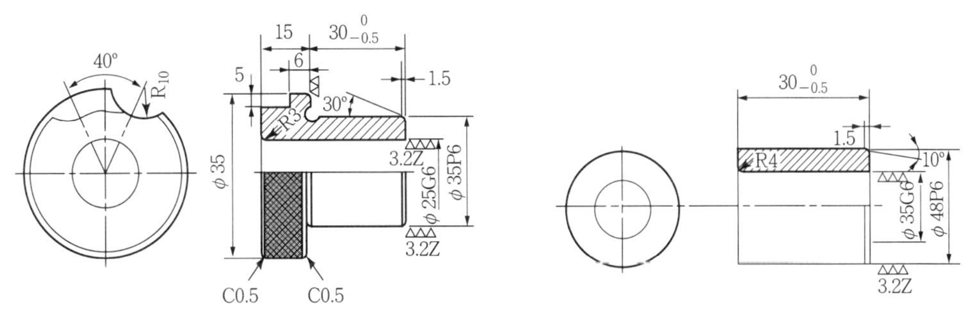

그림 5.17 삽입부시 설계도 그림 5.18 라이너부시 설계도

5) 부시의 설치

부시를 지그판에 정확하게 조립한다는 것은 지그 제작에 있어서 대단히 중요한 사항이다. 부시의 설치를 잘못하면 사용 중 빠지거나 공구가 파손될 우려가 있다. 부시를 지그판에 설치하는 방법은 그림 5.19와 같은 방법이 있다. 지그판의 구멍입구와 부시 밑면에는 적당한 크기의 모따기가 있어야 한다.

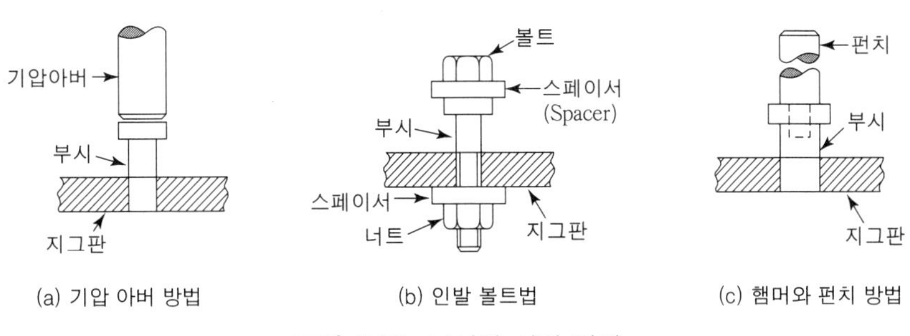

그림 5.19 부시의 설치 방법

1 지그판(jig plate)

지그판은 부시를 고정하고 위치를 결정해 주는 지그의 부품이다. 지그판의 두께는 설치할 부시의 길이와 동일하게 하는데 부시의 길이는 공구를 안내하고 지지하는데 충분한 길이로 한다. 지그판의 두께는 드릴지름의 1~2배의 사이로 하는 것이 일반적이다.

2 부시와 일감의 간격

부시와 일감 사이에는 간격을 두어 칩배출이 용이하도록 하고 있다. 이 간격은 일반적으로 드릴 지름의 1~1.5배로 한다. 그러나 높은 정밀도가 요구될 때나 다음 공정에서 정밀도가 필요할 때 또 경사진 표면이나 곡면에 구멍을 뚫을 때 등은 예외로 하며 그림 5.22와 같이 부시를 가능한 한 일감에 가까이 설치한다.

적절한 부시의 간격은 지그의 전반적인 성능면에서 중요한 사항으로 부시가 불필요하게 공작물에 접근되어 있으면 칩으로 인하여 부시가 빨리 마모되고 너무 떨어지게 되면 가공 정밀도가 떨어진다.

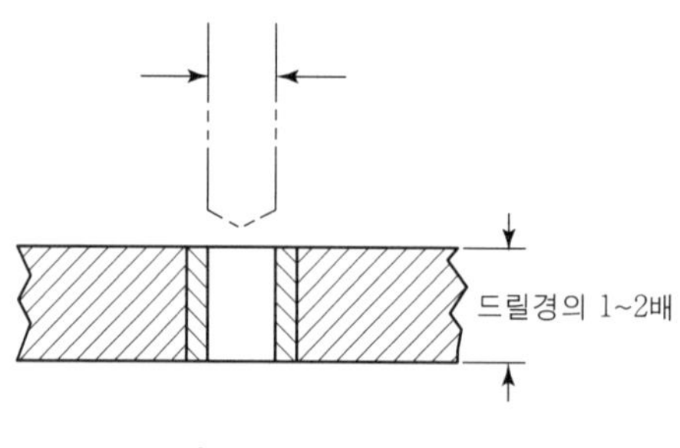

그림 5.20 지그판의 두께

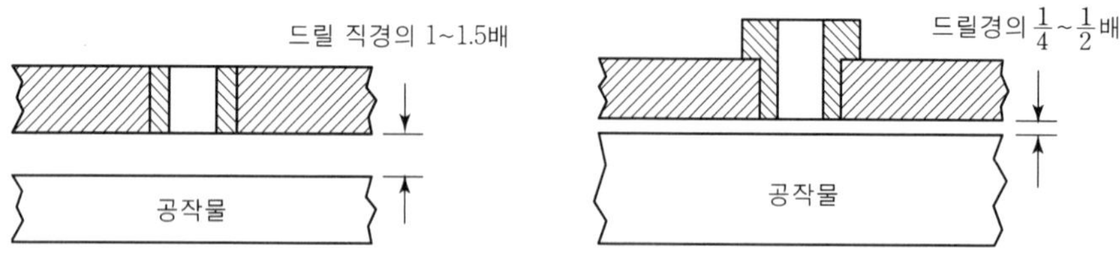

그림 5.21 공작물과 부시의 간격

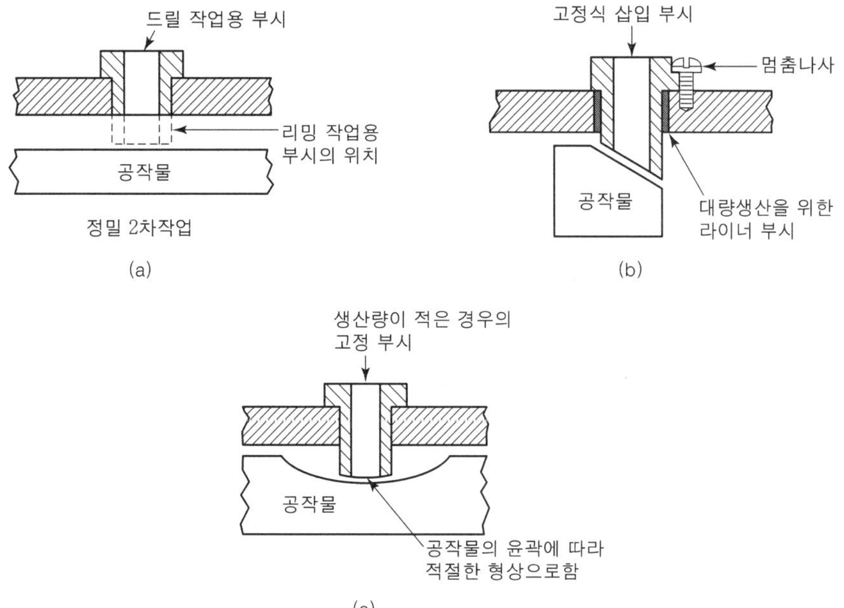

그림 5.22 공작물과 부시의 간격

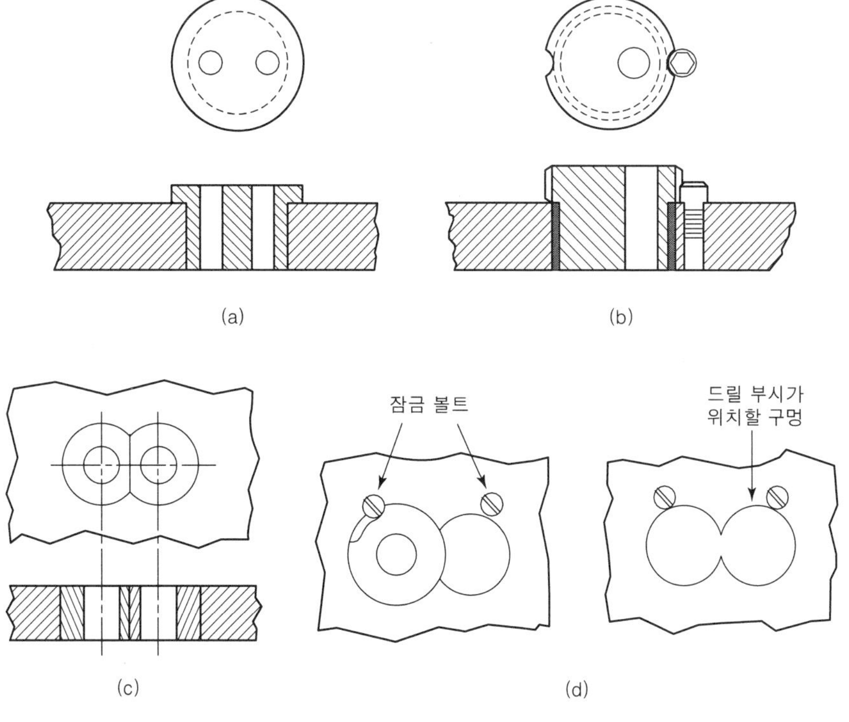

그림 5.23 인접된 부시의 설치

③ 거스러미 여유(burr clearance)

드릴 작업시에는 구멍의 입구와 출구 끝단에 거스러미(burr)가 발생한다. 이러한 거스러미를 고려해서 부시와 일감 사이에 적절한 간격이 유지되도록 한다.

④ 인접 부시

가공할 두 구멍이 너무 가까이에 위치해서 정상적인 부시를 사용할 수 없는 경우는 얇은 두께의 부시를 사용하거나 그림 5.23과 같이 여러 가지 형태로 부시를 설치하여 가공한다. 그림(a)는 하나의 부시에 두 개의 구멍을 뚫어 사용하는 것이고, 그림(b)는 부시를 180° 돌려 사용할 수 있는 형태로 한 구멍을 뚫은 후 부시를 돌려 설치한 후 인접 구멍을 뚫는다. 그림(c)는 측면을 평면으로 가공하여 설치한 것이며, 그림(d)는 삽입 부시를 사용하여 한 구멍씩 순차적으로 구멍을 뚫는다.

6) 부시 고정나사

삽입부시를 설치할 때 고정하는 나사를 말하며 가공시 발생하는 진동과 드릴의 회전에 의해 형성되는 토크에 견디도록 하며, 칩에 의해 부시가 들려지는 것을 방지한다 KS에 규정된 모양과 치수는 표 5.9와 같으며 그 사용법은 표 5.10과 같다.

7) 부시의 재질

일반적으로 부시는 경화성이 좋고 열처리시 균열이 발생하지 않는 높은 등급의 공구강이 사용된다. C 1%정도의 탄소 공구강이 자주 사용되며 $H_{RC}60$ 정도의 경도로 열처리한다.

수량이 적은 부품이나 경제적으로 제작하기 위해 저탄소강이나 기계구조용 강이 사용될 때에는 1.5정도 침탄하여 사용한다. 또한 절삭 공구의 날이 부시 내면과 직접 접촉하지 않는 경우 주철로 만들기도 한다.

표 5.9 지그용 고정나사

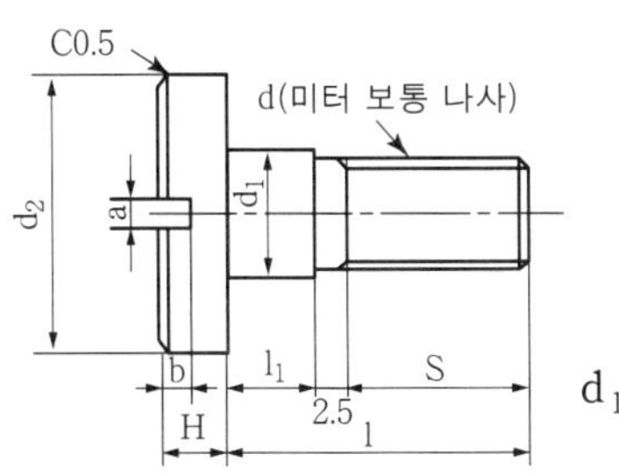

d 1

고정나사의 호칭	나사의 호칭 (d)	d_1		d_2		a	b	H	l	l_1		S
		기준치수	허용차	기준치수	허용차					기준치수	허용차	
5	5	6	±0.2	12	±0.2	1.6	1.5	3	13	4	±0.1	6.5
6	6	7		15		1.6	2	4	16	5.5	±0.2	8
8	8	9		18	±0.3	2	2.5	5	19	6.5		10

비고 : 1. d_1, d_2, l_1의 허용차는 KS B 0412의 중급에 따른다. 허용차를 특히 규정하고 있지 않은 치수의 허용차는 KS B 0412의 거칠은 (축) 급을 적용한다.
2. 나사는 KS B 0201에 따르고 그 정도는 KS B 0211의 3급 이상으로 한다.

표 5.10 부시고정나사의 사용법

단위 [mm]

d_3	d	r		d_2	l_2
		기준치수	허용차		
16	5	12	±0.2	5.2	11
19	5	13.5		5.2	11
22	5	15		5.2	11
26	5	17	±0.3	5.2	11
30	5	19		5.2	11
35	6	22		6.2	14
40	6	24.5		6.2	14
47	6	28		6.2	14
55	8	33		8.2	16
62	8	36.5		8.2	16
69	8	40		8.2	16
77	9	44		8.2	16

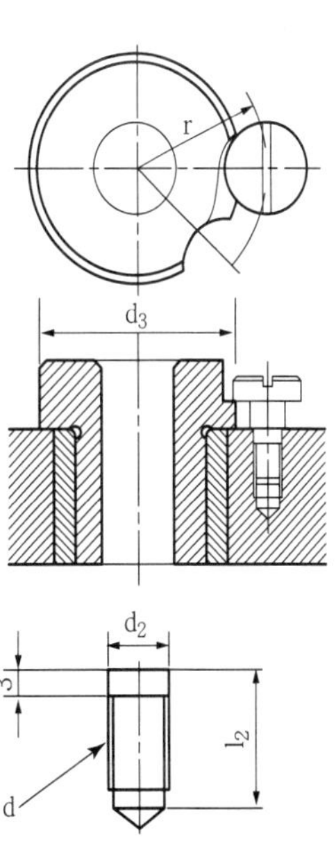

5.2 세트 블록 (set block)

고정구에 사용되는 커터 안내 장치는 지그에서 사용하는 부시와는 다르다. 부시는 직접 공구를 안내하고 있으나, 세트 블록은 공구가 일정한 위치에 위치시키는 역할을 한다. 즉 하나의 기준 역할을 하는 것이다. 커터의 기준면으로 사용되는 표면은 가공할 일감의 가공 형상에 따라 결정되어진다. 그림 5.24는 세트 블록의 사용예이다.

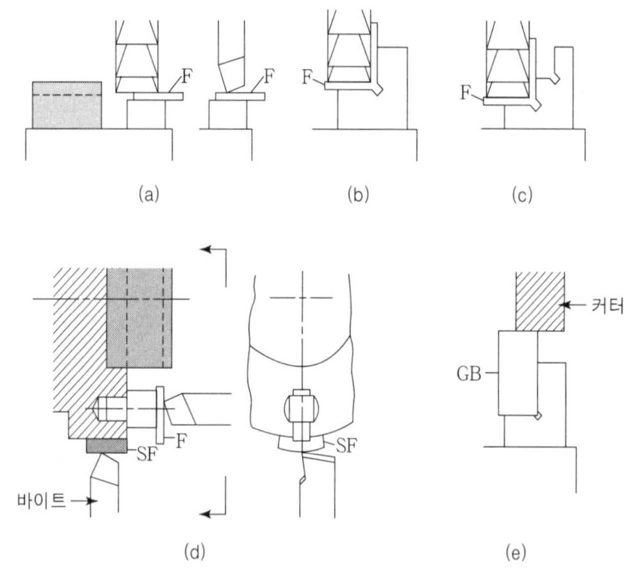

그림 5.24 세트 블록의 사용예

연습문제

❶ 부시, 세트 블록은 각기 치공구에서 어떠한 역할을 하는가?

❷ 부시의 용도에 따른 종류를 설명하시오.

❸ 부시 구멍 지름과 길이의 최소 관계에 대하여 설명하라.

❹ 평형 부시와 플랜지형 부시를 비교 설명하라.

❺ 부시의 일반적인 내경 공차는?

❻ 라이너 부시의 용도는?

❼ 다음 부시에 대하여 설명하라.

1) 널링 부시
2) 템플렛 부시
3) 템플렛 부시
4) 긴 부시

❽ 부시와 공작물과 사이의 간격의 적정 거리는 어느 정도이고 적정값을 벗어나면 어떤 현상이 발생하는가?

❾ 구멍이 너무 근접해 있어 정상적인 부시 설치가 곤란한 경우에 부시의 사용방법 2가지를 설명하라.

❿ M12×1.25의 가는 나사를 내기 위한 드릴 구멍을 뚫는데 사용할 부시를 설계하라.

⓫ 세트 블록과 함께 사용하는 추가적인 공구는 무엇이며 이를 사용하는 이유는 무엇인가?

치공구 본체

6장

치공구 본체는 공작물을 유지하고, 치공구 구성요소인 위치결정구, 지지구, 클램프, 부싱과 기타 치공구 구성요소를 수용하는 치공구의 뼈대를 말한다. 치공구 본체는 견고한 구조로 하고 본체의 크기, 형상, 재질 등은 가공할 공작물에 의해 결정된다.

본체의 크기는 공작물의 크기와 형상 작업의 형태에 따르고, 재질 및 구조 등은 경제성, 요구되는 강도, 정밀도 및 기대수명에 따른다.

치공구 본체의 구조에는 여러 가지 형태가 있으나, 가공법에 따라 그림 6.1과 같이 조립형, 주조형, 용접형이 있으며 서로 다른 목적과 이점을 가지고 있다.

치공구 본체에 사용되는 재질은 강, 주철, 알루미늄 등 금속재료가 주로 사용되고 있으나 합성수지, 목재 등도 사용된다.

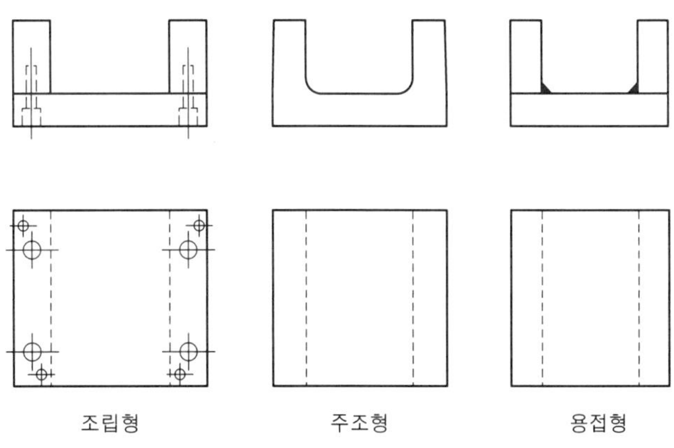

그림 6.1 치공구 본체 종류

6.1 치공구 본체의 종류 및 특성

1) 조립형 본체

볼트, 핀 등 체결 기계요소로 구조물을 연결 몸체의 형상을 만들어 내는 것으로 치공구 본체의 가장 일반적인 형태이다. 강, 주철, 알루미늄, 마그네슘, 목재 등 거의 모든 재질로 제작 될 수 있다.

조립형은 설계와 제작이 용이하여 리드 타임이 짧고, 수리하기가 용이하며, 표준화된 부품을 사용할 수 있는 이점이 있다. 그러나 용접형이나 주물형에 비해 강도가 떨어지고 나사가 풀어지거나 취급 부주의에 의해 자주 변형될 우려가 있다.

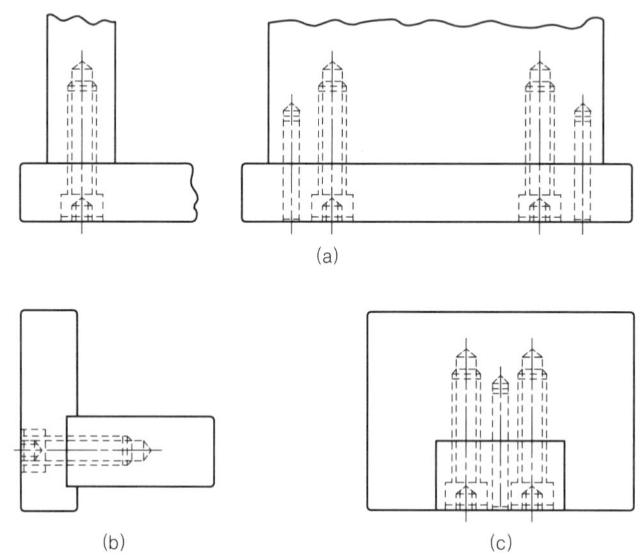

그림 6.2 조립형 연결형태의 보기

2) 주조형 본체

주조형 본체는 구조가 복잡한 특수공구를 위해 자주 사용되며 요구되는 크기와 형상을 일체형으로 주조하여 기계가공시간을 크게 줄일 수 있으며, 견고하고 안전성이 좋고 진동흡수가 우수하며 가공물을 네스팅 하기가 좋다. 또한 견고성과 강도를 저하시키지 않고도 몸체 안쪽을 비게 할 수 있어 경량화 시키는데도 유리하다. 그러나 주조형의 단점은 주조 공정이 필요하므로 리이드 타임이 길다. 주조형 본체는 주철, 주강, 알루미늄, 수지 등으로 제작되고 있다. 그림 6.3은 주조형 본체의 여러 형태의 보기이다.

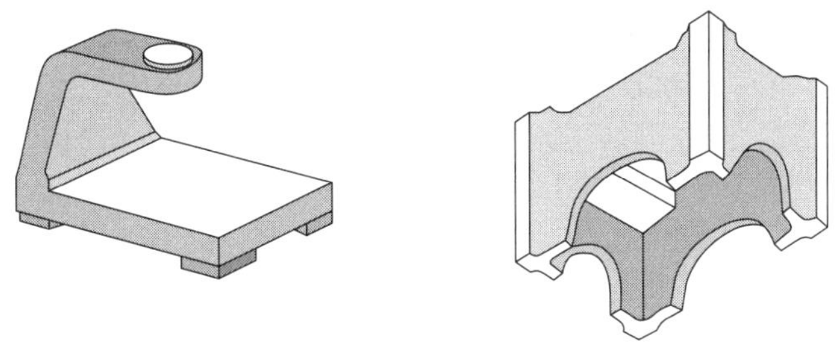

그림 6.3 주조형 본체의 보기

3) 용접형

용접형 본체는 설계의 다양성과 용이성이 좋으며 강도가 좋고 리드 타임이 짧다. 그러나 비틀림 같은 변형이 발생하기 쉽고 내부 잔류응력, 균열 등 용접 결함으로 강도가 떨어질 수 있다.

용접형 재질은 강, 알루미늄, 망간 등으로 제작한다. 그림 6.4는 용접형 본체의 용접부위 형상 보기이다.

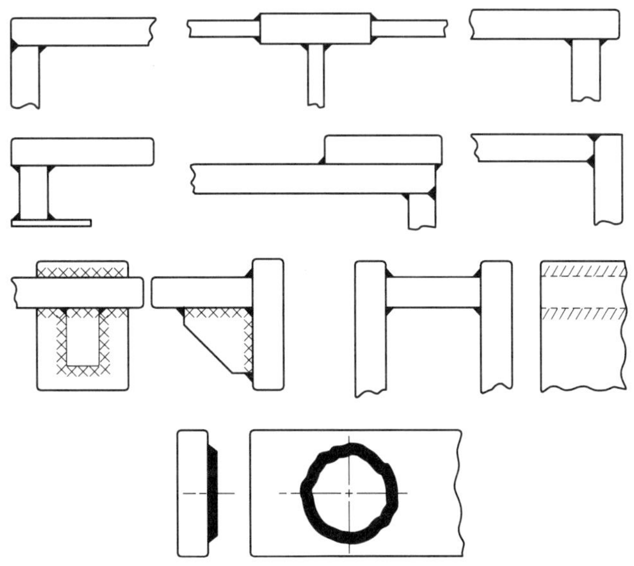

그림 6.4 용접형 본체 용접부위 형상 보기

6.2 치공구 본체의 소재

임의의 치공구 본체로 이미 가공된 소재를 사용하므로서 치공구의 제작비를 감소시킬 수 있다. 이미 성형된 소재는 그 크기와 형상을 다양하게 이용할 수 있기 때문에 치공구 본체의 가공시간을 크게 감소시킬 수 있다. 치공구 본체로서 사용되는 기 가공된 소재는 정밀 연삭 판재 및 로드, 주조된 브라켓, 구조형강과 주조된 치공구 본체 등이 있다.

여기서 정밀 연삭 판재 및 로드는 탄소 공구강, 합금 공구강의 판 및 로드를 정밀 연삭한 것으로 판재의 두께와 폭의 공차가 ±0.02mm로 제작되고 있고, 그림 6.5는 주조된 본체로 여기에 가공에 알맞게 위치 결정구, 지지구, 클램프, 부싱 등을 설치하여 사용하므로서 치공구 제작시간을 절약할 수 있다.

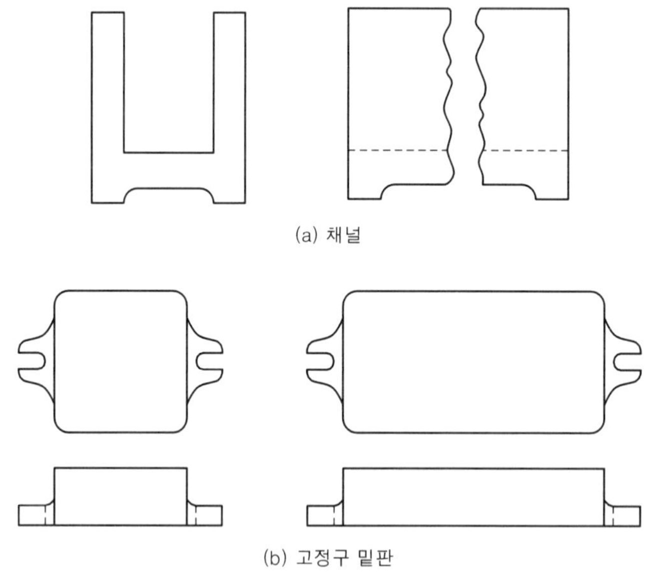

그림 6.5 주조된 공구본체

6.3 보강 리브

치공구는 경량화를 위하여 전체적으로는 얇은 두께로 하는 것이 바람직하나 절삭할 때 국부적으로 절삭력이 걸려 치공구에 변형이 생길 우려가 있다. 이러한 우려가 있는 곳에는 리브를 형성하여 보강한다.

그림 6.6은 수평방향으로 하중이 걸리는 경우 이에 대응하여 보강 리브를 설치한 보기로 그림(a)는 적은 하중에 그림(b)는 큰 하중에 사용한다.

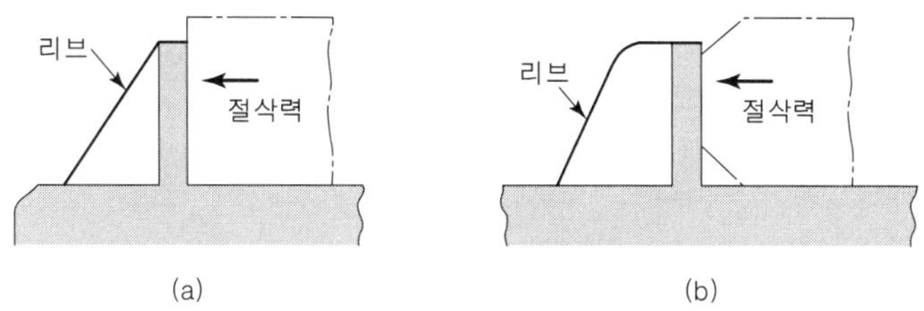

그림 6.6 수평방향 하중에 대한 보강 리브

그림 6.7은 수직방향으로 하중이 걸리는 경우로 그림(b)와 같이 리브를 아래쪽에 두는 것이 좋으나 구조상 아래쪽에 설치할 수 없는 경우는 그림(a)와 같이 한다. 또한 그림(c)와 같이 축 구멍이나 부싱 보스부에 리브를 설정하는 경우도 있다.

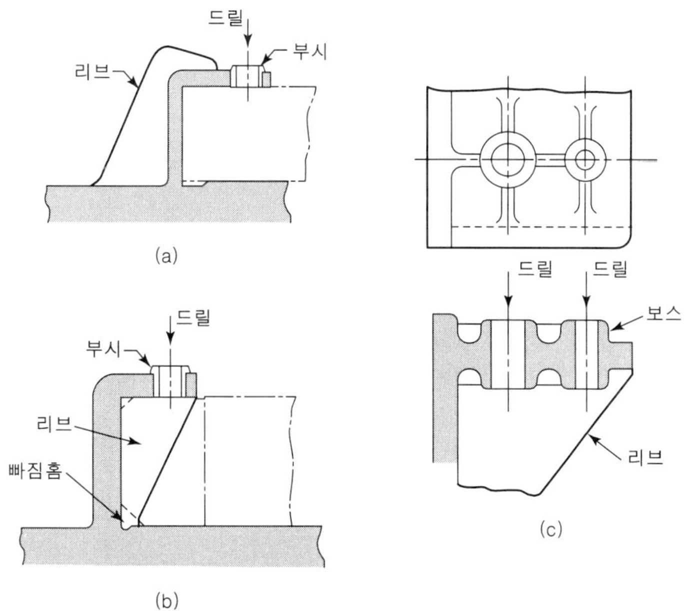

그림 6.7 수직방향 하중에 대한 보강 리브

연습문제

❶ 용접형 본체의 장단점을 말하라.

❷ 주조형 본체의 장단점을 말하라.

❸ 조립형 본체의 장단점을 말하라.

치공구의 종류

7장

치공구는 공작물의 형상 및 가공 조건에 따라 각양 각색의 것이 제작되고 있다. 그러므로 분류방법도 여러 가지가 있다. 그러나 크게 지그와 고정구로 구분하고 있다.

또한 용도에 따른 종류로는 드릴 지그, 선반 지그, 밀링 지그, 연삭 지그, 보링 지그, 플레이너 지그, 세이퍼 지그, 조립 지그, 측정 지그, 용접 지그 등이 있으며 형태에 따른 종류로는 템플렛 지그, 플레이트 지그, 테이블 지그. 샌드위치 지그, 앵글 플레이트 지그, 박스 지그, 찬넬 지그, 리프 지그, 분할 지그, 트라이언 지그, 펌프 지그, 다단 지그 등이 있다.

7.1 지그의 종류

1) 템플렛 지그(template jig)

공작물의 내면이나 윗면에 설치하여 고정시키지 않고 자유로운 상태로 사용할 수 있는 형태로 최소의 경비로 단순하게 사용할 수 있는 지그이다. 템플렛 지그는 제품의 정밀도보다는 생산 속도를 증대시키기 위하여 사용하고 있다.(그림 7.1)

2) 플레이트 지그(plate jig)

플레이트 지그는 그림 7.2와 같이 템플렛 지그와 유사한데 차이점은 템플렛 지그에서 공작물과 지그는 자유로운 상태이나, 플레이트 지그에서 공작물은 지그에 클램프로 고정되어 일체화된 상태에서 작업이 이루어진다. 즉 지그에 공작물을 고정하기 위한 클램핑 기구가 있는 형태로 가장 일반적인 형태이다.

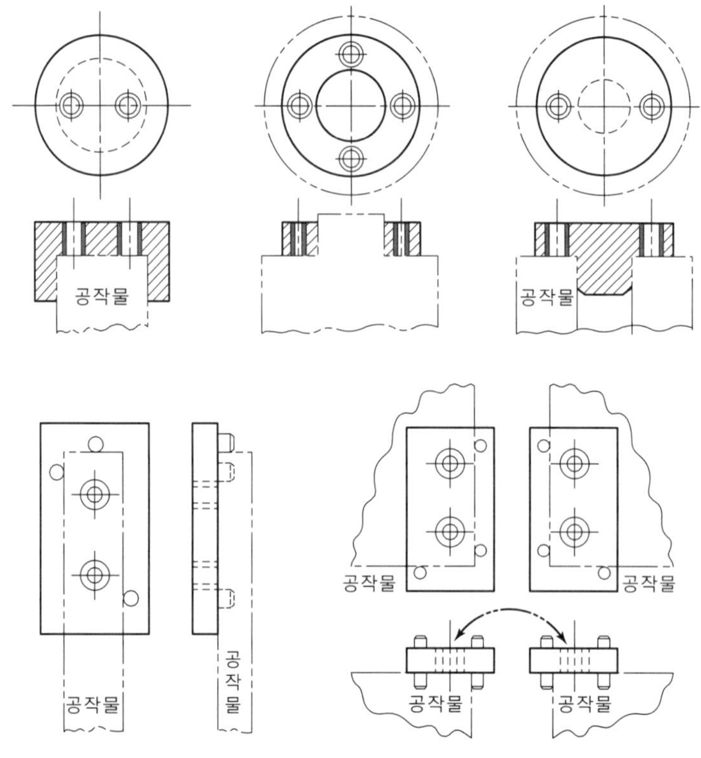

그림 7.1 템플렛 지그

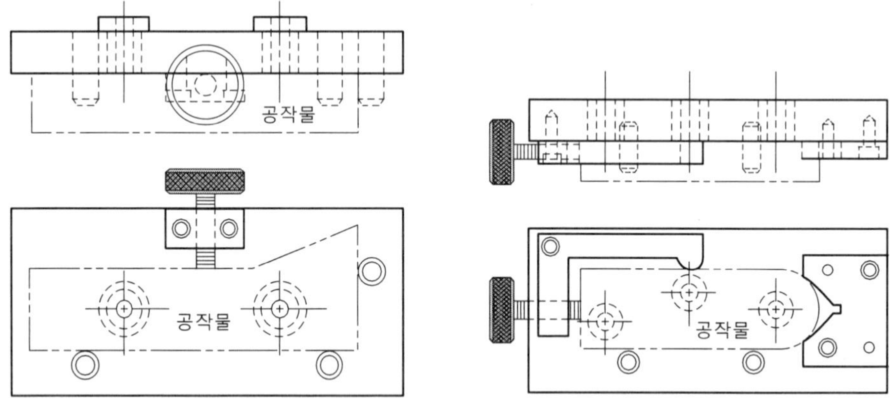

그림 7.2 플레이트 지그

3) 테이블 지그(table jig)

테이블 지그는 그림 7.3과 같이 플레이트 지그에 다리를 붙혀놓은 형태이다. 공작물의 형태상 플레이트 지그만으로는 지그를 공작기계 테이블에 안정되게 설치할 수 없는 지그에 다리를 붙혀 안정되게 올려놓고 작업을 수행할 수 있게 한 형태이다.

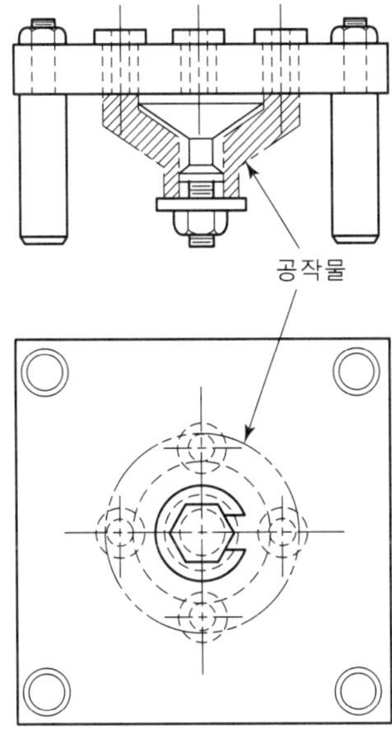

그림 7.3 테이블 지그

4) 샌드위치 지그(sandwich jig)

샌드위치 지그는 그림 7.4와 같이 플레이트 지그에 받침판이 있는 형태로 다른 지그

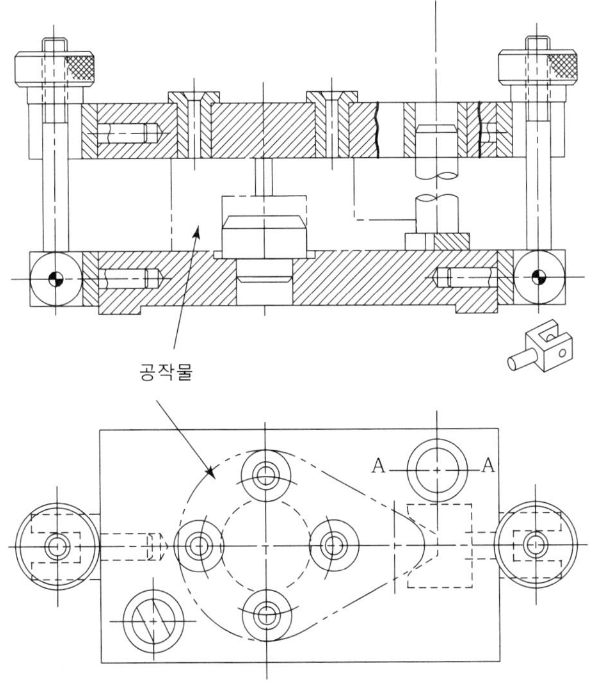

그림 7.4 샌드위치 지그

형태에서 작업할 때 쉽게 휘거나 뒤틀리기 쉬운 얇은 공작물 또는 연질 공작물 가공에 적당하다.

5) 리프 지그(leaf jig)

리프 지그는 샌드위치 지그의 두 지그판을 힌지로 연결하여 용이하게 열고 닫을 수 있게 하여 공작물의 설치와 제거를 용이하게 한 형태이다.(그림 7.5)

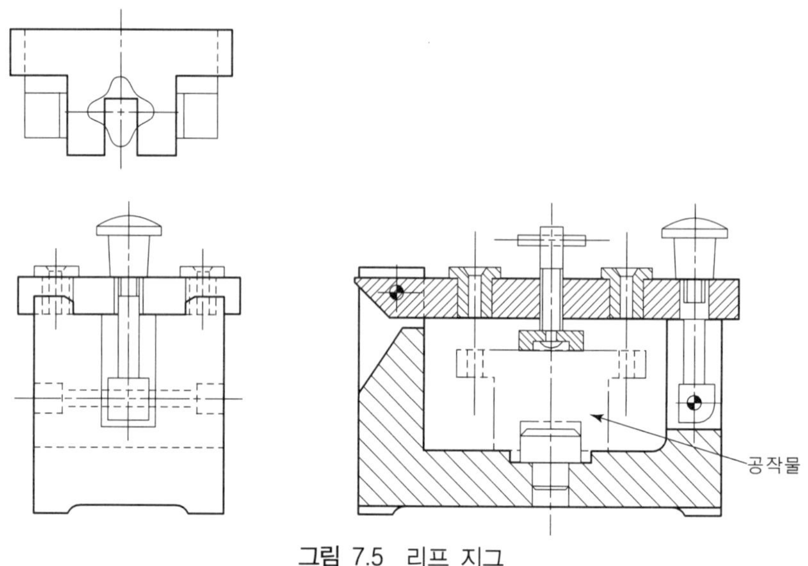

그림 7.5 리프 지그

6) 앵글 플레이트 지그(angle plate jig)

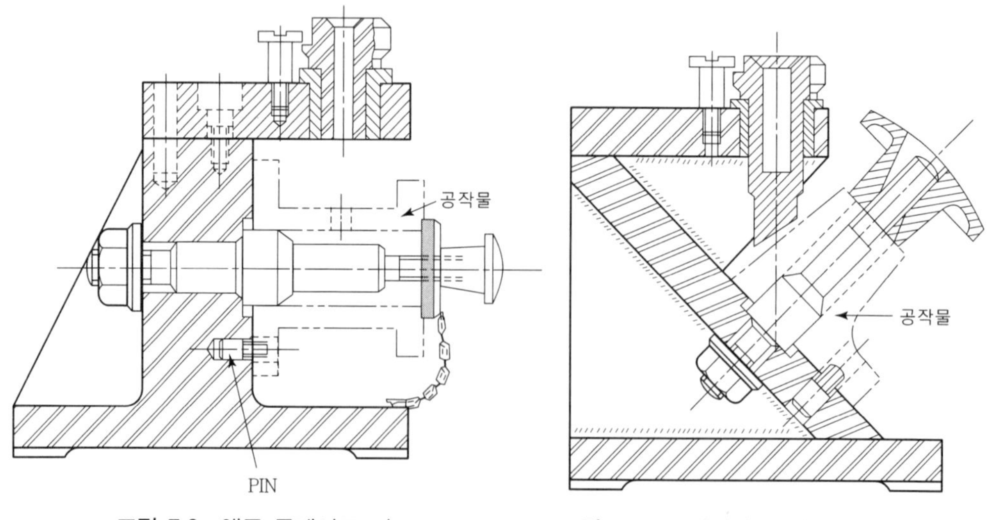

그림 7.6 앵글 플레이트 지그

그림 7.7 모디파이드 앵글 플레이트 지그

앵글 플레이트 지그는 설치될 위치 결정면에 대하여 직각으로 가공될 공작물을 유지 고정할 수 있도록 된 형태로 풀리(pully), 컬러(coller), 기어(gear) 등의 가공에 적합하다(그림 7.6). 90° 이외의 각도로 가공하는 경우에는 그림 7.7과 같은 변형된 형태로 사용한다. 이를 모디파이드 앵글 플레이트 지그(modified angle plate jig)라 한다.

7) 박스 지그(box jig)

공작물의 전 표면을 지그판으로 둘러쌓은 형태로 1차 고정, 즉 다시 위치결정을 시키지 않고서도 모든 면을 가공할 수 있다.(그림 7.8)

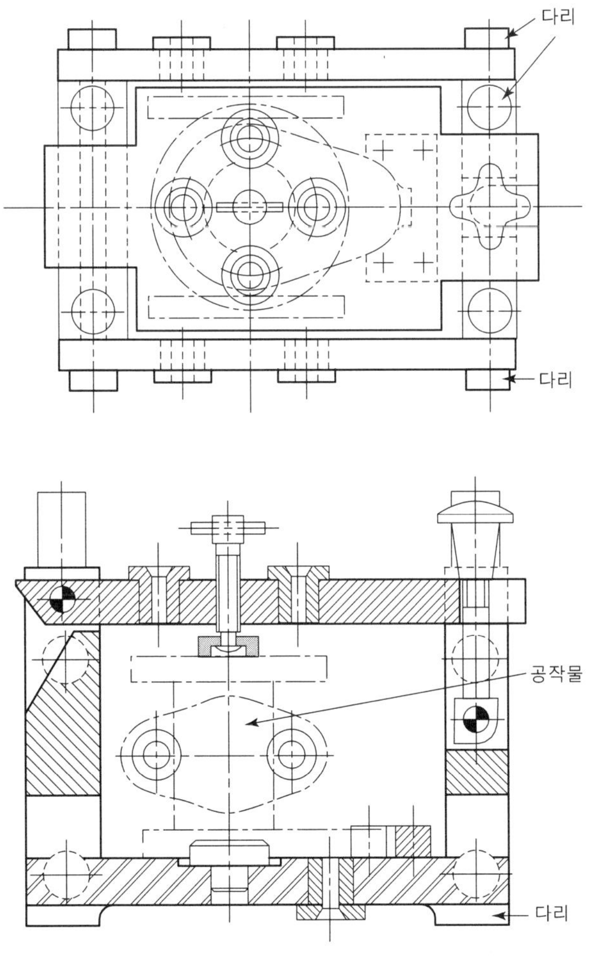

그림 7.8 박스 지그

8) 채널 지그(channel jig)

채널 지그는 박스 지그의 변형으로 공작물은 지그의 두면 사이에서 고정하고 제3의 면에서 가공한다. 때로는 지그 다리를 붙혀서 3개의 면에서 가공하는 경우도 있다.(그림 7.9)

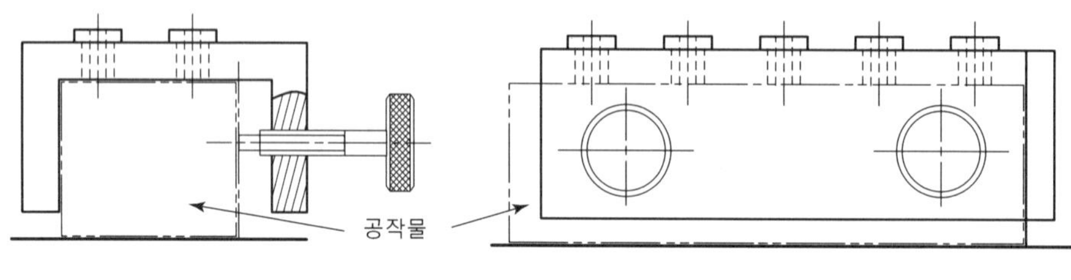

그림 7.9 채널 지그

9) 분할 지그(indexing jig)

분할 지그는 부품에 정확한 간격으로 구멍을 뚫거나 기타 기계가공하는데 사용되고 있다. 이들 작업을 수행하기 위해 분할의 기준으로서 공작물 자체 또는 분할 판, 플런저 등이 이용된다. 대형의 분할 지그를 로타리 지그(rotary jig)라 한다. 그림 7.10은 컬러 외주에 4등분된 위치에 4개의 구멍을 뚫기 위한 분할 지그이다.

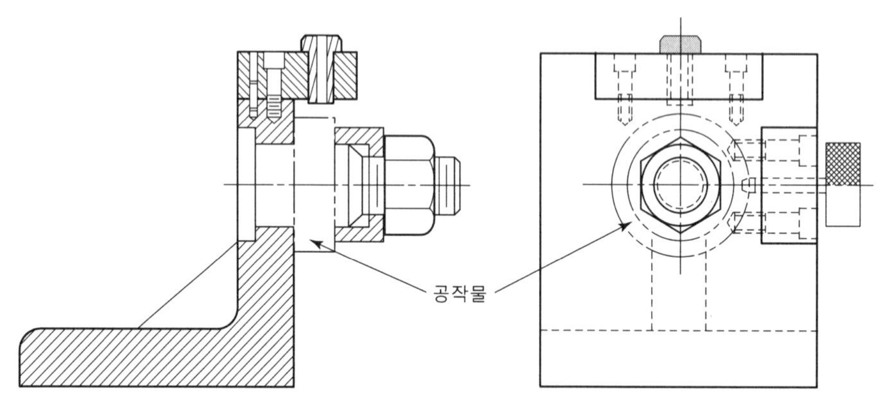

그림 7.10 분할 지그

10) 트라이언 지그(trunnion jig)

트라이언 지그는 대형공작물이나 불규칙한 공작물의 가공에 사용된다. 공작물을 상자 모양의 캐리어에 담아서 트라이언 위에 올려 놓고 작업을 한다(그림 7.11). 이 지그는 몇 개의 분리된 플레이트 지그를 사용해야하는 대형의 무거운 공작물에 적합하다.

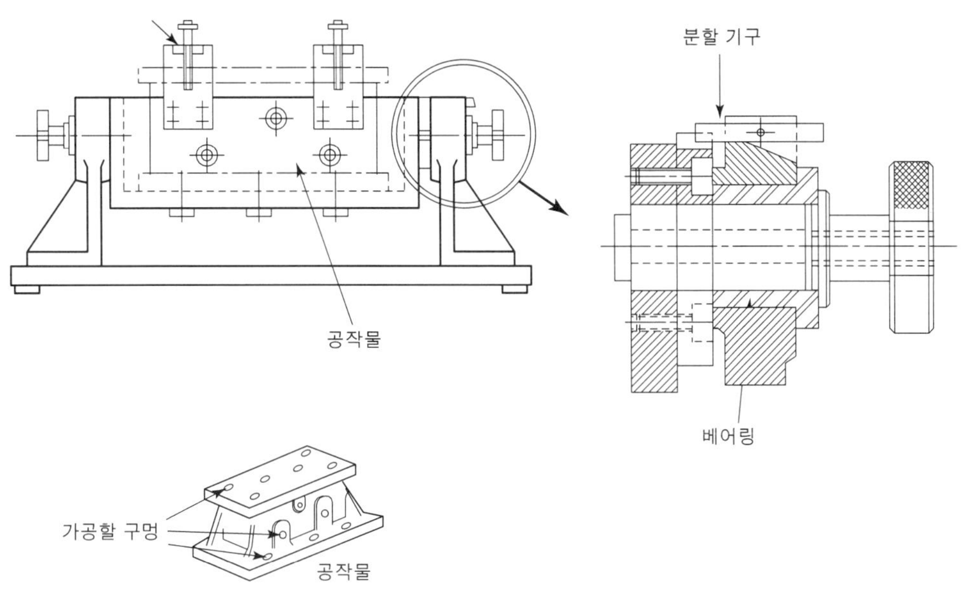

그림 7.11 트라이언 지그

11) 펌프 지그

그림 7.12와 같이 레버로 작동되는 지그판이 있으며 사용자의 용도에 따라 약간의 개조로 사용할 수 있도록 상품화된 지그로 제작 시간을 많이 단축할 수 있다.

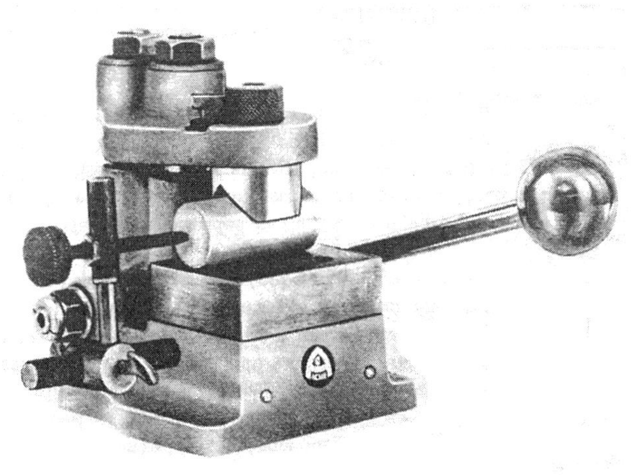

그림 7.12 펌프 지그

12) 다단 지그(multistation jig)

이 지그는 그림 7.13과 같이 하나의 판에 여러 개의 독립된 지그를 설치하여 작업할

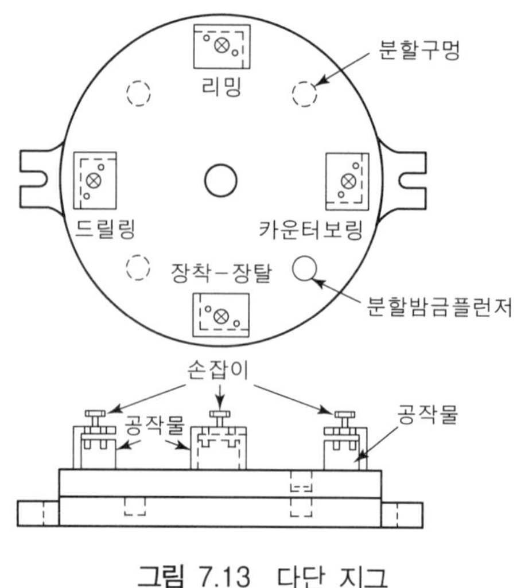

그림 7.13 다단 지그

수 있는 형태로 한 개의 공작물을 드릴링, 다른 공작물은 리밍 또 다른 공작물은 카운터 보링 등 각각의 작업을 하여 하나의 완성된 가공품이 만들어질 수 있도록 일괄 작업을 하므로서 생산성을 높일 수 있다.

7.2 고정구의 종류

고정구는 사용되는 공작기계에 따라 선반 고정구, 밀링 고정구, 연삭 고정구, 플레이너 고정구, 성형 고정구, 브로칭 고정구 등으로 사용하는 기계명에 고정구를 붙혀 분류하고 있으며 고정구의 형태에 따라서 분류하면 다음과 같은 여러 가지 형태로 분류한다.

① 플레이트 고정구(plate fixture)
② 앵글플레이트 고정구(angle plate fixture)
③ 바이스죠 고정구(vise jaw fixture)
④ 분할 고정구(indexing fixture)
⑤ 멀티스테이션 고정구(multistation fixture)
⑥ 총형고정구(profile fixture)

1) 플레이트 고정구

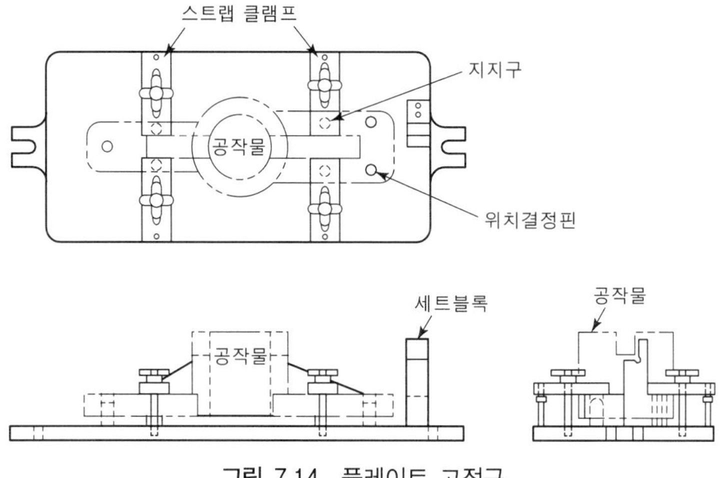

그림 7.14 플레이트 고정구

프레이트 고정구는 공작물을 위치결정시키고 고정시킬 수 있도록 제작된 형태이다. 고정구에서 가장 보편적으로 사용되고 있는 형상이다.

2) 앵글 플레이트 고정구

앵글 플레이트 고정구는 그림 7.15와 같이 플레이트 고정구의 변형으로 가공부위가

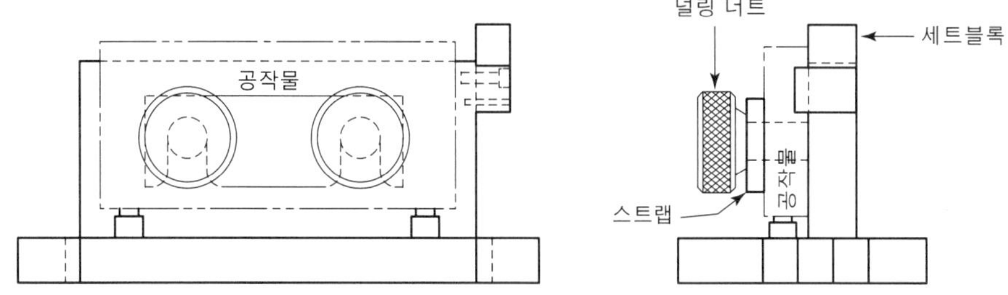

그림 7.15 앵글플레이트 고정구

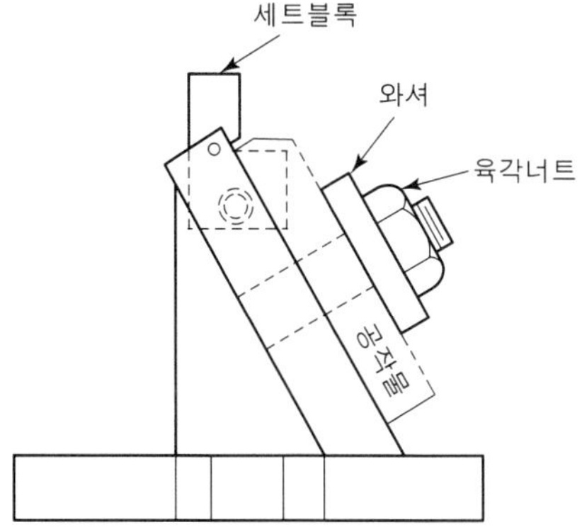

그림 7.16 수정된 앵글플레이트

위치결정구와 직각으로 기계가공된다. 직각이 아닌 경우는 그림 7.16과 같이 수정된 앵글 플레이트 고정구로 한다.

3) 바이스 죠 고정구

바이스 죠 고정구는 그림 7.17과 같이 바이스와 같은 형태로 소형의 공작물 가공에 편리하다. 이 고정구는 표준 바이스 죠를 빼내고 공작물에 맞는 죠로 바꾼 것으로 비용을 절감할 수 있는 형태이다.

바이스의 크기에 제한이 있으므로 공작의 크기에 제한이 따른다.

그림 7.17 바이스 죠 고정구

4) 분할 고정구

분할 고정구는 그림 7.19와 같이 분할 지그와 비슷하다. 일정한 간격으로 기계가공해야 할 공작물가공에 사용한다. 그림 7.18은 분할 고정구를 사용하여 가공한 공작물의 예이다.

그림 7.18 분할 고정구를 사용하여 가공한 공작물의 예

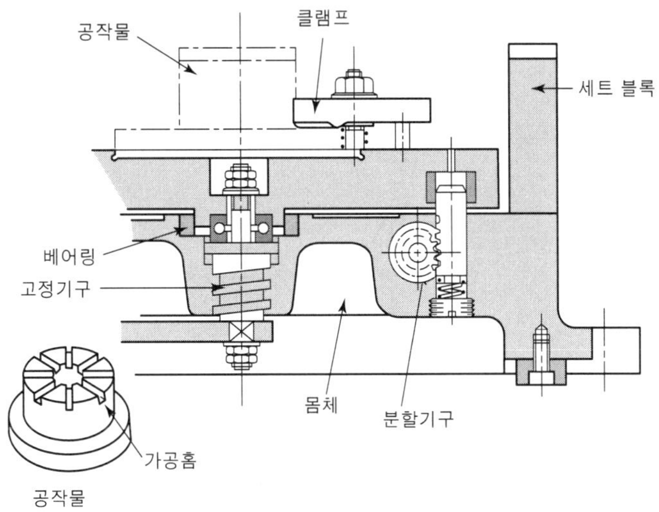

그림 7.19 분할 고정구

5) 다단 고정구(multistation fixture)

다단 고정구는 일련의 공정이 반복되는 경우 생산 향상과 대량생산을 위해 사용한다. 그림 7.20은 2단 고정구로 가공이 진행되는 동안 다른 한편에서는 공작물의 제거와 설치를 할 수 있다. 예를 들면 스테이션1에서 가공이 완료되면 고정구를 회전시켜 스테이션 2쪽에서는 가공이 진행되도록 하고 스테이션1에서는 공작물을 빼내고 새로 가공할 공작물을 설치한다.

6) 총형 고정구(profiling fixture)

총형 고정구는 복잡한 윤곽면으로 공작기계에서는 절삭할 수 없는 윤곽을 절삭할 수 있도록 절삭공구를 윤곽에 따라 안내할 수 있는 윤곽으로 만들어진 고정구이다.(그림 7.21)

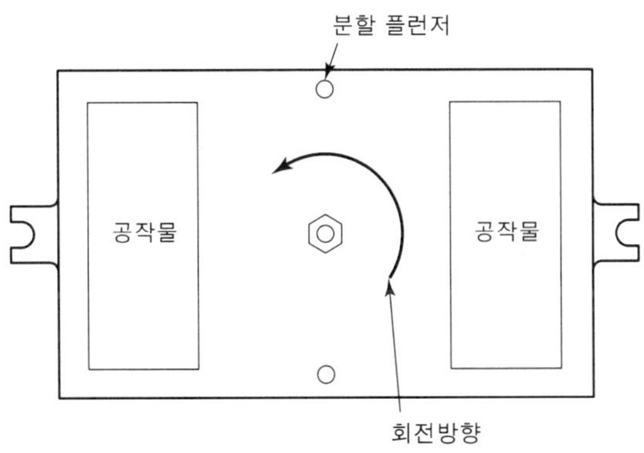

그림 7.20 2단 고정구

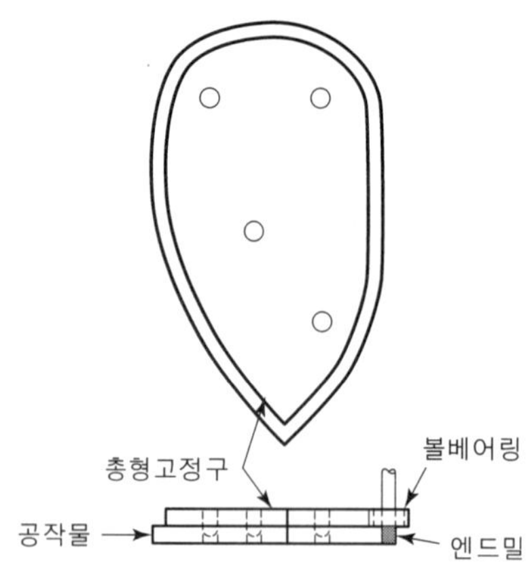

그림 7.21 총형 고정구

연습문제

❶ 지그를 용도별로 종류를 분류하라.

❷ 지그를 형태별로 종류를 분류하라.

❸ 고정구를 형태별로 종류를 분류하라.

❹ 템플렛 지그와 플레이트 지그의 차이점을 설명하라.

❺ 다단 지그란 무엇이며 어떤 목적으로 사용하는가?

❻ 총형 고정구란 무엇인가?

❼ 박스 지그는 어떤 형태의 공작물에 사용하는가?

❽ 다음 부품 도면과 수행될 작업을 분석하여 알맞은 치공구를 선정하라.

1) 그림 7.22의 도면에서 6.35×6.35의 홈을 밀링 가공에 적합한 고정구는 다음 중 어느 것인가?

㉮ 템플렛 고정구
㉯ 플레이트 고정구
㉰ 바이스 죠 고정구

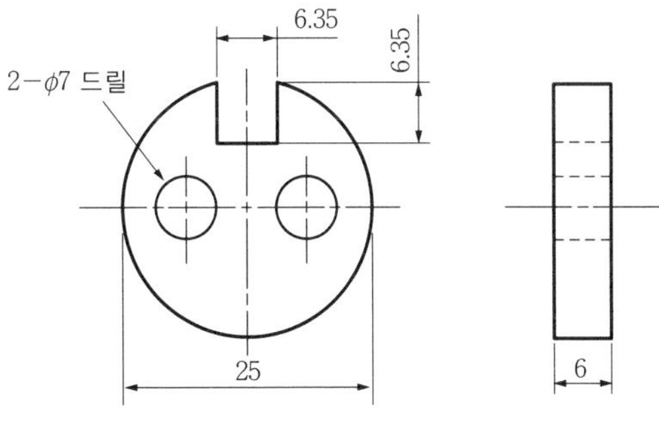

그림 7.22

2) 그림 7.23의 도면에서 Φ9의 구멍 2개와 Φ2.5의 구멍 3개 모두 5개의 구멍을 뚫고자 한다. 이 가공에 적합한 지그는 다음 중 어느 것인가?

① 앵글 플레이트 지그
② 플레이트 지그
③ 박스 지그
④ 테이블 지그

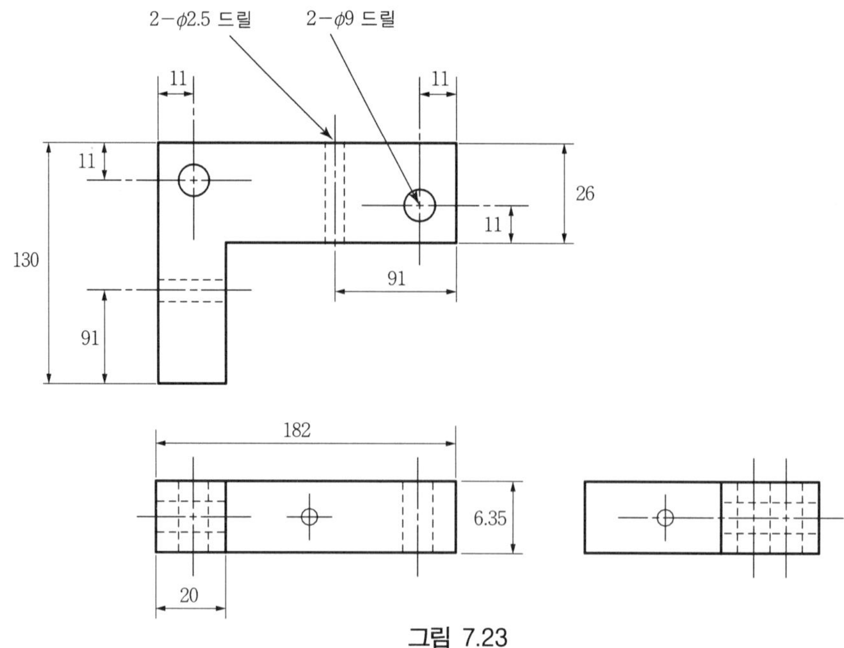

그림 7.23

3) 그림 7.24의 도면에서 20×20×10의 단이 지도록 한쪽을 밀링 가공하기에 적합한 고정구는 다음 중 어느 것인가?

① 플레이트 고정구　　③ 분할 고정구

② 앵글 플레이트 고정구　　④ 바이스 죠 고정구

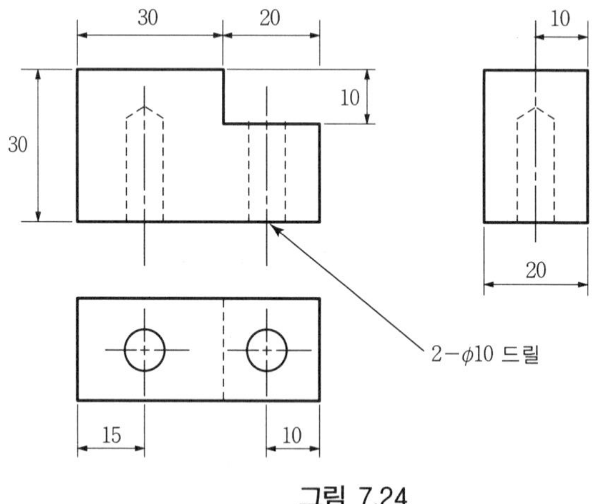

그림 7.24

4) 그림 7.25 도면에서 ϕ8의 구멍 4개를 뚫고자 한다. 다음 중 이 작업에 가장 적합한 지그는?

① 링지그　　② 앵글 플레이트 지그　　③템플렛 지그

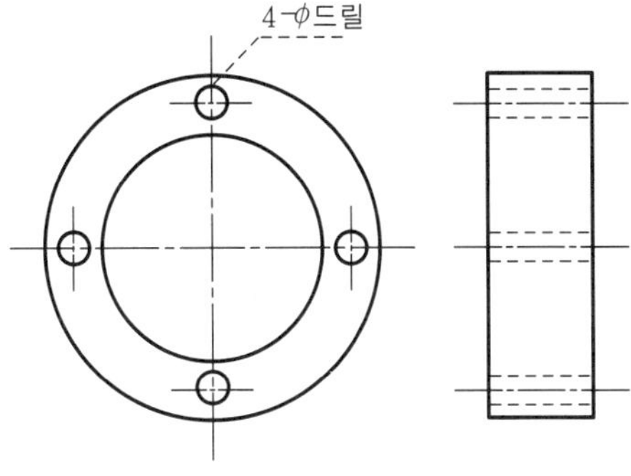

그림 7.25

5) 그림 7.26의 도면에서 10×6의 홈을 밀링으로 가공하고자 한다. 이 가공에 가장 적합한 고정구는 다음 중 어느 것인가?

① 템플렛 고정구
② 플레이트 고정구
③ 바이스 죠 고정구
④ 앵글 플레이트 고정구

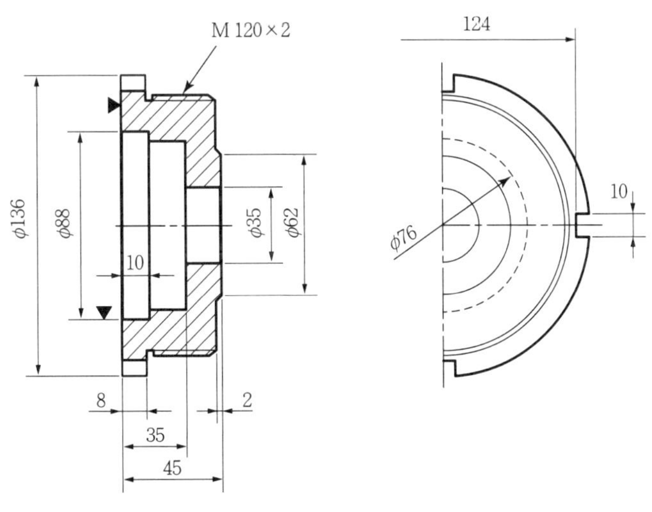

그림 7.26

6) 그림 7.27 크랭크 로드(crank rod)의 가공 순서는 ϕ15H7, ϕ 10H7 구멍을 가공 후 M6구멍과 ϕ3구멍을 가공한다 다음에 가공에 적합한 지그는 어느 것인가?

가) ϕ15H7, ϕ10H7 구멍을 가공에 적합한 지그의 형태는?

① 템플렛 지그
② 플레이트 지그

③ 앵글 플레이트 지그 ④ 박스 지그

나) M6구멍과 ϕ3구멍을 가공 가공에 적합한 지그는?

① 템플렛 지그 ③ 앵글 플레이트 지그

② 플레이트 지그 ④ 박스 지그

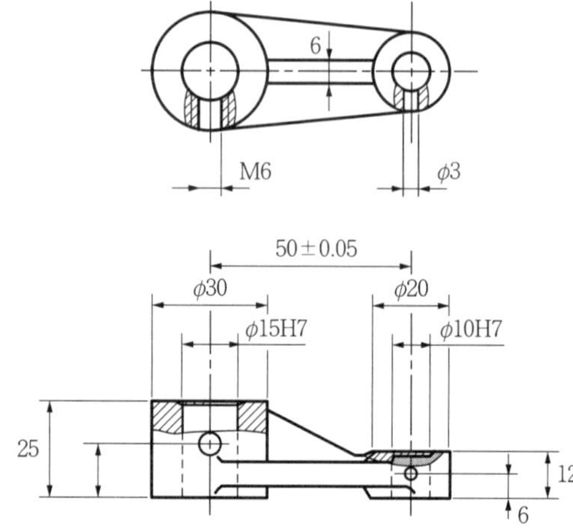

그림 7.27 크랭크 로드

7) 그림 7.28 도면에서 Φ5 구멍 6개를 드릴 머신에서 뚫는데 사용할 지그 형태로 가장 적합한 것은?

① 플레이트 지그 ③ 분할 지그

② 앵글 플레이트 지그 ④ 테이블 지그

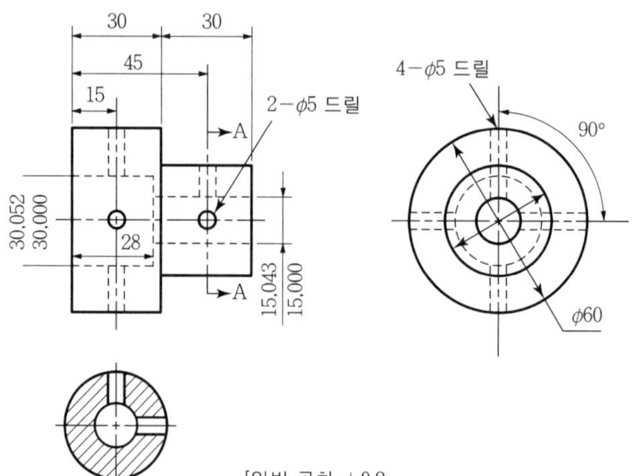

그림 7.28

치공구 경제성과 제작

8장

경제적인 제품생산은 치공구 사용 목적 중의 중요한 요소이다. 아무리 우수한 치공구라 할지라도 경제성이 뒤진다면 사용에 제약을 받게 된다. 치공구를 계획할 때 먼저 고려할 사항으로, 생산 수량과 납기, 치공구를 사용할 공작기계의 정밀도, 가공품의 정밀도, 치공구의 제작비, 치공구를 사용할 때와 사용하지 않을 때의 이익률 검토 등을 들 수 있는데 치공구는 부품이 요구하는 정밀도를 유지하면서 저렴하게 제작될 수 있도록 설계하고 치공구를 사용할 때와 사용하지 않을 때의 손익 관계를 검토하여 치공구 제작 여부를 결정한다.

8.1 설계의 경제성

치공구 세부사항을 설계할 때 다음과 같은 사항을 고려하므로서 치공구의 제작비를 절감할 수 있다.

1) 구조의 단순화

치공구 기능과 부품의 형상은 가능한한 기본적이고 복잡하지 않도록 한다. 지나치게 정교한 치공구는 정밀도나 품질을 크게 향상시키지 못하고 단지 제작비용만 증가시키게 된다. 기본적이고 단순화된 설계는 제작비용을 줄일 뿐만 아니라 사용상의 혼동을 줄일 수 있다.

2) 기성재료 및 표준부품 사용

드릴 로드, 정밀 플레이트 및 가공된 브라켓, 핀, 나사, 볼트, 너트, 스프링 등 기성품화된 재료나 표준 부품을 사용하므로서 제작시간과 공구비를 절약할 수 있으며, 또한 품질을 향상시킬 수 있다.

클램프, 위치 결정구, 드릴부시 등도 표준화시켜 사용하므로서 노동력과 재료의 소비를 절감할 수 있다.

3) 2차 가공의 최소화

연삭, 열처리 및 일부 절삭작업과 같은 2차 작업은 필요한 부분에만 국한시킨다. 연삭작업은 부품이나 기계가 서로 접촉하는 부위에 필요하다. 열처리 작업은 지지구, 위치결정구 및 움직이는 부품과 같이 마모되기 쉬운 부분에 한정된다. 치공구의 정밀도에 직접적인 영향을 주지 않는 면의 2차 작업은 피하는 것이 좋다.

4) 적절한 공차

치공구의 공차는 이에 의해 가공되는 부품이 최악의 조건하에서도 요구되는 정밀도를 얻을 수 있는 공차가 필요하다. 그러므로 부품이 가공될 때 나타날 수 있는 조건들을 면밀히 검토하여 필요한 공차를 결정하여야 하나 일반적으로 치공구의 공차는 가공부품 공차의 20~50%로 하면 요구되는 공차범위를 얻을 수 있어 이 범위로 공차를 부여하여 제작한다. 과도하게 정밀한 치공구는 경제적으로 손실이 클 뿐이고 요구하는 공차 이상의 정밀공차는 가치가 없다. 즉 불필요하게 부여된 정밀한 공차를 적용하면 부품의 가격만을 높인다.

8.2 경제성 분석

치공구의 성능과 제작비, 부품의 가공 수량 등은 부품 가격에 영향을 미친다. 즉 치공구의 제작비가 많이 소요된다고 하더라도 성능이 좋으면 다량생산에서는 치공구 제작 소요 비용보다 더 많은 경비를 절감할 수 있어 부품 단가를 내릴 수 있으나, 부품 가공 수량이 적으면 절감되는 비용보다 치공구 제작비가 더 많이 들어 오히려 치공구를 사용하지 않을 때보다 단가가 비싸질 수가 있는 것이다.

적절한 치공구 제작비를 산출하는 방법은 여러 방법이 있는데 그 중 다음과 같은 방법에 대해 알아보기로 한다.

표 8.1 원가 계산서

항목번호	항목	요구사항	작업시간 (hr)	재료비 (원)	비 고
1	본체	설치 드릴링과 리밍 드릴링과 탭핑	0.5 0.3 0.4	2,500	
2	위치결정구	드릴링과 카운터보링	0.2	460	
3	클램프	완성품구입사용		4,200	
4	다웰핀(5×12)	2개, 단가 50원		100	
5	위치결정핀	경사면 연삭	0.4	65	
6	다웰핀(5×15)	2개, 단가 30원		60	
7	6각홈붙이나사	2개, 단가 30원		60	
8		조립과 검사	0.5		
9		설계	1		
	계		3.3	7,445	
	노임 산출 내역 1. 제작비용 3.3시간 × 5,200원 = 11,960원 2. 설계비용 1.0시간 × 6,000원 = 6,000원 계 17,960원				
			노 임	77,960원	
			재료비	7,445원	
			총비용	25,405원	

1) 치공구 원가 계산 방법

치공구 제작비를 결정하는 가장 단순하고 직접적인 방법은 치공구 제작에 소요되는 재료와 작업자의 임금 등 전체의 비용을 합한 것이다 이 방법에서는 한 개의 부품이나 작업도 빼놓지 않아야 한다. 이들을 빠트리지 않도록 하는 한 가지 방법은 부품 목록표를 만들어 목록을 작성하고 각 항목별 작업시간, 재료비를 산출하고 이를 토대로 전 제작비를 산출한다. 표 8.1은 치공구 원가 계산 방식의 한 예를 보여주고 있다.

[1] 시간당 가공수량

개당 가공에 소요되는 시간과 시간당 가공수량은 역수 관계로 다음 식과 같다.

$$E_h = \frac{1}{H}$$

여기서 E_h ; 가공수량(개), H ; 가공시간

예제1 한 부품을 가공하는데 정미 가공시간이 1분, 소재 설치에 10초, 가공 후 제거에 10초가 소요될 때 시간당 제작할 수 있는 부품 수량은 몇 개인가?

풀이 개당 가공에 소비되는 총시간=1분+10초+10초=1분20초=80초=80/3600시간 =1/45시간

$$E_h = \frac{1}{H} = \frac{1}{1/45} = 45\text{개/시간}$$

2 노임계산

노동력은 제조과정에서 단일 요소로서 가장 비싼 요소이다. 노임을 절감 할 수 있다면 전반적인 생산비를 절감할 수 있다. 지그나 고정구의 사용으로 기계가공 시간의 단축은 물론 숙련공을 줄이거나 숙련공을 쓰지 않고 미숙련공으로 대치 할 수 있다. N개 부품 가공에 소요되는 총 노임은 다음 식으로 계산할 수 있다.

$$L = \frac{N}{E_h} \times W$$

여기서 L: N개 가공에 소요되는 노임, N: 가공수량, E_h ; 시간당 가공 부품 수, W ; 시간당 노임

예제2 시간당 60개의 부품을 생산할 수 있는 고정구로 50,000개의 부품을 밀링 가공하고자 한다. 밀링공의 시간당 임금이 3,000원이라면 총 인건비는 얼마인가?

풀이 $L = \frac{N}{E_h} \times W = \frac{50,000}{60} \times 3000 = 2,500,000$원

3 부품 단가의 계산

공구비와 노임의 비교만으로는 설계의 실제 경제성을 결정하는데 충분한 정보가 못된다. 정확하게 하기 위하여 치공구 설계자는 부품의 총 생산량과 부품 단가 면에서 어느 정도의 가치가 있는가를 산정해야 한다. 재료는 고려하지 않고 순수 가공에 소요되는 부품 단가는 다음 식으로 구한다.

$$C_p = \frac{T_c + L}{N}$$

여기서 C_p: 부품단가, T_c: 공구비용, L: 노임, N: 가공수량

예제3 고정구 비용이 65,000원이고, 이 고정구로 7,000개의 부품을 가공하는데 총 인건비가 600,000원 소요된다면 부품 단가는 얼마가 되는가?

풀이 $C_p = \frac{T_c + L}{N} = \frac{65,000 + 600,000}{7,000} = 95$원

4 치공구 사용에 의한 총 절약 비용 계산

① 성능이 다른 2가지의 치공구 사용할 때 총 절약비용

서로 성능이 다른 치공구를 사용한다면 각각에 의해 생산되는 부품의 단가가 틀려지게된다. 성능이 우수한 것과 성능이 뒤지는 것의 사용에 따라 일정 수량을 가공할 때 절약할 수 있는 총 비용 계산은 다음 식으로 구한다.

$$Ts = N(C_{p1} - C_{p2})$$

여기서 Ts : 총절약비용, N : 가공수량, C_{p1} : 1번 공구 사용시 부품단가, C_{p2} : 2번 공구 사용시 부품단가

예제4 6개의 구멍을 뚫어야 하는 부품을 가공하는데 사용할 수 있는 서로 성능이 다른 2개의 지그가 있다. 첫 번째 지그를 사용하면 개당, 150원으로 생산이 가능하고, 두 번째 지그를 사용하면 개당 95원으로 생산이 가능하다. 1000개의 부품을 가공할 때 두 지그 사이의 절약 비용은 얼마나 되는가.

풀이 $Ts = N(C_{p1} - C_{p2}) = 1000 \times (150-95) = 55,000$원

② 치공구를 사용할 때와 사용하지 않을 때 총 절약비용

기능공이 치공구를 사용하지 않고 가공 할 때와 치공구를 사용하여 가공 할 때와의 절약 비용은 다음 식으로 구한다.

$$Ts = N(C_{p1} - C_{p2}) - Tc$$

여기서 Ts : 총절약비용, N : 가공수량, C_{p1} : 치공구를 사용하지 않을 시 부품단가, C_{p2} : 공구 사용시 부품단가, Tc : 공구비용

예제5 플렌지 판에 붙은 어댑터에 구멍을 뚫는데 지그를 사용하지 않고 드릴공이 가공하면 부품당 생산비는 160원이고, 가격이 85,000원인 지그를 사용하여 가공하면 개당 생산비는 80원이 된다.
지그 사용에 의해 15,000개의 부품을 가공하는데 절약될 수 있는 비용은 얼마나

되는가?

풀이 $Ts = N(C_{p1} - C_{p2}) - Tc = 15{,}000(160-80) - 85{,}000$원$=1{,}115{,}000$원

8.3 손익 분기점의 계산

손익 분기점(break-even point)은 치공구 가격이 차지하는 최소의 부품 수량을 말한다. 손익 분기점에 미달하는 생산 수량인 경우에는 손실을 가져오며, 이 점 이상인 경우에 이익이 되는 것이다. 논리적 면에서 보면 손익 분기점이 낮을수록 이익이 많아지게 된다. 손익 분기점을 계산하기 위해서는 각 방법에 대하여 단가가 같거나 총 비용이 같아야한다. 그러므로 손익분기점을 찾는데 다음과 같은 2가지 방법이 있다.

1) 방법1

부품 단가를 알 때 다음 식으로 구한다.

$$B_p = \frac{T_c}{C_{p1} - C_{p2}}$$

여기서 B_p : 손익분기점(개), T_c : 치공구비(원), C_p : 부품단가(원)

예제6 특수 고정구의 사용없이 제작할 때의 부품단가가 300원인 부품을 120,000원의 비용을 들여 선반용 고정구를 제작하여 가공하면 개당 부품 생산비가 160원이 될 때 이 고정구에 의해 생산되는 부품의 손익 분기점이 되는 부품 생산량은 몇 개인가?

풀이 $B_p = \frac{T_c}{C_{p1} - C_{p2}} = \frac{120,000}{300 - 160} = 875$개

2) 방법2

총 소요 비용을 활용하면 다음과 같은 식으로 구할 수 있다.

$$\frac{B_p}{E_h} \times W + T_c = C$$

여기서 B_p : 분기점 수량(개), E_h : 시간당 가공수량(개), W : 시간당 노임(원), T_c : 공구비(원), C : 총비용(원)

예제7 시간당 노임이 8000원인 기술자가 시간당 20개를 가공할 수 있는 부품을 100,000원인 지그를 사용하면 시간당 노임이 4000원인 미숙련자가 시간당 80개의 부품을 가공할 때 손익 분기점을 계산하라.

풀이 총 비용이 동일하게 되는 경우는 $\frac{B_p}{E_h} \times W + T_c = C$ 식은

$\frac{B_p}{E_{h_1}} \times W_1 + T_{c_1} = \frac{B_p}{E_{h_2}} \times W_2 + T_{c_2}$ 이 되므로

따라서 $\frac{B_p}{20} \times 8000 + 0 = \frac{B_p}{80} \times 4000 + 100,000$

$400B_p = 50B_p + 100,000$

$(400-50)B_p = 100,000$

$\therefore\ B_p = 285.7 = 286$개

8.4 비교분석

최소의 비용으로 최대의 품질을 얻을 수 있도록 공구 설계자는 공구를 선정하기 전에 여러 가지 대안을 고려하여 평가해야 한다. 여러 방법들을 비교함으로써 비용을 절감할 수 있는 필요한 공구를 찾을 수 있게 된다. 따라서 가장 비용이 적게드는 방법을 선택할 수 있다. 이들을 비교할 때 공구 설계자는 비용과 생산성과의 관계에서 모든 경제적인 요소를 검토해야 한다.

다음 보기를 통하여 각 경우의 경제성을 고찰하고 비교 분석하여 보자.

예제8 500개의 안내판을 밀링가공하고자 할 때 공구 설계자는 다음과 같은 3가지 대안을 갖고 검토하려 한다. 이들에 대한 경제성을 분석하여 공구 설계자가 선택해야 할 가장 효율적이고 경제적인 방법을 찾아보라.

방법1 시간당 6000원인 숙련공을 투입하여 시간당 25개의 비율로 안내판을 밀링가공하는 방법

방법2 생산부서에서 50,000원의 공구비가 책정되었다. 이 부서에서 시간당 2,000원인 기계작업자에 의해 가공하면 부품 1개의 제작시간이 1분 20초 소요된다.

방법3 매 24초마다 부품 1개씩 가공할 수 있는 치공구의 비용은 120,000원이다. 이 때 가공에 투입되는 기술자는 시간당 2,000원으로 가능하다.

위 3가지 방법에서 얻어진 정보는 표 8.2와 같이 정리할 수 있다.

표 8.2 비교분석표

비교분석표			
경제성과 생산성 요소	방법1	방법2	방법3
제작 수량	500	500	500
공구 가격	0	50,000	120,000
시간당 가공 수량	25		
시간당 노임	6,000	2,000	2,000
총 노임			
부품단가			

풀이 가) 방법2와 3의 시간당 부품 생산 수량

$E_h = \frac{1}{H}$ 에서

방법2의 수량 ; $E_{h_1} = \frac{1}{H_1} = \frac{1}{1분20초/3600} = \frac{3600}{80} = 45개/시간$

방법3의 수량 ; $E_{h_2} = \frac{1}{H_2} = \frac{1}{24초/3600} = \frac{3600}{24} = 150개/시간$

즉 시간당 생산 수량은 2방법에서는 45개, 3방법에서는 150개의 생산이 가능하다.

나) 전 생산에 필요한 임금

$L = \frac{N}{E_h} \times W$ 에서

방법1에서의 총 노임 : $L_1 = \frac{N}{E_{h_1}} \times W_1 = \frac{500}{25} \times 6000 = 120,000원$

방법2에서의 총 노임 : $L_2 = \frac{N}{E_{h_2}} \times W_2 = \frac{500}{45} \times 2000 = 22,000원$

방법3에서의 총 노임 : $L_3 = \frac{N}{E_{h_3}} \times W_3 = \frac{500}{150} \times 2000 = 6,600원$

즉 방법1을 채택하면 인건비가 120,000원으로 가장 많이 소요되고, 방법2는 22,000으로 중간, 방법3이 6,600원으로 위의 다른 2방법 보다 적게되는 것을 알 수 있다.

다) 부품 단가 산출

$C_p = \frac{T_c + L}{N}$ 에서

방법1의 경우 ; $C_{p_1} = \frac{T_{c_1} + L_1}{N} = \frac{0 + 120,000}{500} = 240원$

$$\text{방법2의 경우 : } C_{p_2} = \frac{T_{c_2} + L_2}{N} = \frac{50,000 + 22,000}{500} = 144\text{원}$$

$$\text{방법3의 경우 : } C_{p_3} = \frac{T_{c_3} + L_3}{N} = \frac{120,000 + 6,600}{500} = 253\text{원}$$

이 된다. 따라서 부품단가는 144원인 방법2를 채용하는 것이 가장 저렴하고, 방법3은 253원으로 가장 비싼 단가로 가공된다.

위에 계산을 종합하면 표 8.2는 표 8.3과 같이 된다.

이렇게 완성된 비교분석표를 통하여 회사 운영에 필요한 정보를 얻어 회사 실정에 맞는 치공구 설계를 할 수 있게 된다. 즉 방법1은 공구비는 들지 않으나 인건비가 많이 들고 생산성이 매우 낮다. 방법2는 인건비와 생산성이 중간에 있으나 생산비를 가장 저렴하게 가공할 수 있다, 방법3은 인건비가 다른 방법에 비해 월등히 낮지만 공구제작비가 비싸 부품단가는 가장 높은 것으로 나타나고 있음을 알 수 있다. 생산성은 다른 방법에 비해 월등히 높으므로 납기에 쫓긴다면 방법3이 가장 적합한 방법이 된다. 또한 방법3은 생산수량이 많아지면 부품단가도 낮아진다.

실제로 어떤 방법이 얼마를 절약 할 수 있는가? 공구비를 충당하기 위해서는 이 공구로 어느 정도 수량을 생산해야 되는가? 등은 총 절약 금액과 손익 분기점의 계산으로 알 수 있다.

표 8.3 비교분석표

비교분석표			
경제성과 생산성 요소	방법1	방법2	방법3
제작 수량	500	500	500
공구 가격	0	50,000	50,000
시간당 가공 수량	25	45	150
시간당 노임	6,000	2,000	2,000
총 노임	120,000	22,000	6,600
부품단가	240	144	253

라) 총절약 비용의 계산

총절약 비용은 식 $Ts = N(C_{p1} - C_{p2})$에 의해 계산된다.

1) 방법1과 방법2에서의 절약금액

$$Ts = N(C_{p1} - C_{p2}) = 500(240 - 144) = 48,000\text{원}$$

2) 방법1과 방법3에서의 절약금액

$$Ts = N(C_{p1} - C_{p2}) = 500(253 - 240) = 6500\text{원}$$

3) 방법2와 방법3에서의 절약금액

$$Ts = N(C_{p1} - C_{p2}) = 500(253 - 144) = 54,500\text{원}$$

마) 손익분기점의 계산

손익분기점을 계산하기 위해서는 각 방법에 대해서 총비용이 같거나 부품 단가가 같게되는 수량이 손익 분기점을 형성하는 생산량이 된다. 총 비용을 고려한다면 다음 식으로 계산할 수 있다.

$$\frac{B_p}{E_h} \times W + T_c = C$$

① 방법1과 방법2에서의 손익 분기점

$$\frac{B_p}{25} \times 6,000 + 0 = \frac{B_p}{45} \times 2,000 + 50,000$$

$Bp = 255.6$(개)

② 방법2와 방법3에서의 손익 분기점

$$\frac{B_p}{150} \times 2,000 + 120,000 = \frac{B_p}{45} \times 2,000 + 50,000$$

$Bp = 2,250$(개)

③ 방법1과 방법3에서의 손익 분기점

$$\frac{B_p}{25} \times 6,000 + 0 = \frac{B_p}{150} \times 2,000 + 120,000$$

$Bp = 529.4$(개)

그러므로 생산량이 255개 이하일 때는 방법1이 가장 경제적이고, 2,251개 이상일 때는 방법3이 경제적이며, 방법2는 256개에서 2,249개 사이에서는 방법2가 가장 저렴하게 생산할 수가 있다.

연습문제

❶ 치공구의 경제적 설계시 고려할 사항 6가지를 들고 간단히 설명하라.

❷ 18,000개의 브라켓을 가공하는데 아래와 같은 방법을 이용할 수 있다.

가) 방법1 : 시간당 노임 8,000원인 기술자에 의해 매 부품 당 2분 소요하여 가공하는 방법

나) 방법2 : 100,000원인 지그를 이용하면 시간당 4000원인 단순 기능공에 의해 시간당 70개를 가공할 수 있는 방법

다) 방법3 : 250,000원인 지그를 사용하면 한 부품 가공 소요 시간이 21초가 소요되며, 시간당 4,000원인 단순 기능공에 의해 가공된다.

다음에 대하여 답하라.

① 이들 중 가장 경제적인 방법은 어느 것이며, 부품 가공 단가는 얼마인가?

② 이들 중 가장 생산성이 높은 방법은 어느 것이며 18,000개 가공에 소용되는 총 시간은 얼마나 소요되는가?

③ 각 방법들간의 손익 분기점을 구하라.

치공구 설계순서

9장

9.1 사전 설계 분석

치공구는 특정한 제품의 생산을 위해 만들어진다. 그러므로 생산제품의 특성을 충분히 파악하여 경제적이고 실제적으로 치공구가 설계되도록 해야한다. 제품이 가지고 있는 다음과 같은 정보를 충분히 파악함으로써 보다 합리적인 치공구를 제작할 수 있을 것이다.

1) 부품의 치수와 형상

치공구 설계자는 가공제품의 크기 및 형상에 따라 어떤 형태의 치공구로 설계할 것인가를 고려해야 한다. 예를 들면 그림 9.1의 결합 부분은 동일한 구멍으로 되어 있다. 그러나 각 부위의 구멍을 가공하는데 사용할 지그는 엔드 캡(end cap)구멍 가공에는 템플렛 지그, 하우징 부위 구멍 가공에는 채널 지그가 적합하다.

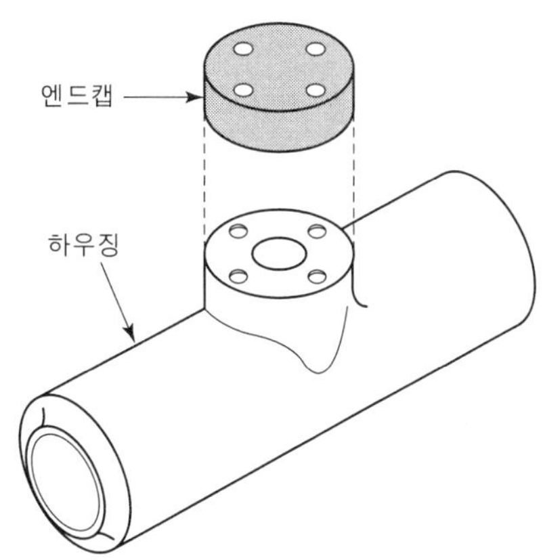

그림 9.1 서로 다른 지그가 필요한 결합부 가공

2) 기계가공 작업의 종류

수행해야할 기계가공 작업의 종류에 따라서 제작될 치공구의 형태가 결정된다. 대개 단일 목적으로 쓰이는 치공구는 고속 생산에 적합하고 필요에 따라서는 그림 9.2와 같이 2가지 이상의 목적에 사용할 수 있도록 다목적용 치공구, 즉 지그겸 고정구로 사용할 수 있도록 설계될 수도 있다.

기계가공 작업은 또한 치공구의 강도를 어느 정도로 할 것인가를 결정한다. 예를 들면, 갱 밀링 고정구는 키홈 가공용 고정구보다 더 견고하게 만들어져야 한다. 큰 구멍을 뚫기 위한 지그는 작은 구멍을 뚫기 위한 지그보다 더 견고하게 만들어져야 한다. 일반적으로 절삭력이 증가하면 치공구의 강도와 강성이 더욱 요구된다.

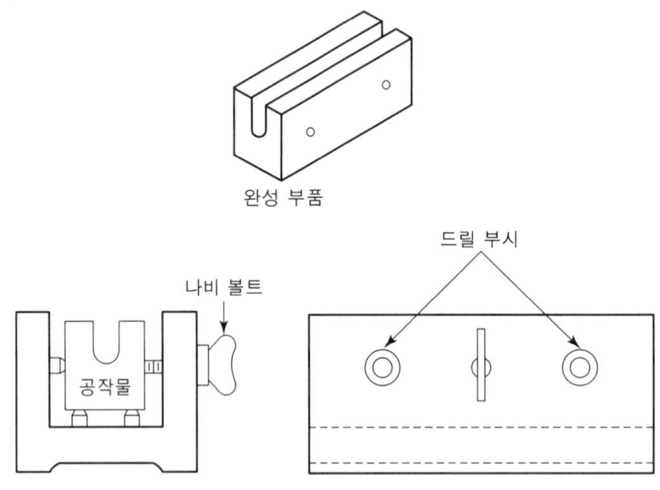

그림 9.2 드릴 지그 겸 밀링 고정구

3) 요구되는 정밀도

가공 제품의 공차는 치공구 제작 공차에 영향을 미친다. 가공 제품에 영향을 미치는 치공구 부위의 제작 공차는 제품 공차보다 더 정밀한 공차로 만들어져 최악의 조건에서도 요구하는 제품 공차로 가공될 수 있도록 해야한다. 일반적으로 적용하고 있는 치공구 공차는 제품 공차의 20~50%를 적용하고 있다. 그림 9.3의 A와 B는 동일한 형상이지만 B가 정밀도가 높으므로 A에는 적합한 치공구라도 B에는 사용 할 수 없는 경우가 생긴다. 즉 B에 사용할 치공구는 A에 사용할 치공구보다 정밀하게 제작되어야 한다.

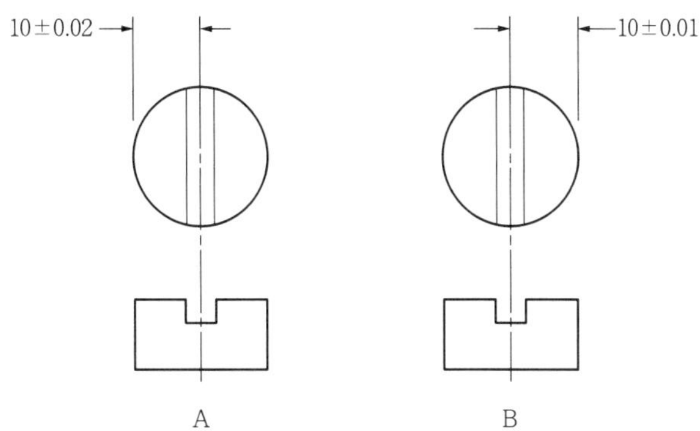

그림 9.3 요구되는 정밀도가 공구제작에 미치는 영향

4) 제작될 부품의 수량

제작될 제품의 수량은 치공구를 얼마나 고급화시킬 것인가에 직접적인 영향을 준다. 예를 들면, 1,000개의 소량 제품을 생산할 치공구라면 제작비를 절약할 수 있도록 가능한 한 단순하고 값싼 재료를 사용하여 저렴하게 제작되어야하나, 만약 같은 제품이라도 100,000개의 대량 제품 생산에 사용 할 치공구라면 구조가 복잡하더라도 생산싱이 좋고 견고한 고급 치공구로 제작되어야 할 것이다.

일반적으로 생산량이 많은 경우에는 생산량이 적은 경우에 비해 치공구는 더욱 고급화되고 제작비용이 높아진다. 그러므로 공구의 수명이 길어지고 생산성이 좋아진다. 또한 생산 활동이 길게되면 교환해야 할 부품이 생기게 되므로 이 점을 고려해서 설계가 이루어져야한다. 예를 들면 지그에서 부시는 마멸이 심하므로 고정부시 보다는 교환이 용이한 삽입부시로 하고 위치결정구와 클램프도 생산되어야 할 부품 수량에 따라 결정되어야 한다.

5) 재료의 종류와 상태

가공 제품 재료의 종류와 상태는 치공구 제작에 직접적인 영향을 준다. 알루미늄, 마그네슘 같은 연질의 제품은 경질의 재료보다 빠르고 쉽게 절삭 할 수 있다. 따라서 이러한 재료는 가공할 때 절삭력이 적게 되므로 치공구의 강성을 감소시키고 변형이 발생하지 않도록 치공구를 설계한다. 제품 재료의 상태는 공작물의 위치결정과 고정에 영향을 준다. 압연제품이나 사출 제품은 주조 제품에 비하여 치수가 균일하므로 통상적으로 위치 결정이 용이하다. 또한 주조품은 다른 재질보다도 잘 깨지기 때문에 파손과 균열을 방지하기 위하여 고정력을 감소시켜야 한다.

6) 위치결정면과 고정면

치공구의 위치 결정구와 접촉하는 제품의 위치 결정면은 제품 품질에 직접적으로 영향을 미칠 뿐만 아니라 치공구의 구조에도 영향을 미치는 매우 중요한 것이다. 위치 결정면으로 선택을 할 때 일반적으로 다음 순서의 우선 순위에 따라 선택한다.

① 구멍
② 두면이 직각으로 가공된 면
③ 한면은 기계가공되고 다른 한 면은 기계가공되지 않은 면
④ 두면 모두 기계가공되지 않은 면

위치 결정면은 가공의 기준이 되므로 제품은 공차 범위 내에서 동일하게 위치 결정되어야한다.

고정면은 충분한 강성이 있어야하고 제품에 휨 등의 변형이 생기지 않도록 고정되어야한다.

만약 휨이 발생할 우려가 있으면 지지구를 설치하여 받쳐주도록 해야한다. 완성 가공된 표면을 고정면으로 할 경우 클램프에 의해 제품에 손상이 가지 않도록 보호 캡이나 패드를 사용한다.

7) 공작기계의 형식과 크기

치공구 설계자는 제품을 가공하는 공작기계의 종류와 크기 등을 사전에 알고 사용할 공작기계에 맞추어 치공구의 크기 작업범위를 정하여야한다. 치공구 설계자는 작업시 공구와 간섭을 일으키지 않도록 클램프, 위치 결정구 및 기타 부품들의 위치를 결정해야한다.

8) 커터의 종류와 치수

가공에 사용할 공구의 종류와 형상을 정하고 이에 알맞은 치공구가 설계되어야 한다. 공구의 종류와 형상은 공정 설계자에 의해 정해지기도 하고, 치공구 설계자가 직접 정하기도 한다.

9) 작업순서

때때로 1개의 부품에 대하여 1개 이상의 치공구를 설계해야 하는 경우가 있다. 이런

경우 작업 순서에 맞추어 먼저 설계해야 할 것이 어느 공정인가를 결정해야 한다. 먼저 하는 공정은 다음 공정을 위해 만들 치공구를 위해 우수한 위치 결정을 할 수 있게 한다.

9.2 툴링 방법의 전개

모든 공구 설계시에는 무수히 많은 해결해야 할 문제점이 많다. 특히 최대 생산속도, 최적 경제적 생산, 품질 유지에 관한 문제는 꼭 해결되도록 해야 한다.

툴링 방법을 전개할 때 생산 속도, 경제성, 정밀도를 항상 염두에 두어야 한다.

설계의 전개시 복합된 사고는 한가지 가능한 공구만을 생각하는 것 보다 우수한 결과를 가져올 수 있다.

치공구 설계자는 임의의 설계를 선택하기 전에 다음 문제를 해결해야한다.

① 특수공구를 사용할 것인가 또는 기존공구를 수정하여 사용할 것인가?
② 단축 공작기계를 사용할 것인가, 또는 다축 공작기계를 사용할 것인가?
③ 공구는 한가지 이상의 작업이 가능한가?
④ 각 작업은 어떻게 체크할 것인가?
⑤ 특수 게이지를 제작할 것인가?
⑥ 공구제작비를 절약할 수 있는가?
⑦ 작업자를 보호하기 위하여 모든 가능한 사항들이 검토 되었는가?

9.3 지그 설계 절차

치공구 설계에서도 일반 기계 설계와 근본에서는 다를 것이 없다. 요구되는 기능을 수행할 수 있는 메커니즘과 이에 적합한 각종 형태의 부품을 구상하여 적절한 위치에 놓이도록 하여야한다.

지그를 구성하는 주요 부품의 위치와 형상을 다음 순서로 스케치하고 각 부품의 정확한 형상과 치수가 기입되는 제작도를 작성한다.

지그를 설계할 때 다음과 같은 순서로 스케치하여 설계도를 완성한다.

① 가공할 제품의 제작도면 공정도 등의 분석을 통하여 필요한 정보 수집
② 지그의 종류 결정

③ 가공을 고려한 제작 부품의 정면도, 평면도, 측면도 스케치

④ 드릴 부시 배치

⑤ 위치결정구와 공작물 지지구 스케치

⑥ 클램프 등 체결기구 스케치

⑦ 특수장치와 기타 부속장치 스케치

⑧ 지그 본체와 기타 구성 기계요소 스케치

⑨ 중요 치수결정

⑩ 사용기계와의 간섭여부 검토

⑪ 각 구성 요소에 부품번호를 부여하고 정확한 제작도면 작성

이상과 같은 순서를 걸쳐 설계하면 용이하게 지그를 설계할 수 있게 된다.

다음은 위 절차에 따른 지그 설계보기이다.

그림 9.4는 가공할 부품의 제작도면이다. 이 부품의 ϕ8구멍 4개를 뚫는데 사용할 지그설계를 다음과 같은 절차에 따라 스케치하여 이를 토대로 각 부품을 설계한다.

1) 제작도면 분석 및 지그형태 구상

부품의 크기, 형태, 재질, 공정 순서 등을 분석하여 이들에 가장 적합한 지그의 형태를 구상하고 전체적인 윤곽을 정한다.

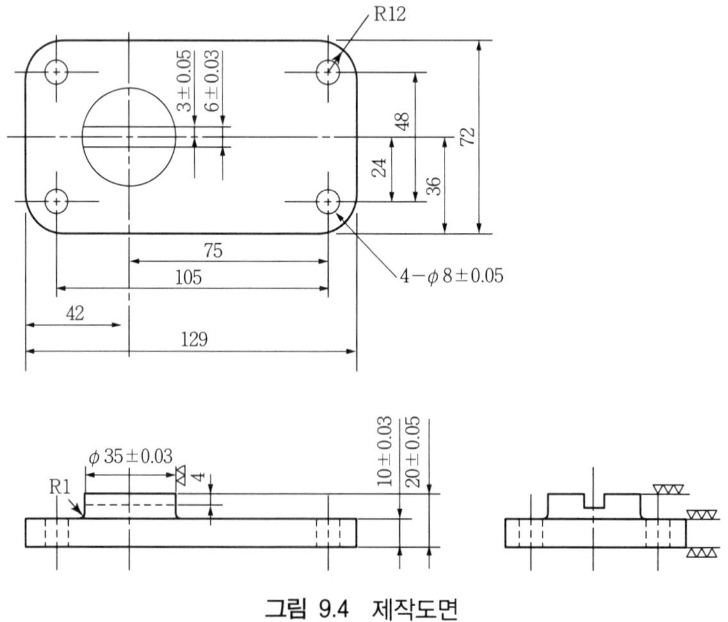

그림 9.4 제작도면

2) 가공에 적합한 공작물 위치

위에서 지그의 형태를 구상할 때 공구와 공작물은 어떠한 관계를 가지고 어떻게 움직여 가공할 것인가를 정하게 된다. 이에 요구되는 위치에 공작물을 놓고 공작물의 정면도, 평면도, 측면도를 먼저 스케치한다.

본 예제에서는 공작물을 뒤집어 놓고 뚫는 것으로 구상하였으므로 그림 9.5와 같이 원기둥 돌출부가 아래로 향하게 공작물의 3면도를 스케치한다.

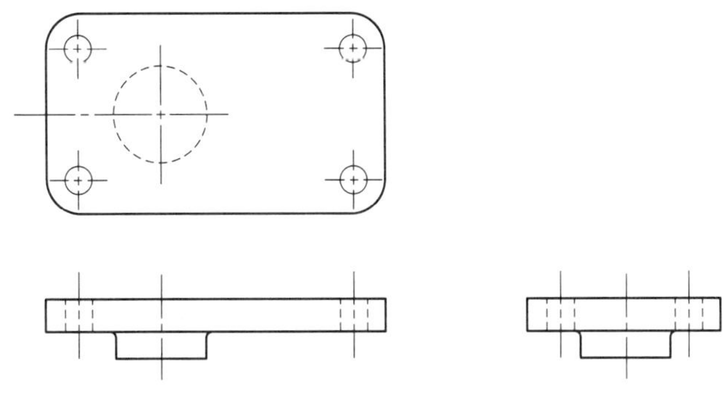

그림 9.5 작업위치를 고려한 3면도

3) 드릴 부시의 위치

드릴 부시의 위치는 제작도의 가공할 구멍의 위치에 의해 결정된다. 부시는 구멍 위와 동 떨어져 놓여질 수 없는 것으로 다른 치공구 요소 보다 맨 먼저 스케치하도록 한다. 이 부시의 위치는 다른 지그 요소들이 드릴 작업시 간섭이 일어나지 않도록 3면도 모두에 스케치한다. 그림 9.6은 그림 9.5에 부시를 스케치한 도면이다.

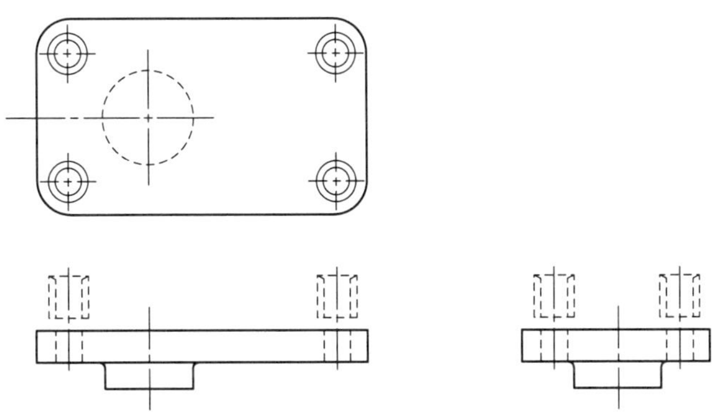

그림 9.6 드릴 부시의 위치

4) 위치결정구의 스케치

공작물의 위치결정이란 공구설계자가 위치결정구를 선택하거나 설계하는 것으로서 공작물을 치공구에 항시 동일한 위치에 놓이게 함으로써 각 가공이 동일하게 이루어지도록 하기 위한 공작물의 위치결정 장치 및 지지방법을 정하는 것이다.

지그나 고정구내에서 공작물의 위치를 결정한 후에는 실제 적용시 그 위치에서 공작물을 신속하고 쉽게 위치결정할 수 있도록 방법이 강구되어야 한다.

드릴 지그에서 모든 공작물들이 동일하게 구멍들이 가공되도록 위치 결정구는 드릴 부시와의 적절한 상대적인 위치 관계를 가지도록 해야한다. 이렇게 이루어질 수 있도록 공작물에 위치 결정면을 선정하고 이면에 적절한 형상의 위치 결정구를 스케치한다.

이 예제에서는 그림 9.7에서와 같이 공작물의 둥근 돌출면과 평면도의 윗면을 위치 결정면으로 하고 원형돌출부가 있는 면을 지지면으로 하여 공작물을 위치시키고 가공할 수 있도록 하였다. 공작물 돌출부에는 구멍형태의 위치 결정구로, 윗면에는 나사를 이용한 조절형 위치 결정구를 사용하였다.

위치 결정 방법은 쉽고, 신속하게 공작물을 설치하고 제거할 수 있도록 해야하고 잘못된 설치가 되지 않도록 해야한다.

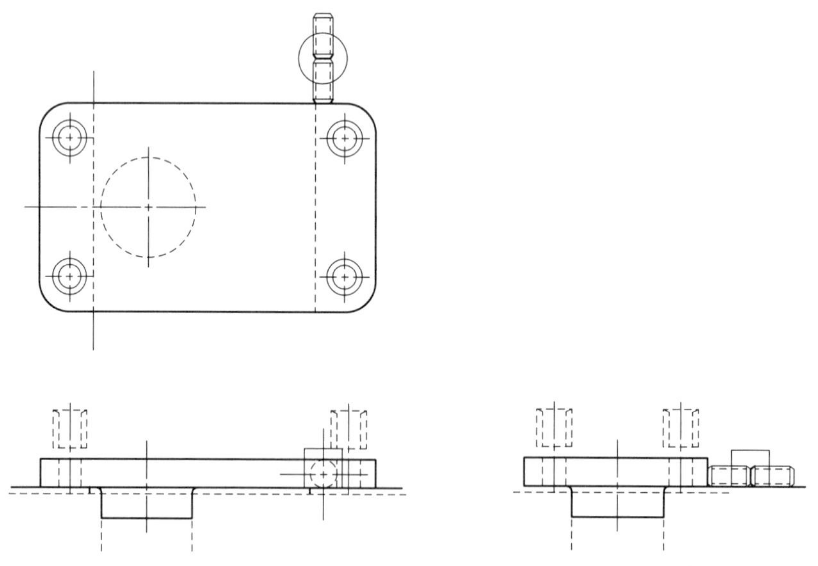

그림 9.7 위치 결정구의 스케치

5) 클램프의 스케치

공작물이 지그 내에 위치가 정해진 뒤 가공 중에 절삭력이나 기타 외력에 의해 움직여서는 안된다. 위치 결정구에 의해 공작물이 놓여진 대로 위치를 유지할 수 있도록 공작물은 견고하게 고정되어야 한다.

이 예제에서는 그림 9.8에서와 같이 조절 위치 결정구 맞은편에 나사형 클램프로 수평방향의 움직임을 고정하고, 부시를 설치한 리프판에 돌출 핀을 설치하여 공작물이 위쪽으로 움직이는 것을 고정하도록 하고 있다.

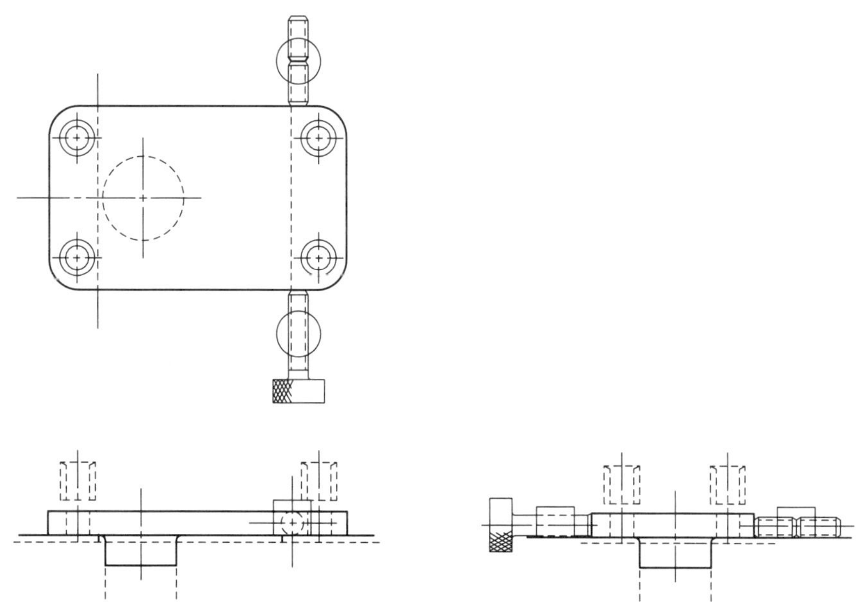

그림 9.8 클램프의 스케치

6) 본체의 스케치

본체는 이미 구상한 부시, 위치 결정구, 클램프에 의해 결정된다. 즉 이들을 수용하고 지탱하며 서로 유기적인 관계를 유지할 수 있도록 구조를 설계하고 필요한 부속장치들을 추가한다.

이 예제에서는 리프형 구조로 좌측 지주에 힌지핀을 설치하고 윗판을 열고 닫을 수 있도록 하였고, 용접형 몸체로 하였다. 또 리프는 한쪽 끝에 힌지핀이 있는 레버를 이용하여 고정할 수 있도록 하였다.

그림 9.9는 지그 본체의 스케치이다.

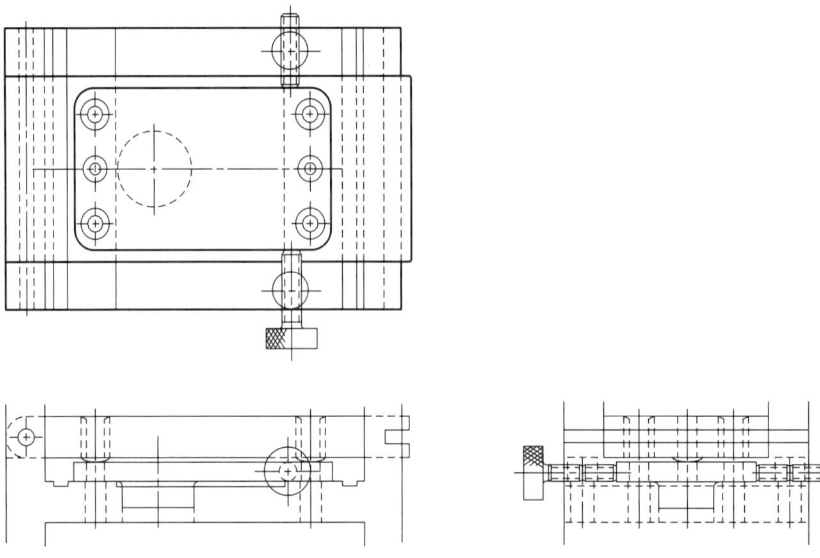

그림 9.9 본체의 스케치

7) 중요 치수의 결정

예비스케치가 완성된 후에 지그 여러 부품의 크기와 넓이를 추산하고 주요치수는 스케치도에 기입하고 기타 필요치수는 부품도면을 작성할 때 정확하게 계산 기입한다. 그림 9.10이 완성된 스케치도면이다.

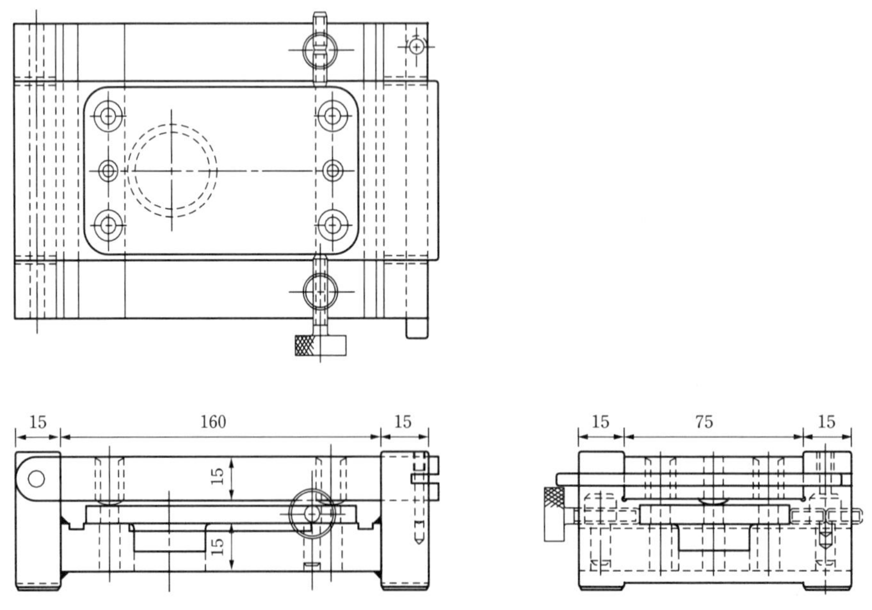

그림 9.10 완성된 드릴지그 스케치

8) 제작도면 완성

지그를 구성하고 있는 부품에 부품 번호를 부여하고 부품도와 조립도를 작성하여 설계를 완성한다.

9.4 고정구의 설계 절차

고정구의 설계 절차도 지그 설계 절차와 유사하다.

① 가공할 제작도면과 생산계획 등을 분석하여 필요한 정보를 얻는다.
② 고정구의 종류를 정하고 전체적인 윤곽을 잡는다.
③ 구상된 가공 위치로한 제작 부품의 정면도, 평면도, 측면도를 스케치
④ 위치 결정구와 지지구 스케치
⑤ 클램프 스케치
⑥ 세트 블록 등 특수장치 스케치
⑦ 본체 및 기타 구성요소 스케치
⑧ 주요치수 결정
⑨ 사용기계와의 간섭검토
⑩ 구성요소에 번호를 부여하고 제작도면 완성

다음은 그림 9.4 제작도의 폭6, 깊이4인 홈을 밀링가공 하는데 사용할 밀링 고정구의 설계 순서이다.

1) 가공 위치를 고려한 3면도 스케치

가공할 부위가 위쪽에 있으므로 그림 9.11과 같이 3면도를 스케치한다. 통상적인 도면 배치와 달리 한 것은 지면 관계상 상면을 정면도로 하여 배열한 것이고 그림 9.4 제작도면과 같이 3면도를 스케치하여도 된다.

물론 3면도 스케치하기 전에 고정구 설계자 머리에는 제작도면의 면밀한 분석에 따른 고정구의 형상과 윤곽이 구상된 상태에서 스케치가 이루어져야 하는 것이다.

2) 위치 결정구 스케치

공작물의 4개 모서리 부분에 이미 가공되어 있는 4개의 구멍이 있는데 이중 2개의 구

멍에 핀을 설치하여 위치 결정을 하도록 하였다. 이 핀은 평판에 고정되어 있고 이 평판에 의해 공작물이 지지되도록 되어있다.

그림 9.12는 그림 9.11의 3면도에 위치 결정구를 추가하여 스케치한 것이다.

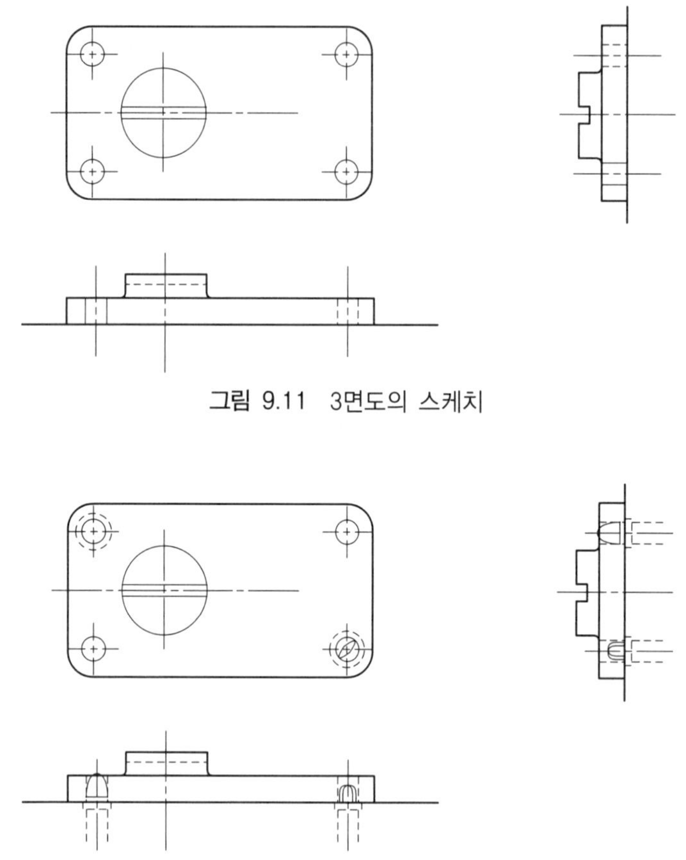

그림 9.11 3면도의 스케치

그림 9.12 위치 결정구 스케치

3) 클램프 스케치

설계자는 스트랩 클램프로 공작물을 고정하는 것으로 구상하고 그림 9.13과 같이 위아래 두 곳에서 고정하는 것으로 하였다. 그림 중 하나의 클램프는 상세하게 스케치했으며 다른 하나는 단지 그 위치만을 표시했을 뿐이다. 이 클램핑 장치는 클램핑 스터드, 너트, 와셔와 스프링 등을 포함하고 있다. 이 클램프의 정확한 위치는 최종 제작도면이 작성될 때 결정된다.

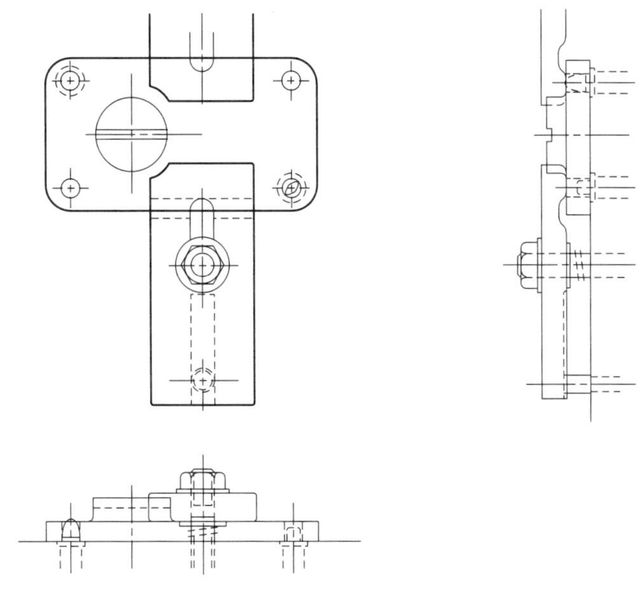

그림 9.13 클램프의 스케치

4) 세트 블록의 스케치

그림 9.14는 그림 9.13에 세트 블록을 추가 스케치한 것이다. 이것은 폭 6, 깊이 4인 홈을 절삭하기 위한 밀링 커터를 적절한 위치에 설치하게 한다. 세트 블록에는 두께 게이지를 병행하는데 두께 게이지의 공간은 가공 중 커터와 세트 블록과의 접촉에 의해

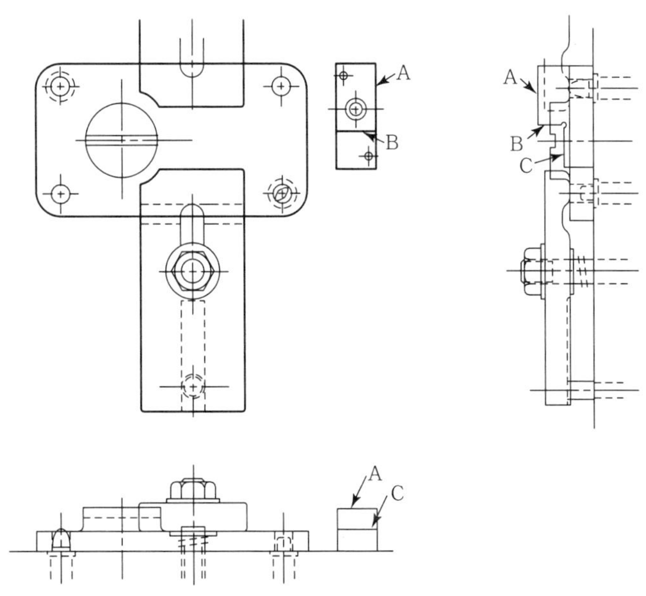

그림 9.14 세트 블록의 스케치

세트 블록 면이 마모되는 것을 방지한다. 세트 블록은 공작물이 설치되는 동일한 판 위에 설치되고 있고 하나의 육각 홈 볼트와 2개의 맞춤핀으로 체결되도록 하고 있다.

5) 본체의 스케치

고정구 본체의 스케치는 위치 결정구와 지지구, 클램프, 세트 블록, 그리고 기타장치들에 의해 그 크기와 형상이 정해진다. 그림 9.15는 본체의 스케치이다. 이 고정구에서 본체는 이미 계획된 고정구 부품들을 수용할 수 있는 충분한 면적과 두께를 가진 평판이어야 한다.

고정구를 밀링머신 테이블에 설치할 수 있도록 본체 밑면에 홈을 내고 이 홈에 키를 설치하여 이 키를 테이블 홈에 끼워 고정구를 설치할 수 있도록 하였다.

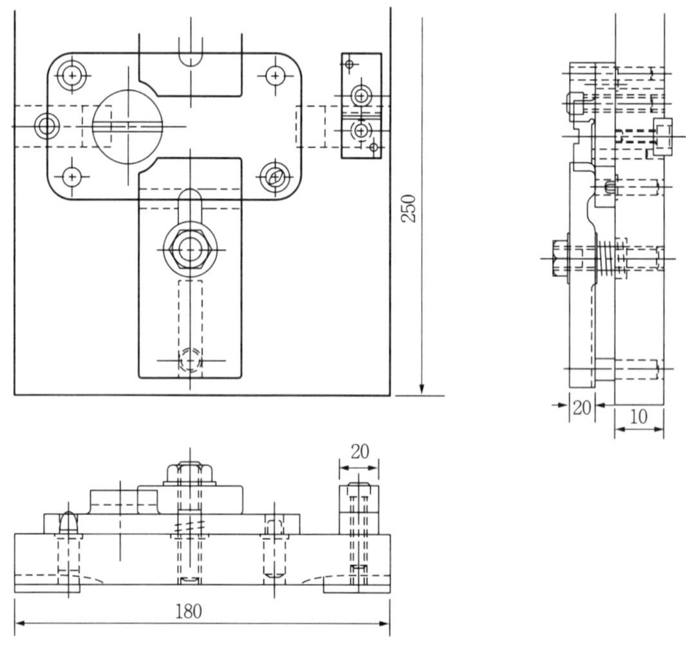

그림 9.15 본체 및 기타 부품 스케치

6) 치수 결정

예비스케치가 끝난 후에 고정구의 크기와 넓이가 추산되고 이에 따라 길이, 폭, 두께 등 중요 치수를 기입한다.(그림 9.16)

상세치수는 고정구 각 부품을 그릴 때 기입한다.

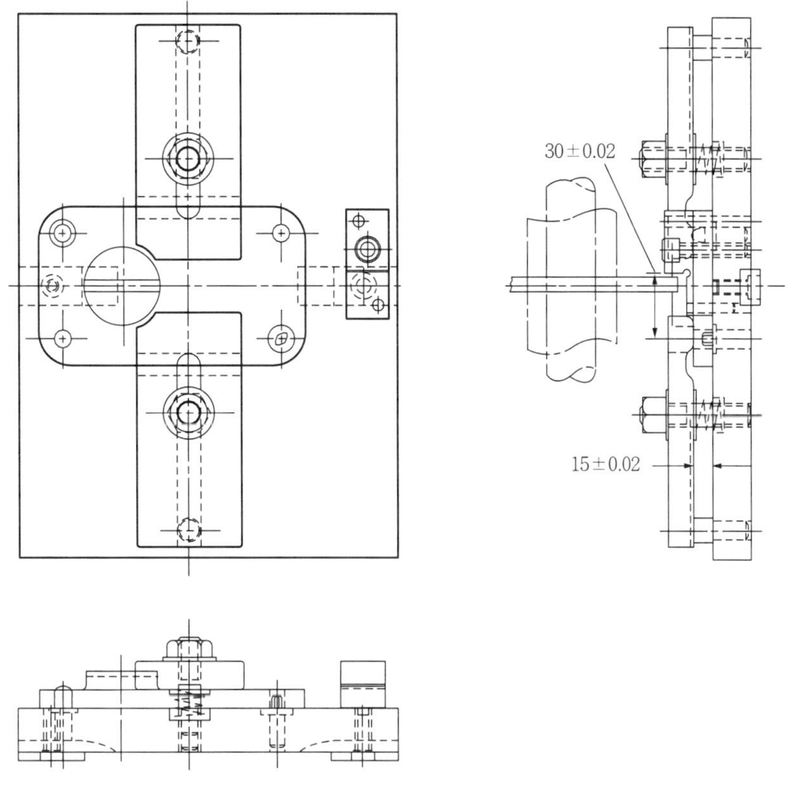

그림 9.16 완성된 스케치도면

7) 설계의 검토

사용할 밀링머신의 크기를 고려하여 아버, 아버 지지대 등과 고정구와의 간섭 여부를 검토해야 한다. 커터에 채터가 발생하지 않도록 충분히 큰 아버이어야 한다. 클램프나 부속품이 너무 높아서 커터 아버 밑으로 통과할 수 없다면 설계를 수정해야 한다.

설계의 잘못을 피하기 위하여 고정구 도면상에 커터와 아버를 나타내고 있다. 그림 9.16은 고정구의 조립 도면상에 커터와 아버를 나타낸 것이다. 이 실례는 고정구의 기능을 명확하게 하고 간섭을 피하도록 하며, 커터와 적절한 여유를 주고 있다.

9.5 검 도

검도는 대단히 중요한 것이다. 검도는 설계제도 뿐만 아니라 가공에 관한 사항도 검토되어야 한다. 검도자는 모든 설계의 특징을 확인하고 변경된 사항을 제도자에게 알

려야하며 또한 제도실기, 표준 부품과 가공 실기 등에 밝아야 한다.

일반적으로 검도시 다음과 같은 사항들을 확인한다.

① 도면의 일반적인 외관 및 제도와 설계표준의 합치여부

② 최악의 조건에도 강도는 충분한가?

③ 부품의 경제적인 기계가공여부

- 가공이 필요한 부위의 가공여유는 충분한가?
- 부품은 쉽게 조립 및 분해가 될 수 있는가?
- 기존공구를 사용할 수 있는가?

④ 치수기입의 적절성

- 필요치수 누락이 없으며, 정확하게 기입되었는가?
- 치수배치는 정확한가?
- 중복치수는 없는가?
- 작업자 치수를 계산하도록 되어 있는가?

⑤ 필요한 정밀도 기입여부

- 공차의 누락은 없으며, 적절한가?
- 공차 누적은 없는가?
- 동심도, 평행도 등 기하학적 형상공차의 누락여부와 적절하게 기입되었는가?
- 표면 거칠기 기호의 누락은 없으며 적절한가?

⑥ 각종 기호의 누락 및 적합 여부

- 다듬질 기호
- 용접 기호
- 열처리 기호

⑦ 필요한 주기의 누락여부

⑧ 부품란에 기재할 사항의 누락이 없으며, 오기는 없는가?
특히 도면에 그리지 않은 표준 부품의 누락여부 확인

⑨ 표제란

⑩ 기타

연습문제

❶ 다음 사항들에 관하여 분석될 수 있는 주된 요소들을 간략하게 설명하여라.

가) 부품의 크기와 형상

나) 재료의 종류와 상태

다) 가공 작업의 형태

라) 요구 정밀도

마) 제작 수량

바) 위치 결정 및 클램핑 표면

사) 공작 기계의 종류와 크기

아) 커터의 형태와 크기

자) 작업 순서

차) 전 가공 작업

❷ 지그 설계 절차를 설명하라.

❸ 고정구 설계 절차를 설명하라.

❹ 치공구 설계 후 검도시 확인 사항에 대하여 알아보라.

플레이트 드릴지그의 설계

10장

그림 10.1 부품 제작도에서 ϕ6구멍 2개를 뚫는데 사용할 지그 설계에 대하여 알아보기로 한다. 표 10.1은 STOP PLATE 가공을 위한 공정 요약으로 구멍 뚫기는 30공정에서 이루어지고 있다.

표 10.1 STOP PLATE 부품의 공정 요약

공정번호	공정명	장비번호	장비명	부서	개정기호	개정자	일자	비고
10	길이 50mm로 절단	68-11	연마석 절단기	절단실				
20	버제거		작업대	다듬질				
30	ϕ6구멍 2개 가공	66-12	탁상드릴머신	드릴				
40	ϕ6구멍 카운터 싱킹	66-12	탁상드릴머신	드릴				
50	5×3 홈가공	37-10	수평밀링머신	밀링				
60	버 제거			다듬질				
70	검사			QC				

작성	일자		재료 SB41	부품명 STOP PLATE	부품번호
승인	일자		고정요약 (SUMMARY OF OPERATION)		매중 : 매 1 : 1

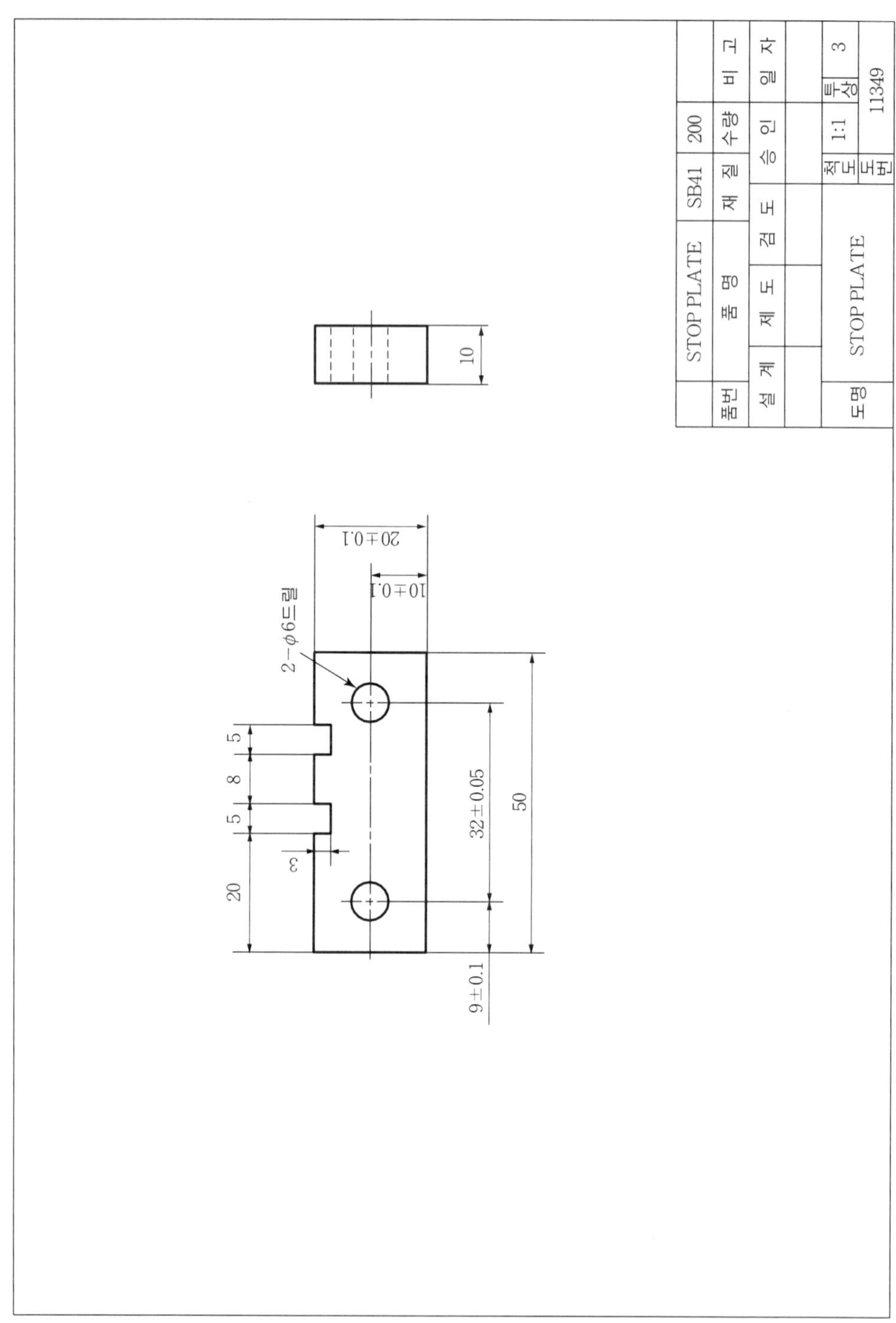
품번
STOP PLATE
품명
SB41
재질
200
수량
비고
설계
제도
검도
승인
일자
척도
1:1
투상
3
도명
STOP PLATE
도번
11349
10
20±0.1
10±0.1
2−φ6드릴
5
8
5
3
20
32±0.05
50
9±0.1

그림 10.1 부품 제작도

10.1 플레이트 드릴지그

평판에 부싱, 위치 결정구, 클램프 등 치공구 기본 구성요소들이 부착된 지그로 설계가 간단하고 만들기가 쉬우며 제작비가 저렴하면서도 정밀한 구멍가공이 가능하여 일반적으로 가장 널리 사용하고 있는 지그의 형태이다.

플레이트 지그와 유사한 것으로 템플렛 지그, 테이블 지그, 샌드위치 지그, 리프 지그 등이 있다.

플레이트 지그의 형태는 공작물의 모양에 따라 다르나 위치 결정구와 클램핑 장치를 수용할 수 있는 크기로 하고 가공 끝단에서 드릴의 도피 여유를 고려하여 공작물의 받침판이 함께 사용한다.

10.2 설계구상

치공구 설계에서 제일 먼저 이루어지는 것이 공작물에 대한 충분한 정보이다. 제작도면과 공정도 등을 면밀히 검토하여야 하며, 또한 사용기계에 대하여서도 알아야 한다.

본 설계는 그림 10.1의 STOP PLATE부품 가공에서 표 10.1 공정요약에 30공정의 6mm구멍 2개를 뚫는데 사용할 드릴지그의 설계이다.

STOP PLATE는 길이 50mm, 폭 20mm에 두께가 10mm인 판재에 32mm간격으로 2개의 ϕ6구멍을 뚫도록 되어 있다. 구멍의 위치를 정하는 치수들에는 공차가 주어져 있어 위치정밀도가 제한되어 있고, 재질은 구조용강이며, 총 가공 수량은 200개이다.

생산량이 적은 편이고 부품의 형태가 단순하므로 저렴하게 제작할 수 있는 플레이트 지그로 설계하도록 하였다.

부품을 끼울 수 있는 홈, 부싱, 위치 결정구, 클램프 등이 부착된 윗판과, 공작물을 올려 놓을 수 있는 아랫판으로 구상하였다. 부품의 폭이 일정하므로 양면을 네스트 홈에 위치시키고, 길이는 절단 공정에서 일정치 않게 될 우려가 많으므로 클램핑 나사로 위치 결정구에 고정되도록 한다. 이렇게 함으로써 한쪽 끝단에서 구멍의 위치를 주어진 공차 범위에 들 수 있게 할 수 있다.

위치 결정구와 클램프의 형상을 정할 때는 공작물의 설치와 제거를 용이하게 할 수 있도록 하고 아랫판에는 드릴 끝의 돌출 여유와 칩 배출을 고려하여 중앙부에 홈을 파도록 하였다. 윗판과 아랫판에는 잡을 때 접촉감을 좋게 하기 위하여 양판의 측면 모서리 일부를 챔퍼 형태로 크게 파주었다.

10.3 각 부품의 설계

1) 부시

부시의 형태는 가공수량이 200개로 소량이므로 평형 고정부시로 한다.

6mm구멍을 뚫어야 하므로 부시의 내경은 6mm가 되어야 하고 표 5.1에서 필요한 호칭 치수를 정하면 외경은 10, 길이는 12, 드릴입구 쪽 모서리의 둥글기는 R1이 된다. 다음에 필요한 부위에 공차를 부여하여야 한다.

공차가 필요한 곳은 부시의 내경과 외경으로 내경은 드릴이 자유롭게 드나들 수 있도록 하는데 틈새를 과도하게 주면 요구되는 구멍의 위치 정밀도를 얻을 수 없게 된다. 일반적으로 G6이다. 그러므로 내경 치수는 $\phi 6G6$, 즉 $\phi 6\,^{+0.012}_{+0.004}$이고, 외경은 부시가 지그판에 억지 끼워맞춤되도록 +공차 값이 주어야하는데 일반적으로 p6로 하고 있다. 그러므로 외경은 $\phi 10\,p6$로 $\phi 10\,^{+0.024}_{+0.015}$이다.

2) 위치 결정구

공작물의 폭 방향 위치 결정은 네스팅으로 하였고, 길이 방향에 위치 결정은 핀을 설치하도록 구상하였다. 그림 10.2(a)는 이와 같은 형태의 지그 그림이다. 그림 10.2(b)는 네스트홈을 핀으로 한 것으로 공작물을 클램핑하면 핀에 의해 공작물의 둥근부분의 중심이 잡혀지게된다. 그림 10.2(c)는 길이와 폭 방향에서 클램핑한 구조로 구멍 위치의 오차를 줄여 정밀도를 높게 유지한다. 네스팅면은 필요에 따라 연삭 가공한다.

핀이 공작물과 접촉하는 부위는 마모를 고려하여 면 접촉할 수 있도록 원통면을 1mm 따내 평면으로 하여 중심에서 4 ± 0.02의 조립치수로 연삭하고, 윗판에 끼워지는 자루부 지름은 $\phi 6$으로 억지 끼워맞춤이 되도록 +공차가 주어졌다.

머리부의 길이는 공작물의 두께보다 1mm 작게 하여 밑판과 간격이 유지되도록 한다.

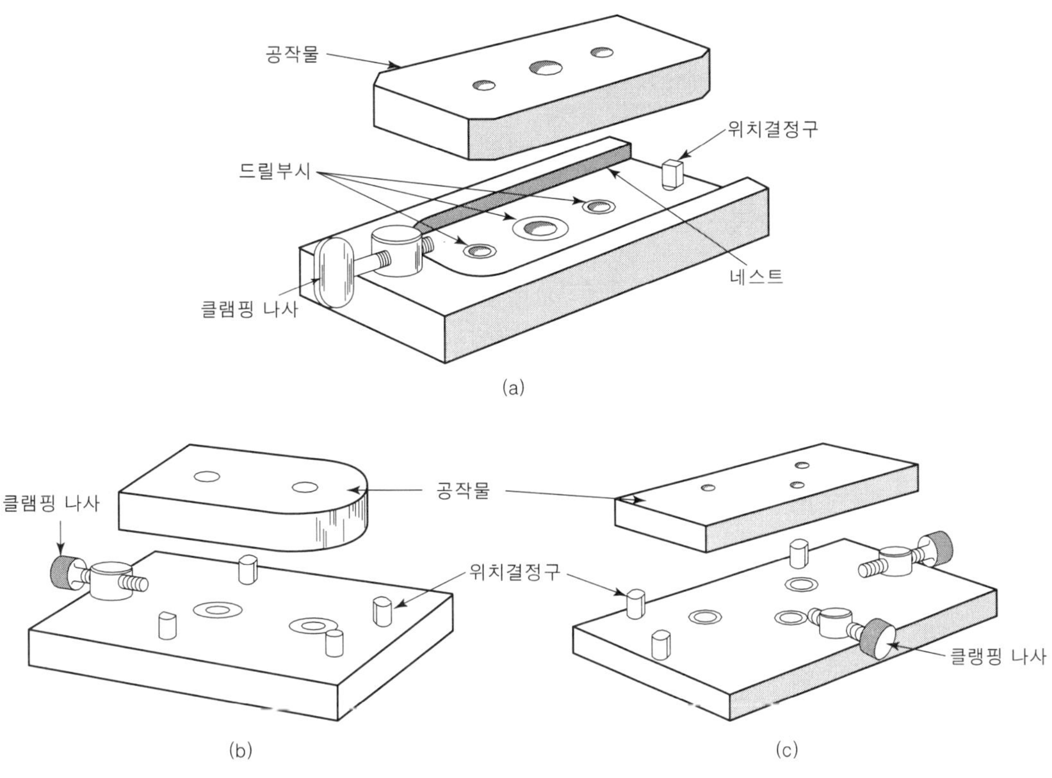

그림 10.2 플레이트 지그의 위치결정

3) 클램프

나사형 클램프로 공작물을 고정하도록 하고, 클램핑 나사의 길이는 고정시 조임동작에 방해가 되지 않도록 충분한 길이 34mm로 하고 머리부는 널링을 하였다. 공작물과 접촉하는 끝부분은 나사산이 없도록 하여 나사산의 찌그러짐을 방지하고 또 끝부분을 둥글게 하여 고정시 공작물을 들어올려지는 경향이 적어지도록 하였다.

클램핑 암나사(클램핑 나사 너트)는 윗판의 구멍에 억지 끼워맞춤하여 고정하고 머리부는 직경 12mm로 클램프나사 끼우기에 충분한 크기이고 머리길이는 공작물 두께보다 작은 9.5mm로 한다.

4) 윗판

지그판의 크기와 무게는 공작물의 크기에 비례한다. 너무 크면 재료가 많이 들뿐만 아니라 취급이 어렵게 되고 불편하다. 그러나 공작물뿐만 아니라, 위치 결정구, 클램프 등 치공구 필요 부품들을 안전하게 수용할 수 있는 충분한 크기가 필요하다.

윗판에는 공작물이 설치되는 네스트 홈과 2개의 부시구멍, 위치 결정구, 클램핑너트를 설치하는 구멍 등이 있어야 하고 이들의 위치와 크기는 정밀도에 영향을 주는 요소들이다.

부시를 끼우는 구멍은 부시의 외경이 ϕ10이므로 ϕ10H7이 되며, 구멍과 구멍간의 거리는 32±0.02로 이는 공작물의 드릴구멍간의 공차 ±0.05의 40%로 한 것이다. (일반적으로 제품과 관련된 치공구 공차는 제품 공차의 20~50%로 한다)

위치 결정구가 설치되는 구멍은 위치 결정구 자루부가 ϕ6이므로 ϕ6H7이고, 클램핑너트 설치구멍은 클램핑너트 자루부가 ϕ8이므로 ϕ8H7으로 한다.

위치 결정구 삽입구멍 중심과 부시 삽입구멍의 중심간 거리는 제품 치수에 직접 영향을 미치는 치수로 제품치수와 위치 결정구에 의해 산출된다.

치수기입은 누적공차 방지를 위하여 그림 10.5의 ④번 부품과 같이 위치 결정구 설치구멍에서 먼쪽에 있는 부시구멍을 기준으로 하여 기입한다.

그림 10.3은 위치 결정구와 부시들의 위치 치수로 기준구멍에서 위치 결정구 설치구멍까지 거리 45는 다음과 같은 계산에 의해 정하여 진다.

드릴 구멍간의 거리(32)+공작물 끝에서 첫 번째 드릴구멍 까지의 거리(9)+위치 결정구와 공작물의 접촉면에서 위치 결정구 중심까지의 거리(4)=기준구멍 중심에서 위치 결정구 설치 구멍까지 거리(45).

공차는 제품의 끝단에서 첫번째 구멍까지의 거리 9의 공차가 ±0.1이므로 이의 50%인 ±0.05로 하여 공차까지 부가한 치수는 45±0.05가 된다.

네스팅 홈 폭도 제품치수와 관련되는 치수로 네스팅 홈 폭의 최소 치수는 제품 폭의 최대 치수와 같거나 커야 한다. 제품폭의 치수가 네스팅 홈 폭보다 크게 되는 경우는 공작물을 치공구에 설치할 수 없게 되는 것이다. 그렇다고 네스팅 홈폭의 치수를 너무 크게 하면 공작물의 설치는 용이하나 치수공차를 맞출 수가 없어 불량품이 많이 발생하게된다.

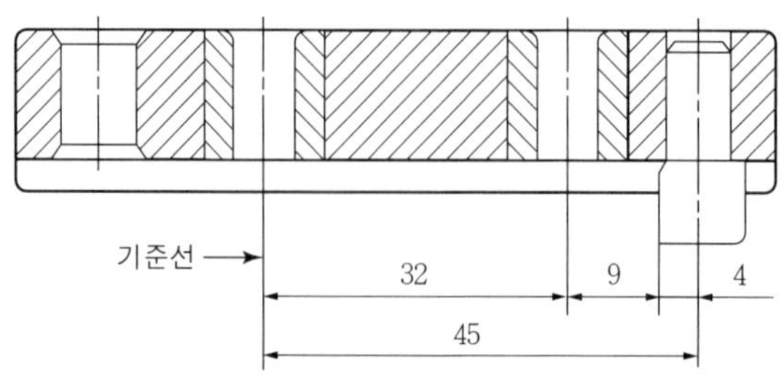

그림 10.3 위치 결정구 구멍 중심에서 기준선 까지 거리 산출

제품폭의 최대허용치수가 20.1이므로 네스팅 홈의 최소 허용치수는 20.12로 하고 최대 허용치수는 20.16으로 하였다. 즉 $20^{+0.16}_{+0.12}$가 되는 것이다.

윗판의 총 길이는 그림 10.4와 같이 여유를 주도록 하여 따라 80으로 하고 폭은 네스팅 홈 폭 20에 양측에 9mm의 여유를 두어 38로 하였으며 두께는 부시의 길이 12에 네스팅 홈 깊이 3을 더한 15로 하여 그림과 같은 도면이 완성된다.

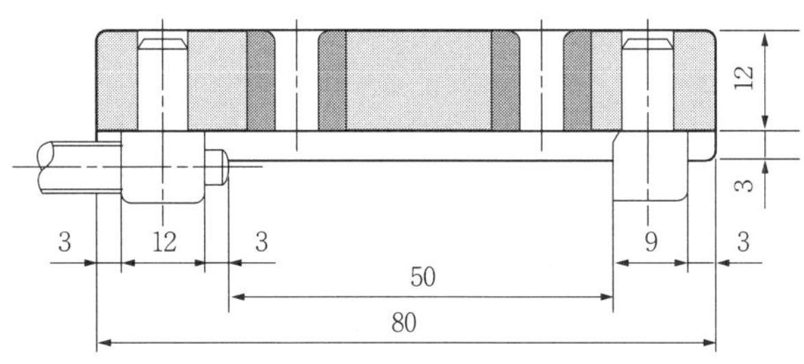

그림 10.4 위판의 길이 계산

5) 아랫판

아랫판의 주 목적은 공작물을 올려놓아 구멍을 뚫을 때 드릴 끝이 테이블에 손상 입히는 것을 방지하는 것이다. 아랫판의 외형은 윗판과 비슷하며, 길이는 같으나 폭이 3mm 작게 하였는데 이는 윗판을 손가락으로 쉽게 잡을 수 있도록 한 것이다.

공작물이 설치되는 홈은 가공 정밀도에 영향을 주지 않으므로 윗판의 홈보다 약간 크게 하여도 무방하다. 드릴 끝의 돌출 여유와 칩의 배출을 고려하여 9×3의 홈을 파준다.

칩과 지그의 경사방지를 고려하여 바닥면에도 홈을 파 테이블면과의 접촉면적을 줄여주고 공작물의 수평으로 놓여질 수 있도록 공작물 접촉면과 아랫면을 평행되게 연삭한다.

지그를 사용하지 않을 때 윗판과 아랫판을 묶어 보관할 수 있도록 ϕ5구멍을 뚫었다.

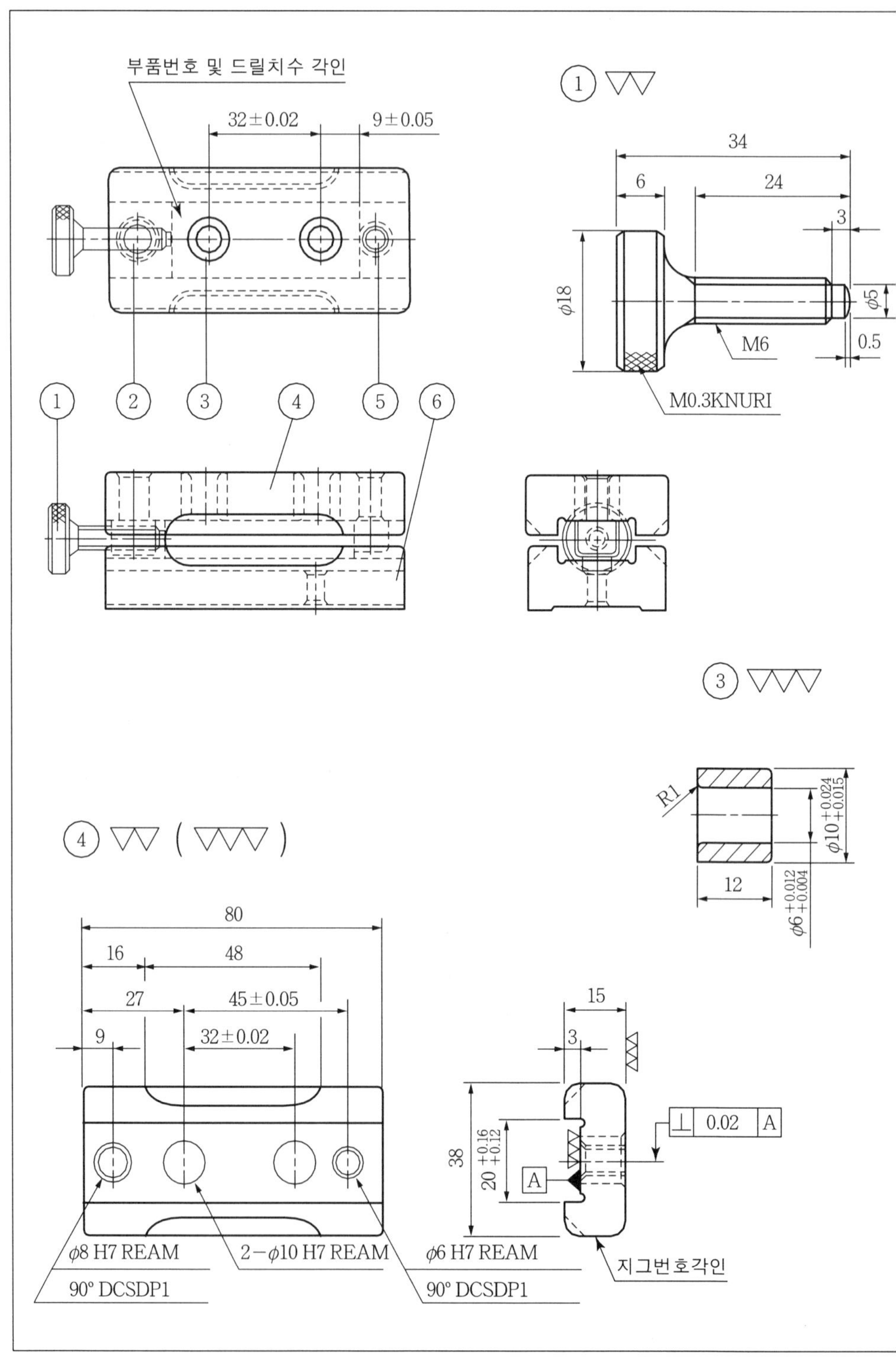

그림 10.5 드릴지그 제작

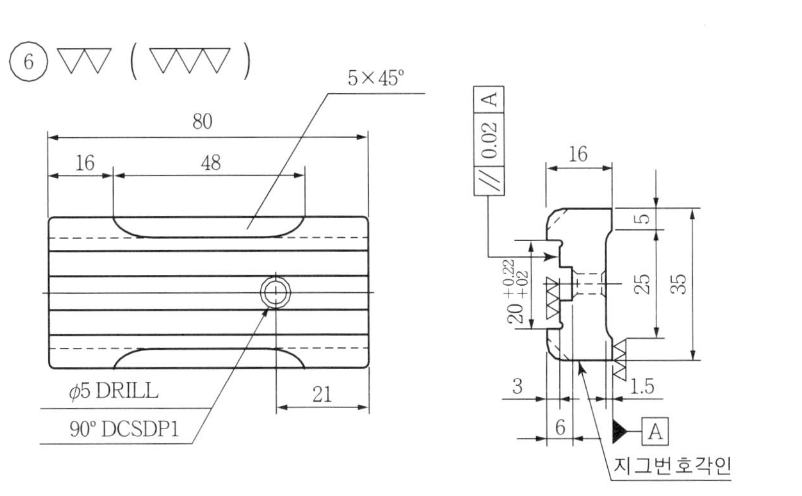

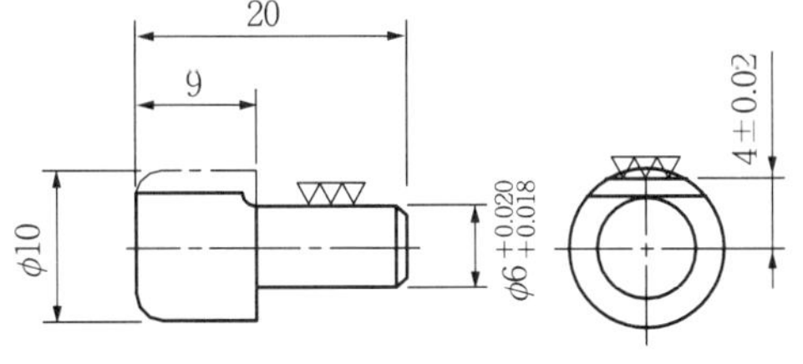

NOTE
1. 드릴 부싱이 위치결정 슬롯 면으로 빠져 나오지 않게 조립.
2. 일반 가공 공차=±0.1
3. 일반 모따기 C=0.5
4. 열처리 부품 #4, #6 : HRC 45~50
   #3, #5 : HRC 58~62
5. 흑색 피막 처리

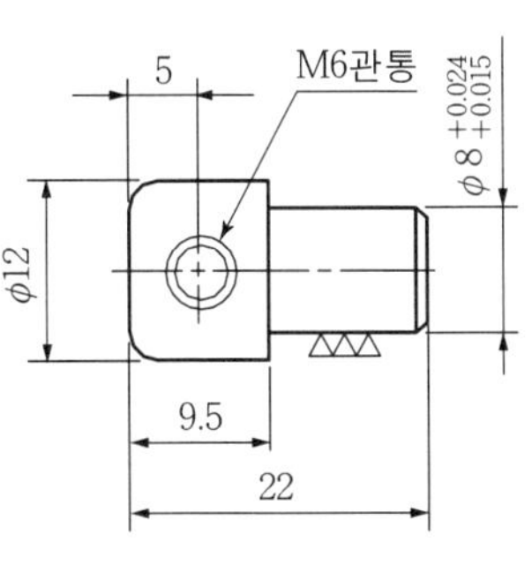

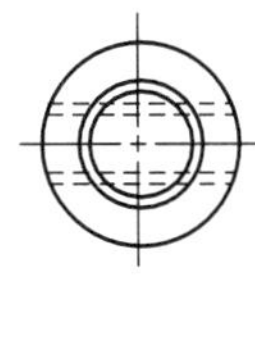

품번	품명	재질	수량	비고
6	아래판	SM 45C	1	
5	정지구	STC 3	1	HRC 58~62
4	위판	SM 45C	1	
3	드릴부싱	STC 3	1	HRC 58~62
2	클램핑너트	SM 30C	1	
1	클램핑나사	SM 30C	1	

설계	일자	척도	사용기계
검도	일자	부품번호 11349	매/매중 1/1
승인	일자	부품명 STOP PLATE	
도명 DRILL JIG		도 번 TJ−11349−1	

연습문제

❶ 그림 10.6의 FLANGE SUPPORT부품 가공에서 30공정에 필요한 지그를 설계하라.

표 10.2 FLANGE SUPPORT부품의 공정 요약

공정 번호	공정명	장비 번호	장비명	부서	개정 기호	개정자	일자	비고
10	길이 126으로 절단	68-11	연마석 절단기	절단실				
20	버 제거			다듬질				
30	Φ6구멍 2개와 Φ4.2탭구멍 8개 드릴링	66-12	탁상드릴머신	드릴				
40	10개 구멍 카운터 싱킹	66-12	탁상드릴머신	드릴				
50	8개 구멍 M5탭핑	37-10	태핑머신	드릴				
60	밀링가공		수평밀링머신	밀링				
70	버 제거			다듬질				
80	검사			QC				
작성	일자	재료 SM20C		부품명 FLANGE SUPPORT			부품번호	
승인	일자	고정요약 (SUMMARY OF OPERATION)					매중 : 매 1 : 1	

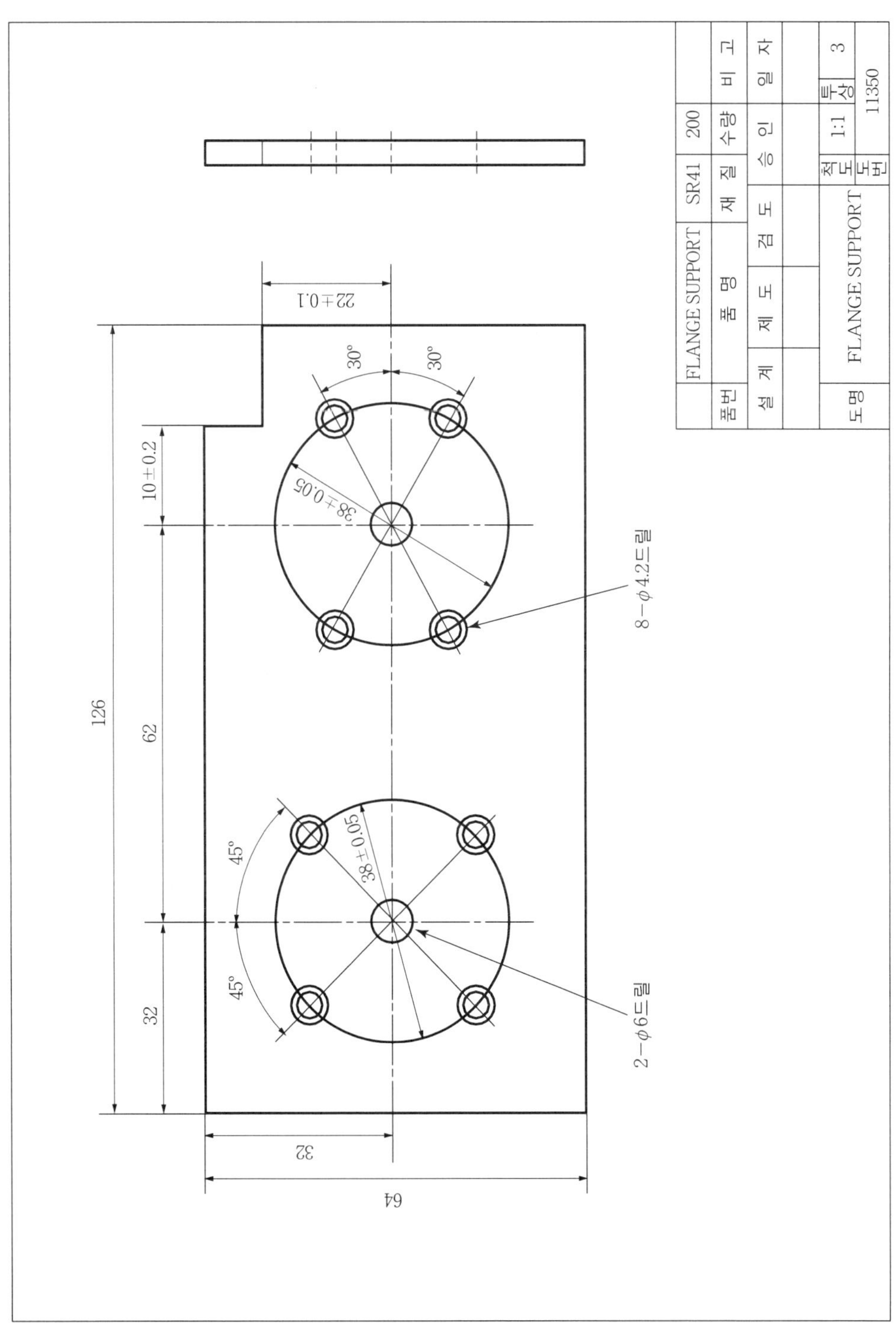

22±0.1
30°
30°
10±0.2
38±0.05
8−φ4.2드릴
126
62
45°
45°
38±0.05
2−φ6드릴
32
32
64
FLANGE SUPPORT
SR41
200
품번
품명
재질
수량
비고
설계
제도
검도
승인
일자
척도
1:1
투상
3
도번
11350
도명
FLANGE SUPPORT

그림 10.6

❷ 그림 10-7은 그림 10-1 STOPFLATE 부품도와 동일하나 치수만 변경된 도면이다. 30공정에 해당되는 ϕ9드릴 구멍 2개를 뚫는데 사용할 지그를 그림 10-5와 동일한 형태로 하여 지그제작에 필요한 제작도를 작성하라.

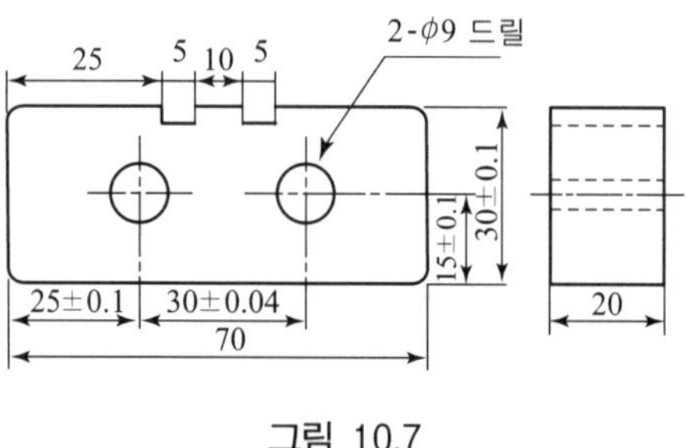

그림 10.7

플레이트 고정구 설계

11장

그림 11.1 부품(BUTT PLATE)제작 도면의 45×8로 스텝밀링 가공에 사용할 고정구 설계에 대하여 알아보기로 한다. 표 11.1은 BUTT PLATE 가공을 위한 공정 요약으로 밀링작업은 50공정에서 이루어지고 있다.

표 11.1 BUTT PLATE 부품의 공정 요약

공정번호	공정명	장비번호	장비명	부서	개정기호	개정자	일자	비고
10	Φ65봉재를 22mm 두께로 절단	68-11	연마석 절단기	절단실				
20	20mm두께로 면삭		터릿선반	선반				
30	Φ25H8구멍으로 드릴링 및 리밍	66-12	탁상드릴머신	드릴				
40	Φ5구멍2개 드릴링	66-12	탁상드릴머신	드릴				
50	45±0.2×8 스텝밀링	37-10	수평밀링머신	밀링				
60	버 제거			다듬질				
70	검사			QC				
작성	일자	재료 SM20C		부품명 BUTT PLATE			부품번호	
승인	일자	고정요약 (SUMMARY OF OPERATION)					매중 : 매 1 : 1	

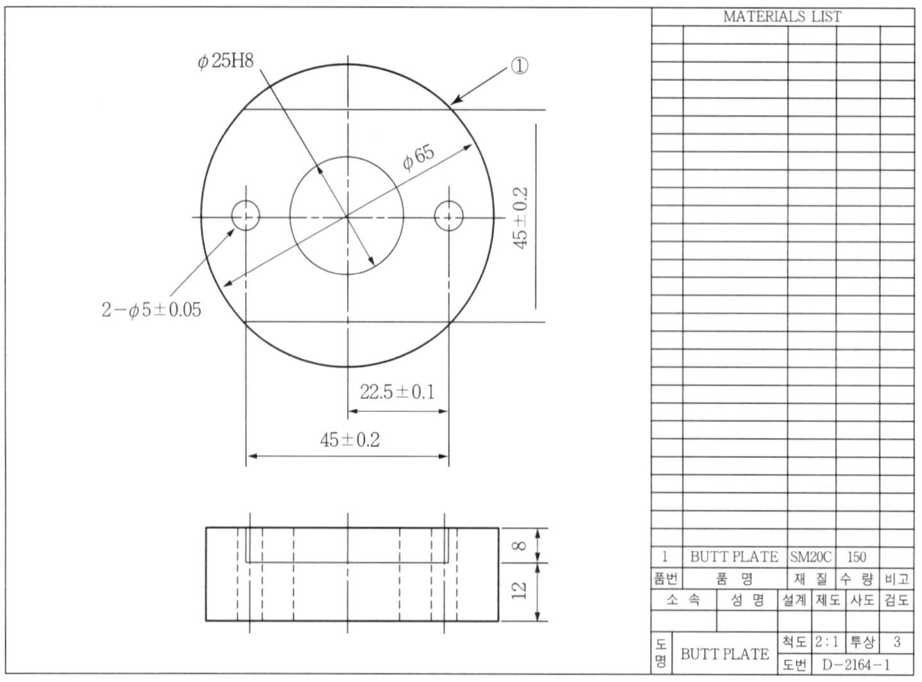

그림 11.1　부품 제작도면

11.1 플레이트 고정구

플레이트 고정구는 그림 11.2와 같이 판 위에 위치 결정구, 클램프 등을 설치하고 공작물을 위치 결정하고 고정하여 가공할 수 있는 판 형태의 고정구이다. 일반적으로 널리 사용되고 있는 형태로 다양하게 활용되고 있다.

플레이트 고정구의 기본적인 모양이나 형태는 바이스 지지 고정구와 유사하다. 이 두 고정구의 크게 다른 점은 공작물의 크기로 플레이트 고정구는 바이스 고정구 보다 더 크고 무거운 공작물을 가공할 때 사용되고 있다.

11.2 설계구상

지그 설계시와 마찬가지로 고정구 설계 역시 첫 단계는 부품 가공에 관한 생산 데이터의 수집과 분석이다.

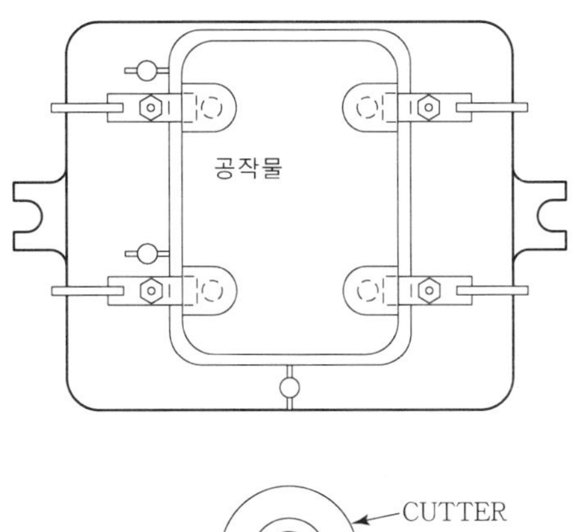

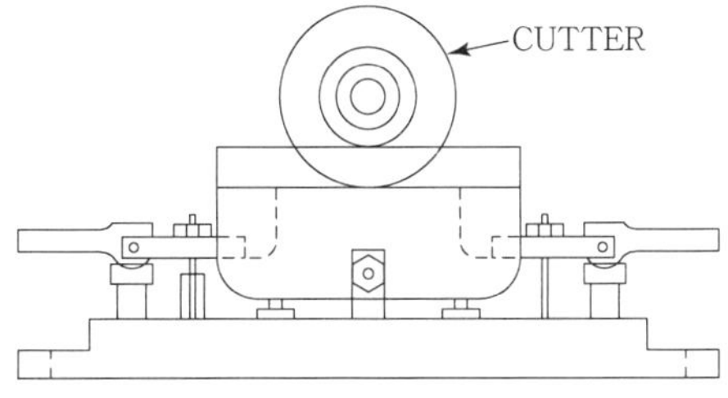

그림 11.2 플레이트 고정구

그림 11.1의 BUTT PLATE 제작도면과 표 11.1의 공정요약으로부터 다음 사항을 얻어 낼 수 있다.

- 부품의 외형은 지름이 65mm이고 두께가 20mm인 원판형이다.
- 부품은 3개의 구멍이 있는데 하나는 중앙에 위치하며 지름이 25mm이고, 두 개는 지름이 5mm이고, 두 구멍 사이의 거리는 45mm이고 중심을 기준으로 대칭으로 뚫려있다.
- 재료는 기계구조용 탄소강(SM20C)
- 이 공정에서의 작업은 8mm 깊이로 45mm를 남겨두고 양면을 밀링 가공한다.
- 생산량은 150개이다.
- 밀링가공 전에 구멍과 외면이 드릴링, 보링, 선삭되어 있다.

이와 같은 정보로 볼 때 밀링 가공을 위하여는 플레이트 고정구 형태로 하는 것이 좋으며 위치 결정은 두 개의 구멍을 이용하고 클램핑은 스트랩 클램프로 구상하였다.

11.3 고정구 구성요소의 설계

1) 위치 결정구

하나의 구멍과 핀이 조합되는 위치 결정은 12개의 운동 중에서 9개의 운동을 제어할 수 있어 공작물의 위치 결정을 손쉽게 할 수 있다.

구멍과 축을 두 쌍을 사용하면 12개 운동 중 11개의 운동이 제어된다.

본 공작물에는 3개의 구멍이 있어 이중 2개를 위치 결정 구멍으로 사용하면 훌륭하게 공작물을 위치 결정시킬 수 있다. 여기서는 가운데 있는 25mm구멍을 1차 위치 결정 구멍으로 하고 5mm구멍 하나를 2차 위치구멍으로 사용하여 위치 결정한다.

구멍과 핀을 사용하여 위치 결정하면 공작물의 최대 변위량은 그림 11.3과 같이 구멍과 핀 사이 틈새의 반(1/2)만큼의 변위가 발생하게 된다.

2차 위치 결정은 1차 위치 결정구를 중심으로 하는 회전 운동만 제어하면 되므로 그림 11.4와 같이 다이아몬드 핀을 사용하면 위치 결정구의 역할을 다하면서 공작물의 설치와 제거를 용이하게 할 수 있다.

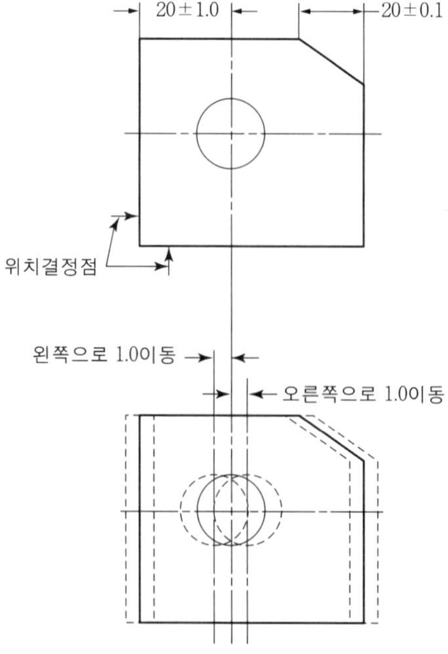

그림 11.3 구멍과 핀에 의한 변위

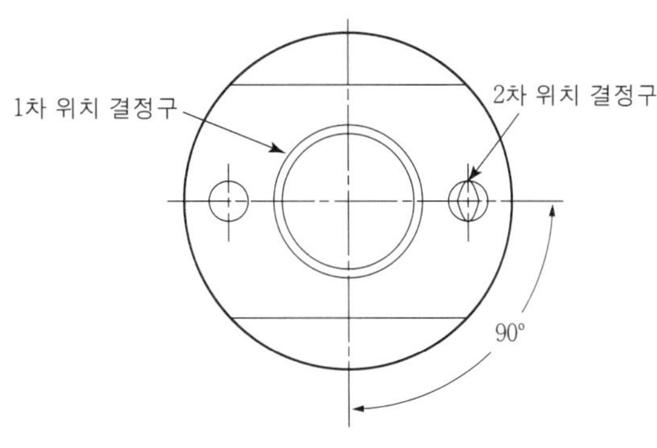

그림 11.4 위치 결정구

그림 11.5에서 (a), (b)는 과잉 위치 결정으로 하나의 운동을 제어하는데 하나 이상의 위치 결정구가 사용된 것이다.

1차 위치 결정구의 간격은 공작물이 설치되고 안 되는데 직접적인 영향을 미치므로 제품공차에 따라서 공차가 정해져야 한다. 이 공차 값은 제품공차의 최대공차보다는 작아야 하고, 최소공차보다는 크게 되도록 해야 한다. 정확한 값은 최악의 조건을 고려하여 계산되어야 하지만 일반적으로 제품 공차의 20~50%이면 이 범위에 들게되므로

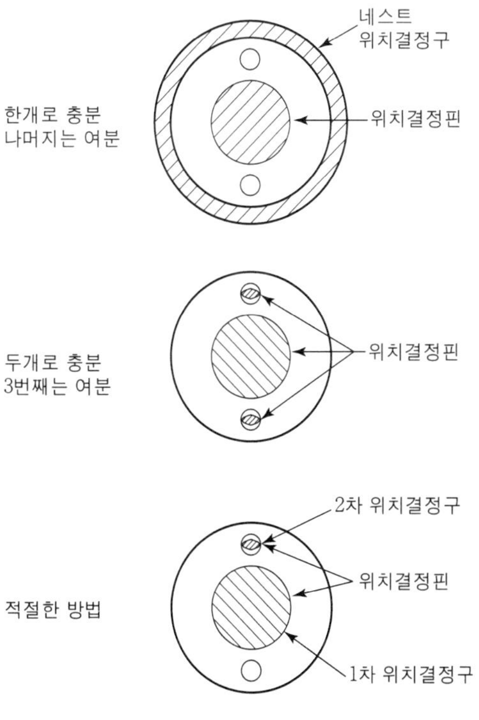

그림 11.5 과잉 위치 결정

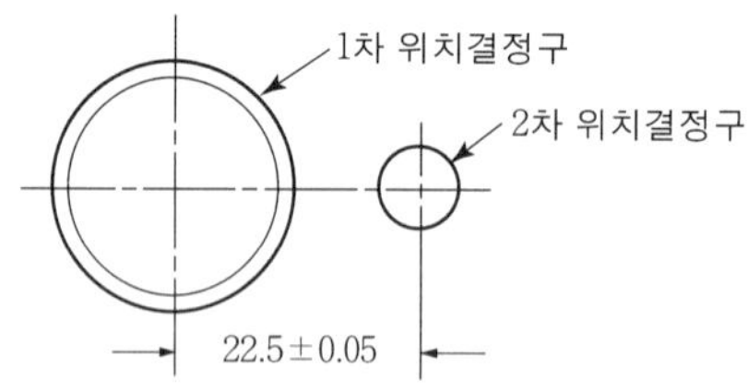

그림 11.6 위치 결정구 간격

이들 값을 적용한다. 여기서 50%를 적용하면 ±0.1의 50%인 ±0.05가 되어 1차 위치 결정구와 2차 위치 결정구의 간격은 22.5±0.05가 된다. 그림 11.6은 이들 위치 결정구의 위치 관계를 나타낸 그림이다.

그림 11.7은 1차 위치 결정구와 2차 위치 결정구의 돌출 높이 관계로 고정구에 공작물을 설치하고 제거를 쉽게 하며 재밍(jamming)을 방지하기 위해서 1차 위치 결정구의 돌출 높이는 제품 두께의 1/2정도로 하고 2차 위치 결정구는 다이아몬드 핀으로 하고 1차 위치 결정구 돌출높이 보다 2mm정도 낮게 하였다. 이렇게 함으로서 공작물이 1차 위치 결정구에 먼저 삽입된 후 2차 위치 결정구에 삽입될 때까지 회전을 허용한다. 두 개의 핀 사이에서는 일반적으로 공작물의 삽입이 잘되지 않는데 이 방법을 사용하면 두 핀에 공작물을 끼워 넣기가 쉽다.

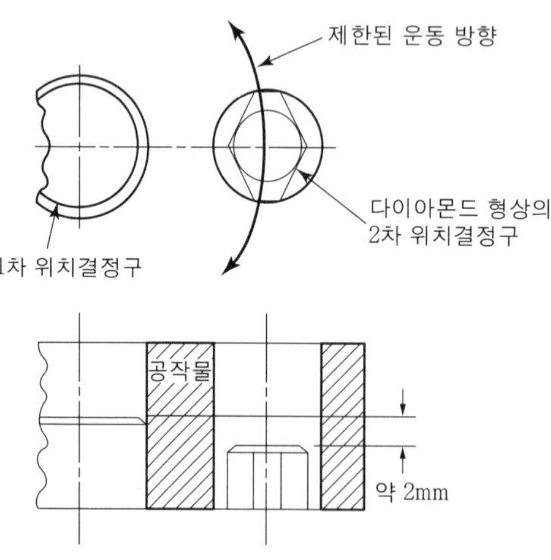

그림 11.7 위치 결정구의 돌출높이

2) 공작물의 지지

공작물이 기계 가공되어 있고 그 두께가 굽힘에 대해 영향을 받지 않기 때문에 특수한 지지구는 요구되지 않는다. 여기서는 고정구 몸체면에 직접 접촉하여 지지하도록 하였다. 필요에 따라서는 조절 지지구 또는 평형 지지구 등을 사용할 필요가 있다.

3) 클램프

공작물의 형태, 클램핑 압력 및 클램프의 위치는 클램프의 형식을 선택하는 중요한 요소들이다. 여기서는 클램프의 작동이 급속 작동하면서 공작물의 설치 및 제거를 신속히 할 수 있도록 그림 11.8과 같은 캠 작동 스트랩 클램프로 하였다. 스트랩지지 볼트에는 스프링을 끼워 스트랩을 뜨게 하여 공작물의 설치제거를 용이하게 하였다.

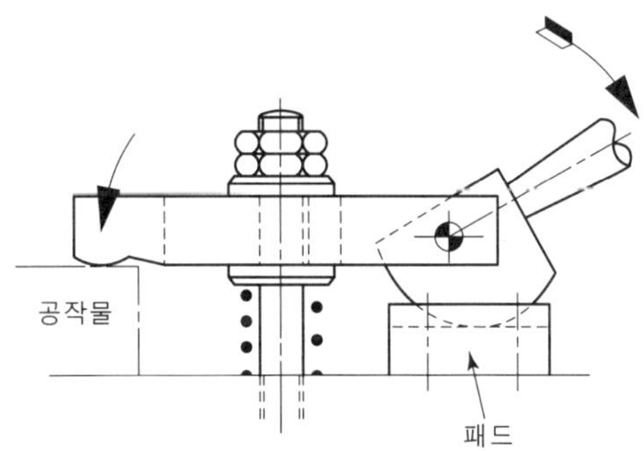

그림 11.8 캠 작동 스트랩 클램프

4) 세트 블록(set block)

커터의 절삭 위치를 설정하는데 세트 블록이 사용된다. 세트 블록의 설계가 제대로 되지 않으면 요구되는 정밀도로 가공할 수 없게 된다.

이 제품(butt plate)를 가공하는데 필요한 밀링작업은 양단에 평행한 단붙이 가공으로 스트래들(straddle)밀링 가공을 하면 한번에 양단을 가공할 수 있다.

그러므로 세트 블록도 스트래들 밀링에 적합한 형상으로 그림 11.9와 같은 형상이 된다.

세트 블록의 치수는 제품의 최대 및 최소 허용치수에 의해 결정된다. 즉 커터의 가공위치는 제품의 최대 허용 치수보다 적고, 최소 허용치수 보다는 큰 위치에 있게끔 정해져야 한다. 제품 폭 공차가 ±0.2이므로 이 폭을 세팅하는 부위의 전 오차를 이보다 적은 ±0.1 이내로 제한되도록 하였다.

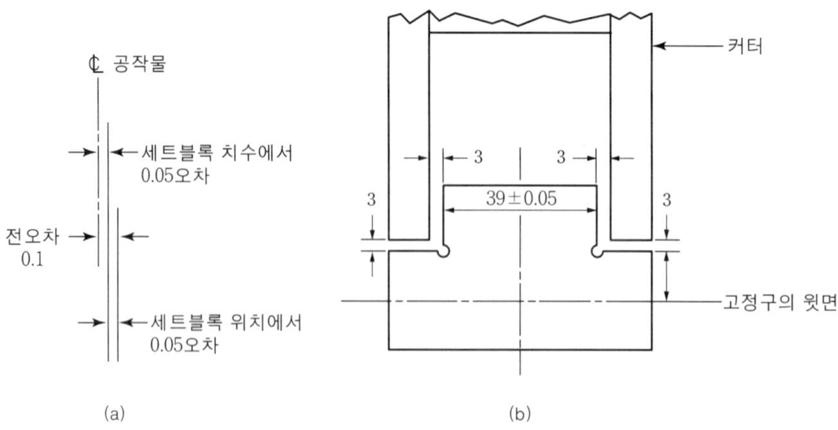

그림 11.9 세트 블록의 형상 및 치수

그런데 세트 블록에서 발생할 수 있는 오차로는 그림 11.9(a)와 같이 세트 블록 가공에서 나타나는 자체 오차(0.05)와 세트 블록을 치공구에 설치할 때 발생하는 설치오차(0.05)가 있어 이들의 합이 전체 오차가 되므로 세트 블록에 오차는 0.1의 반인 0.05로 한 것이다. 이때 제품 폭을 세팅하는 부위의 세트 블록 치수는 45 ± 0.05로 되는데 가공시 커터와 세트부록의 접촉에 의한 마모를 방지하기 위하여 통상 세팅부위에 두께 게이지를 사용하고 있다. 두께 게이지를 3mm로 하면 양쪽에 3mm씩 6mm를 뺀 39±0.05가 세트 블록의 치수로 정해진다.

세트 블록의 설치구멍 위치는 고정구 몸체 설치 구멍위치와 관련이 있으며 커터 원주면의 위치가 공작물 밑에서 9mm(세트 블록 3mm를 더하면 12mm 되도록) 위치에 올 수 있도록 하여야한다.

5) 몸체(body)

몸체는 판형으로 위치 결정구, 클램프, 세트 블록 등을 수용하고 견고하게 유지할 수 있도록 폭, 길이 두께를 정한다. 위치 결정구를 설치하는 구멍, 세트 블록을 설치하는 구멍의 위치는 요구되는 정밀도가 나오도록 공차가 주어져야 한다.

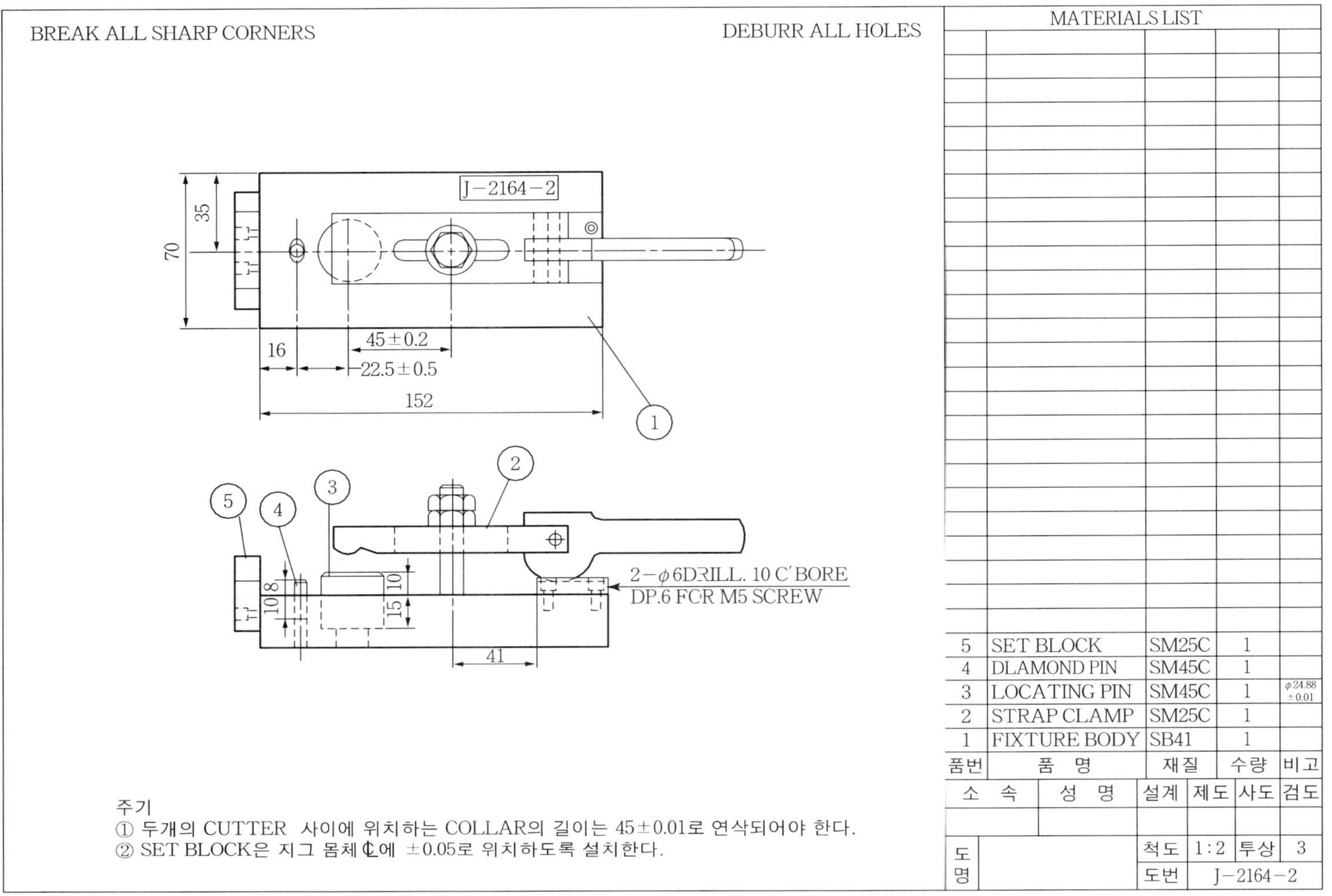

그림 11.10 고정구 조립도

연습문제

❶ 그림 11.11의 ADAPTER RING 부품 가공에서 40공정에 필요한 고정구를 설계하라.

표 11.2 ADAPTER RING부품의 공정 요약

<table>
<tr><th>공정
번호</th><th>공정명</th><th>장비
번호</th><th>장비명</th><th>부서</th><th>개정
기호</th><th>개정자</th><th>일자</th><th>비고</th></tr>
<tr><td>10</td><td>Φ160으로 선삭</td><td>68-11</td><td>선반</td><td>선반</td><td></td><td></td><td></td><td></td></tr>
<tr><td>20</td><td>구멍을 Φ100으로 보링</td><td>68-14</td><td>보링</td><td>보링</td><td></td><td></td><td></td><td></td></tr>
<tr><td>30</td><td>20mm 두께로 플랜지부 가공</td><td>66-11</td><td>선반</td><td>선반</td><td></td><td></td><td></td><td></td></tr>
<tr><td>40</td><td>40×12홈 및 상면 밀링 가공</td><td>66-12</td><td>밀링</td><td>밀링</td><td></td><td></td><td></td><td></td></tr>
<tr><td>50</td><td>Φ10 관통구멍 6개 가공</td><td>37-10</td><td>드릴머신</td><td>드릴</td><td></td><td></td><td></td><td></td></tr>
<tr><td>60</td><td>버 제거</td><td></td><td></td><td>다듬질</td><td></td><td></td><td></td><td></td></tr>
<tr><td>70</td><td>검 사</td><td></td><td></td><td>QC</td><td></td><td></td><td></td><td></td></tr>
<tr><td></td><td></td><td></td><td></td><td></td><td></td><td></td><td></td><td></td></tr>
<tr><td>작성</td><td>일자</td><td colspan="2">재료
SM20C</td><td colspan="3">부품명
ADAPTER RING</td><td colspan="2">부품번호</td></tr>
<tr><td>승인</td><td>일자</td><td colspan="5">고정요약
(SUMMARY OF OPERATION)</td><td colspan="2">매중 : 매
1 : 1</td></tr>
</table>

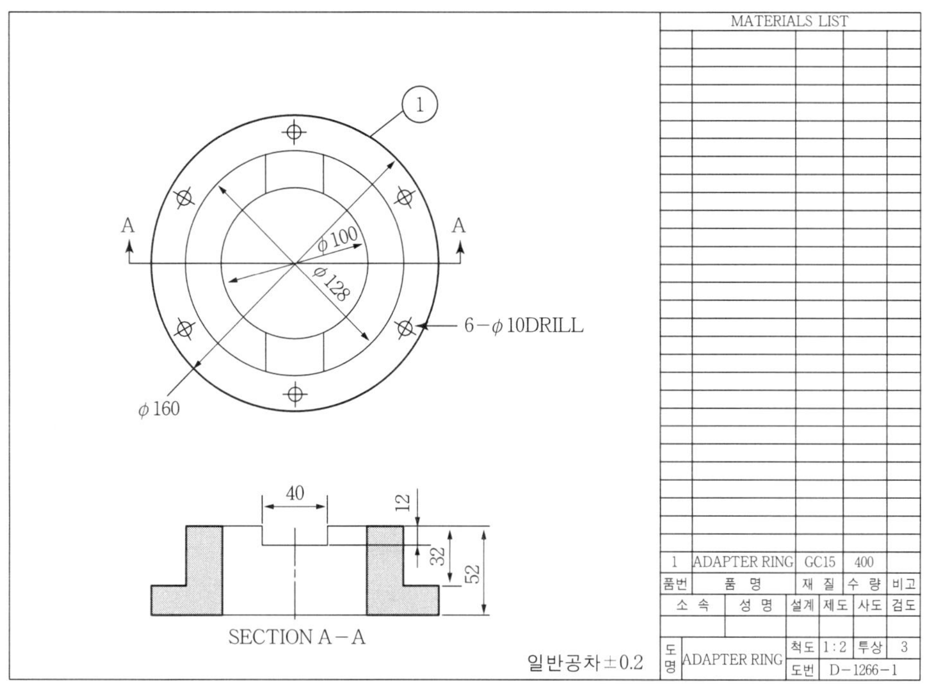

그림 11.11 ADPTER RING 제작도

❷ 그림 11-2는 그림 11-1 BUTTFLATE 부품도와 동일하나 치수만 변경된 도면이다. 50공정에 해당되는 42±0.1×10 스텝밀링에 사용할 고정구를 그림 11-11과 동일한 형태로 하여 고정구제작에 필요한 제작도를 작성하라.

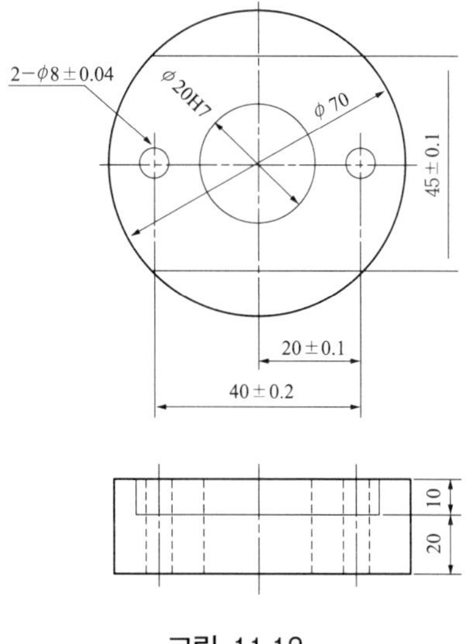

그림 11.12

형판지그 설계

12장

그림 12.1의 INDEX LOCKING PLATE 부품 제작 도면의 $\phi5$ 구멍 2개를 뚫는데 사용할 지그설계에 대하여 알아본다. 표 12.1은 이 부품 가공에 대한 공정요약으로 $\phi5$ 구멍 드릴 가공은 30공정에서 이루어지고 있다.

표 12.1 공정요약

공정번호	공정명	장비번호	장비명	부서	개정기호	개정자	일자	비고
10	$\phi30\times8.5$로 선삭	68-11	터릿선반	선반				
20	8mm두께로 선삭	68-11	터릿선반	선반				
30	$\phi5$ 구멍 2개 가공	66-12	탁상드릴머신	드릴				
40	$\phi5$ 구멍 카운터 싱킹	66-12	탁상드릴머신	드릴				
50	6×6 홈가공	37-10	수평밀링머신	밀링				
60	버제거			다듬질				
70	검사			QC				
작성	일자	재료 SM20C		부품명 INDEX LOCKING PLATE			부품번호	
승인	일자	고정요약 (SUMMARY OF OPERATION)					매중 : 매 1 : 1	

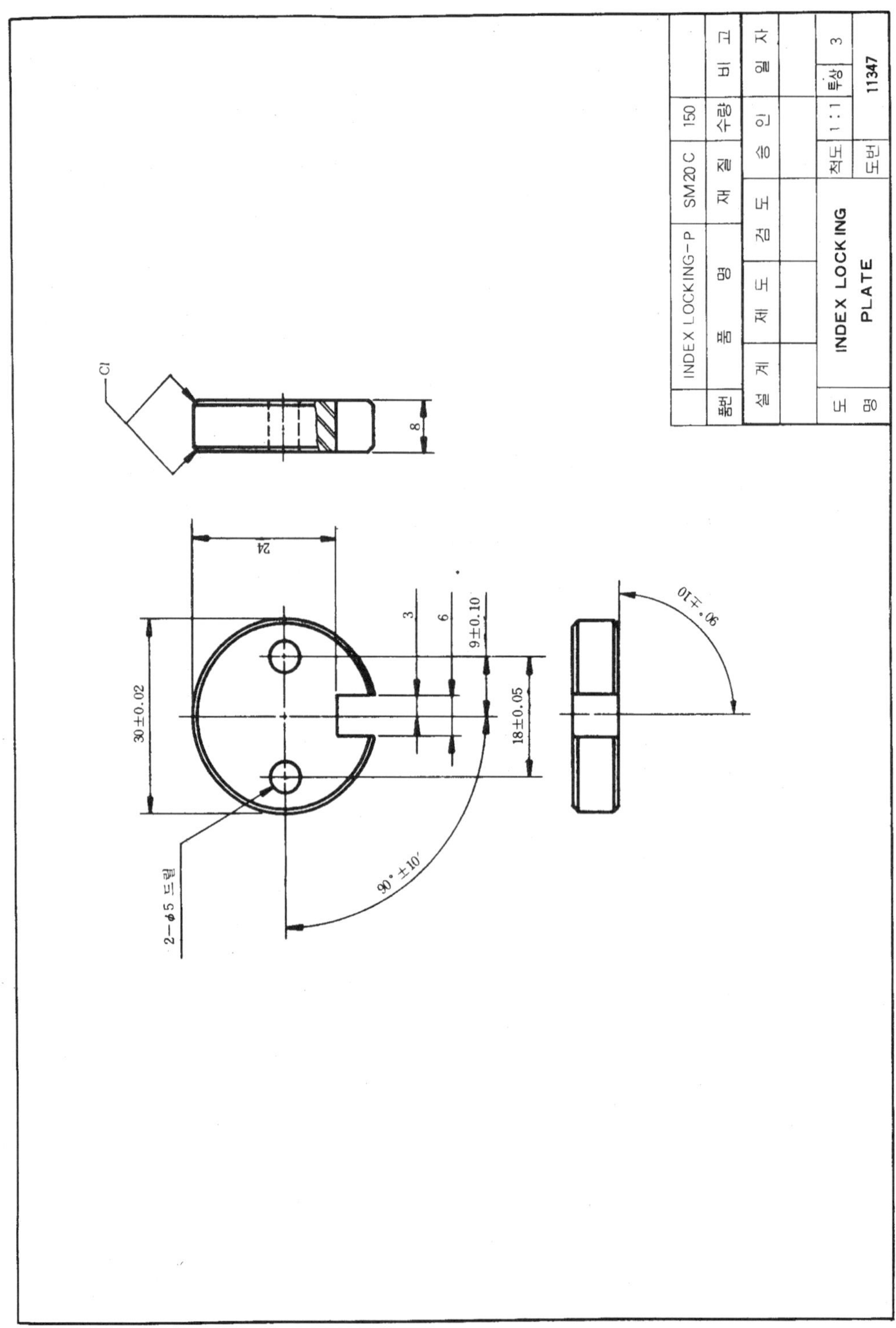

그림 12.1 부품 제작도면

12.1 형판지그 (template jig)

형판지그는 지그 중 구조가 가장 단순한 지그로 개방형 지그다. 형판 지그는 크램프 없이 가공물에 밀착하여 가공물의 형상에 따라 핀이나 네스트에 의해 고정하여 가공을 한다. 그림 12.2는 핀으로 고정하고 있는 형판지그이고, 그림 12.3은 네스트에 의한 형판지그이다.

형판지그는 다른 지그에 비해 정밀도는 떨어지지만 제작비가 저렴하다. 형판지그는 간단한 형태의 가공물, 또는 단기간 사용된 소량 생산에 많이 사용된다. 또한 대형 공작물에 구멍을 뚫을 때 각각의 구멍을 금긋기 등으로 일일이 중심을 잡아 가공하는 것보다 정밀하고 일정하며 신속하게 뚫을 수 있으므로 형판지그가 많이 사용되고 있다.

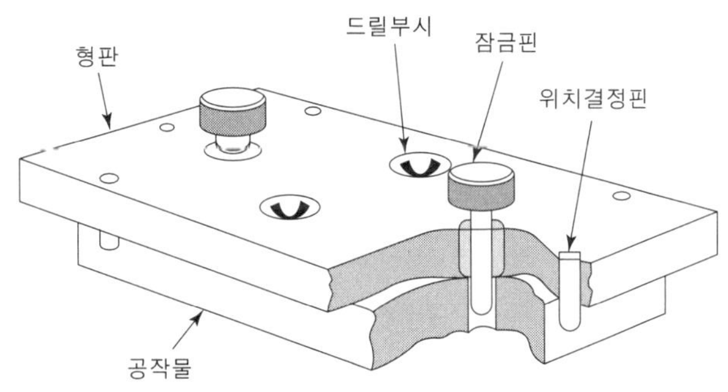

그림 12.2 평판 형판지그

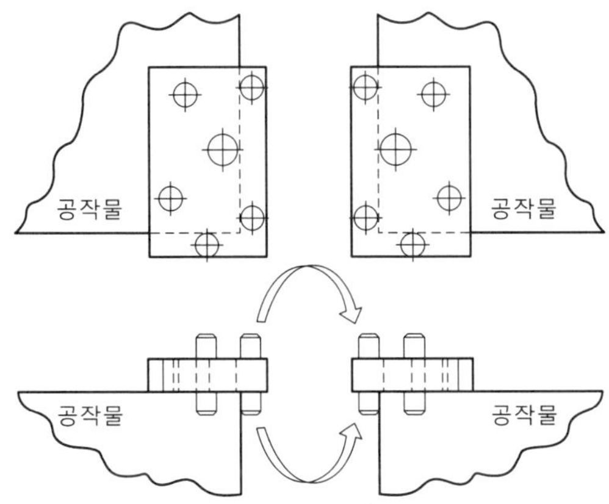

그림 12.3 반대 방향의 동일 형판

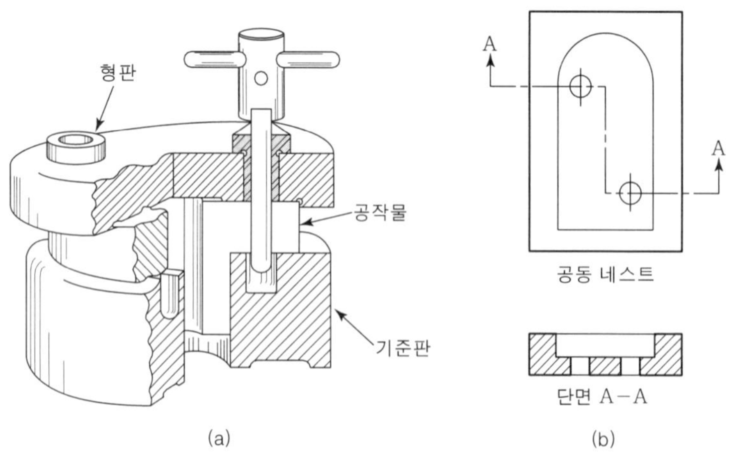

그림 12.4 템플렛 지그

형판지그는 평판형(그림 12.2), 원판형(그림 12.4(a)), 네스팅형(그림 12.4(b))등이 있는데 가공물의 형상에 맞게 사용한다. 평판형의 위치 결정은 그림 12.4(b)와 같이 가공물의 윤곽에 맞추거나 그림 12.3과 같이 핀을 사용한다. 원판형은 공작물의 원통 부분에 위치결정 한다. 네스팅은 원형, 직사각형 등 단순한 형태의 공작물에는 홈 네스팅을, 비대칭으로 복잡한 형상의 공작물에는 핀 네스팅 형태로 사용한다.

12.2 지그 설계 구상

치공구 설계에서 제일 먼저 해야 할 것은 제품 가공에 관계되는 지식을 수집하고 필요한 데이터를 수집 분석하는 일이다. 그림 12.1 부품 제작도면과 표 12.1의 공정표로부터 다음 사항을 알 수 있다.

① 외형이 원판형으로 최대지름 30.02mm, 최소지름 29.98mm 이고 두께는 최대일 때 8.1mm, 최소일 때 7.9mm인 평형 원판이다.

② 원주상에 6×6의 홈이 파여 있다.

③ Φ5 구멍 두 개가 관통으로 뚫려있고 구멍간 간격은 18 ± 0.05이며 이중 한 구멍은 제품 중심에서 9 ± 0.1의 거리에 위치한다. 이 두 구멍을 뚫는데 지그를 사용한다.

④ 제품 재질은 SM20C이다.

⑤ 총 가공 수량은 150개이다.

위의 여러면을 검토한 결과 지그 제작 비용을 줄이면서 요구되는 정밀도를 얻을수 있는 형판 지그로 하였다.

공작물의 위치 결정은 홈네스팅으로 하고 클램핑 장치는 사용하지 않으나 제1구멍과 제2구멍이 동일 중심선 상에 있도록 제1구멍을 뚫은 후 제2구멍을 뚫을 때 제1구멍에 잠금핀(locking pin)을 사용한다. 아래판은 드릴머신의 테이블을 보호하고 드릴링 끝단에서 드릴 돌출 여유가 있도록 한다.

12.3 지그 각부의 설계

1) 부시

수량이 많지 않으므로 평형 고정부시로 한다. 앞장에서와 같이 표를 이용하여 외경 길이 등 필요 호칭 치수를 정하고 공차는 내경은 G6로 드릴이 원활하게 드나들 수 있도록 하고, 외경은 p6로 하여 지그판에 억지 끼워맞춤이 되어 고정되도록 한다.

2) 윗판

윗판에는 공작물이 네스트 형태로 위치 결정할 수 있도록 원형 홈이 파여지고 부시를 설치하기 위한 구멍이 2개 뚫어지도록 한다.

1 네스팅 홈

공작물을 윗판에 끼우기 위해서는 공작물과 네스팅 홈 사이에 틈새(clearance)가 있어야한다. 이 틈새의 크기는 요구되는 공작물의 정밀도에 따라 다르다.

틈새를 많이 주면 공작물의 설치는 용이하나 공작물이 네스트 안에서 움직이게되어 뚫려지는 구멍의 위치 오차가 커져 불량품으로 가공될 수 있다. 틈새가 너무 작으면 정밀도는 유지되겠지만 가공비가 많이 들고 공작물의 설치 및 제거가 원활치 못하게 된다. 그러므로 정밀도에 지장이 없는 범위에서 틈새는 크게 주는 것이 좋다.

여기서는 Φ5구멍이 가공물의 중심선에서 9 ± 0.1을 벗어나지 않도록 틈새가 주어져야 한다. 네스팅 홈의 공차에 영향을 미치는 것으로는 제품에 주어진 공차와 부시의 사용 중 마모에 의해 생성되는 마모량을 감안하여야 한다.

❶ 부품공차가 네스트홈의 지름에 미치는 영향

부품제작도에 명시된 제품의 외경은 30 ± 0.02이고, 제품 중심과 Φ5구멍 중심사이 거리는 9 ± 0.1이다.

그림 12.5에서 보는 바와 같이 공작물은 네스트 홈내에서 최대로 0.2만큼 움직일 수 있으므로 이를 감안한다면 최대 네스트 지름은 30.22로 할 수 있다.

❷ 부시의 마모가 네스트의 지름에 미치는 영향

앞에서 계산된 최대 네스트 홈의 지름 30.22는 부시나 네스트가 조금만 마모되어도 사용할 수 없게 된다.

그러므로 마모량을 고려하여 지그의 수명을 연장하기 위해서 공작물의 최대치수가 끼워질 수 있는 허용한도 내에서 작은 허용차를 주는 것이 좋다. 네스트의 최소지름이 공작물의 최대지름보다 0.01 만큼 크다면 공작물은 이 홈안에 들어갈 수 있고 또한 홈의 깊이가 깊지 않으므로 공작물 설치에 지장이 없을 것이다.

최대 제품지름 30.02에 0.01을 더하면 그림 12.6처럼 네스팅 홈의 지름은

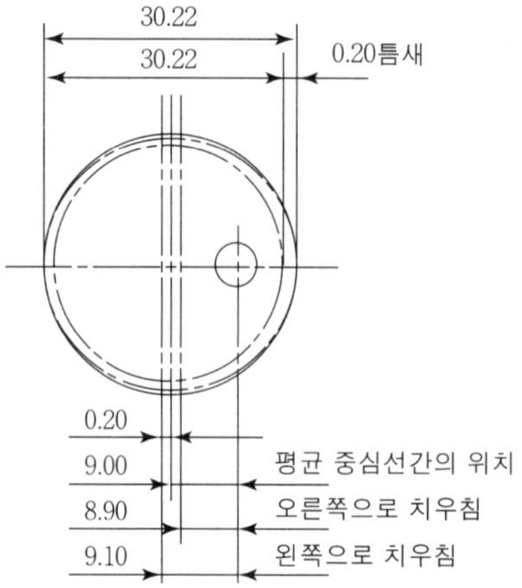

그림 12.5 홈내에서 공작물의 움직임

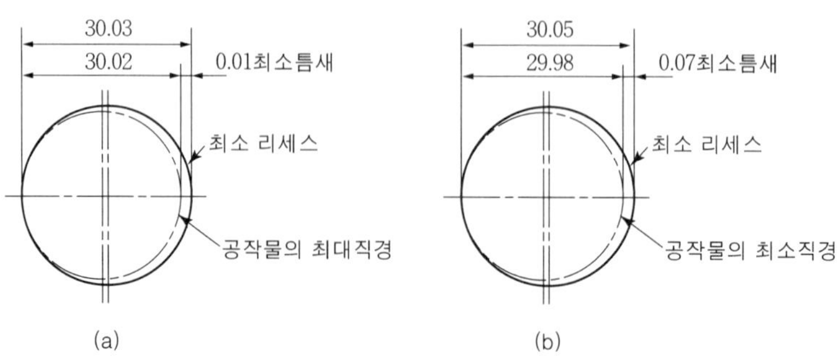

그림 12.6 최대 틈새와 최소 틈새

30.03이 되고 여기에 제작 공차 0.02를 허용하면 최대 네스트 홈 지름이 30.05가 되어 제품 최소 지름인 29.98일 때 0.07만큼의 뜸새가 생긴다.(그림 12.6(b))

2 부시의 위치

부시의 위치는 제품에서 요구되는 곳에 구멍이 뚫릴 수 있도록 위치해야 한다. 즉 첫 번째 구멍은 제품 중심에서 9±0.1만큼 떨어지고, 두 번째 구멍은 첫 번째 구멍에서 18±0.05의 위치에 구멍이 뚫릴 수 있도록 위치하여야 한다.

❶ 부시 설치 구멍의 위치가 네스트 홈 지름에 미치는 영향

제품 도면의 ϕ5드릴 구멍은 제품중심으로부터 9±0.1의 범위 내에 뚫려 져야 한다. 여기서 최대 네스트지름 30.05안에 공작물의 최소 지름인 29.98의 공작물이 끼워졌다면 그림 12.7에서 보는 바와 같이 최대 0.07의 틈새가 발생하여 공작물의 중심선은 틈새 0.07의 1/2인 0.035만큼 지그(네스트홈)의 중심선에서 좌우로 치우칠 수 있게 된다. 그림 12.7(a)와 같이 공작물이 좌측으로 네스트면에 접촉할 때 공작물의 중심선은 지그 중심선에서 좌측으로 0.035 떨어진 위치에 있다. 공작물의 중심에서 한 구멍까지의 최대 거리가 9.1이므로 9.1-0.035=9.065가 된다. 이 거리는 틈새 0.07에서 허용할 수 있는 최대 거리가 된다.

그림 12.7(b)와 같이 공작물이 우측 네스트 면에 접촉하면 중심선은 오른쪽으로 0.035만큼 치우치게되고 공작물 중심으로부터 구멍의 중심까지의 최소거리가 8.9이므로 8.9+0.035=8.935가 된다. 여기에 마모여유를 0.015로 한다면 최대거리는 9.05이고, 최소거리는 8.95가 된다. 즉 네스트 홈의 중심에서 부시구멍은 9±0.05의 범위 내에 있어야 한다.

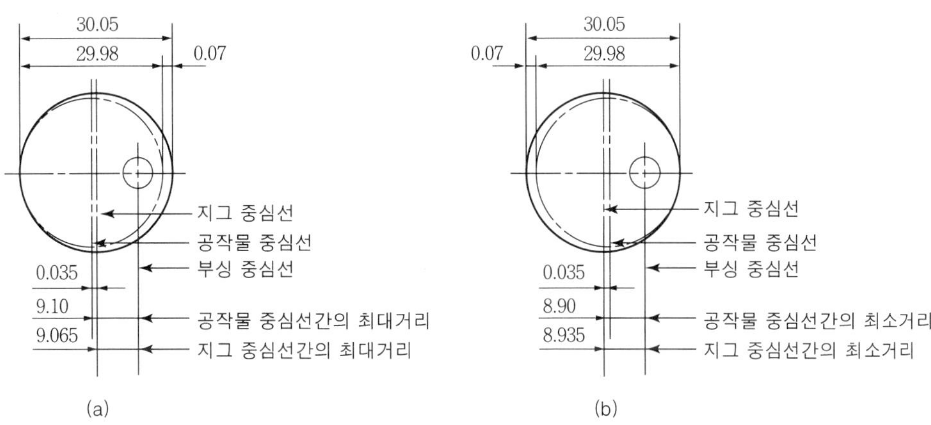

그림 12.7 부시의 위치

③ 부시 구멍의 중심간 거리

제품도면에서 구멍간 거리가 18±0.05이므로 공차의 40%를 적용하여 18±0.02로 한다. 이 값은 부시의 마모여유와 설치 및 가공오차를 충분히 보완할 수 있다.

④ 네스트 홈 지름에 영향을 미치는 요인

최소 틈새인 0.01은 공작물의 설치 제거에 어려움이 있을 수 있다. 그러나 이 경우는 그리 흔하지 않은 최악의 경우이다. 공작물의 지름은 30.02에서 29.98로 0.04의 변동폭이 있으므로 평균값인 30.00에 가깝게 된 것이 많게되고 네스트 홈 역시 30.03에서 30.05의 평균값인 30.04로 제작될 것이다. 이들 평균값으로 계산되는 틈새는 30.04(네스트 홈 지름) - 30.00(공작물지름) = 0.04(틈새)가 된다. 0.04의 틈새는 네스트 홈에 공작물을 설치하고 제거하는 데 어려움이 없다.

다음으로 공작물과 네스팅 홈 사이의 틈새 0.04가 제품에 주어진 공차 9±0.1을 벗어나는가를 검토하여 보면 ±0.1은 기준치수 9로부터 좌우로 0.1만큼 움직일 수 있다는 것을 의미하며 이 0.1허용 범위에서 0.02(틈새가 0.04일 때 중심선의 치우침 량)을 빼면 구멍의 중심간 거리가 0.08만큼 변할 수 있다는 것을 알 수 있다. 부시의 설치 오차를 ±0.05으로 잡으면 0.08-0.05=0.03의 여유를 확보할 수 있게 되므로 틈새 0.04는 만족한 값이 된다. 도면에 명시된 공차치수가 모든 경우에 만족되는가를 다음과 같이 검토한다. 네스트 홈과 공작물과에 최대 틈새는 홈 최대치수 30.05에서 공작물의 최소지름 29.98인 경우로 0.07이다. 틈새 0.07은 공작물의 중심이 네스트 홈 중심에서 0.035만큼 최대로 치우침이 발생한다. 이때의 부시의 마모 허용치는 다음과 같이 계산된다.

❶ 틈새만 고려한 경우

0.1(구멍위치에 허용되는 값) - 0.035(공작물 중심의 치우침량) = 0.065

즉 부시의 마모 여유는 0.065까지 허용된다.

❷ 부시 설치 구멍의 오차를 고려한 경우

0.065(위의 마모 여유) - 0.05(부시 설치 구멍의 허용 오차) = 0.015

즉 부시의 마모여유는 0.015로 통상 적용하는 0.015값에 만족된다.

⑤ 네스트 홈 깊이

제품의 두께와 네스트 홈 입구의 모떼기, 칩이나 불순물의 빠짐 여유 등을 고려하여 충분한 위치결정을 할 수 있도록 한다. 실제 위치결정을 위해 접촉되는 면은 그림 12.8의

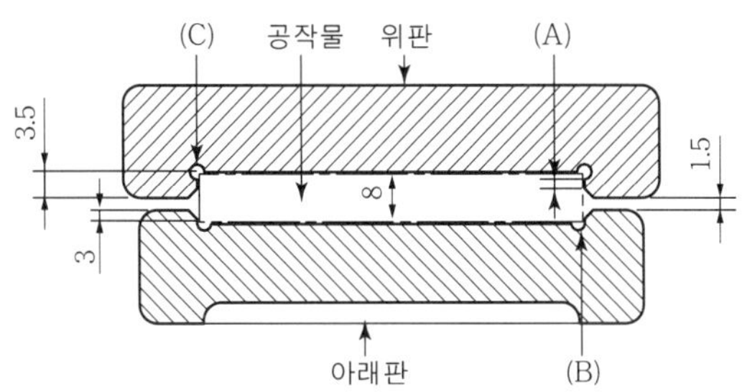

그림 12.8 공작물과 지그 관계

A부가 된다.

공작물을 네스트 홈에 용이하게 설치할 수 있도록 C1로 모떼기하고, R2의 칩여유 홈을 모서리에 둔다.

6 윗 판의 두께

윗 판의 두께는 홈 깊이와 부시 길이 합으로 결정되며 홈 깊이를 3.5로 하면 부시 길이 12를 더한 15.5가 된다.

7 부시 설치 구멍

Φ5구멍용 부시의 외경이 10mm이므로 구멍의 호칭치수는 10이고 부시와 끼워 맞춤은 구멍 기준식으로 하여 도면상 기입치수는 10H7이 된다.

8 윗 판의 외경

외경은 내경을 고려하여 뒤틀림이나 변형이 일어나지 않을 정도면 충분하다. 외경은 가능한 원 소재 외경 크기로 하여 기계가공 시간을 줄인다.

9 재질

지그판은 크게 마모가 되지 않으므로 비교적 가공이 용이한 SM45C의 기계구조용 탄소강을 사용하였다.

10 지그 관리 번호 표시

식별이 용이한 곳에 치공구 번호, 제품 번호 등을 새겨 지그 관리를 편리하게 한다.

11 보관을 위한 구멍

지그 중앙에 Φ3구멍을 뚫어 공작물이 잘 빠지지 않을시 구멍을 이용하여 밀어 낼 수 있고 사용하지 않을 시 다른 부품과 묶어 보관할 수 있도록 한다.

3) 아래판

1 네스팅 홈의 크기

홈에는 공작물의 크기가 최대일 때에도 끼워져야 하므로 공작물의 최대 지름치수 보다 홈의 최소치수를 약간 크게 하면 되는데 제품의 최대치수는 30.02이므로 이 치수보다 크면 된다. 그러나 공작물의 설치 및 제거를 원활히 하기 위해 $30^{+0.15}_{+0.05}$로 충분한 크기로 한다.

2 홈의 깊이

깊이를 3으로 하고 입구에 C1의 모떼기를 하였다.

3 안쪽 모서리의 칩 대책

칩이나 불순물의 낌을 방지하기 위한 홈을 파준다. 위 판보다는 아래 판에 공작물과의 틈새를 많이 주었으므로 그림 12.8의 B처럼 위 판과 약간 다르게 하였다.

4 드릴 끝단의 돌출 공간

작업 끝단에서 드릴의 돌출시 아래판과 간섭이 일어나지 않도록 하는 공간으로 폭은 드릴 지름 보다 커야하고 깊이는 드릴지름의 1/3보다 깊어야 한다. 폭 5.5 깊이 5는 이 작업에 충분한 값이 된다.

5 밑면

아래판의 밑면은 칩이 끼는 면적을 줄여주고 공작물이 접촉되는 아래판의 홈의 밑면은 서로 평행이 되게 하는 것이 중요하다. 그렇지 않으면 가공된 구멍이 공작물의 양면에 대해 수직이 되지 않을 것이며 위 판의 부시 중심도 드릴 중심선과 일치하지 않게 되어 부시의 마모가 심하게 된다.

6 외경

아래판의 외경은 윗 판의 외경보다 약간 작게 하여 공작물의 설치 및 제거시 위아래 판의 분리를 용이하게 하였다.

7 재질

윗판과 동일한 SM45C로 하였다.

4) 잠금핀(lock pin)

첫 번째 구멍을 뚫은 후 두 번째 구멍을 뚫을 때 위치 결정 역할을 하는 핀이다.

1 지름

핀의 지름은 부시 내면 지름과 같은 크기가 되고 허용되는 틈새 공차는 -0.005~-0.010이다. 만약 공차를 너무 크게 하면 가공시 공작물이 지그 내에서 움직이게되고 구멍간 중심거리 18±0.05를 유지하기 어렵다.

2 길이

핀을 끼울 때 부시와 공작물을 완전히 통과할 수 있어야 한다. 여기에 핀을 잡고 끼우고 뺄 수 있는 손잡이 부를 더한 것이 최소 길이가 된다.

끝 부분은 끼움을 용이하게 할 수 있도록 둥글게 하였고, 쉽게 빼낼 수 있도록 굽어지게 하였다.

3 재질

핀은 마모가 크므로 내마모성이 큰 드릴 봉재를 경화처리하였다.

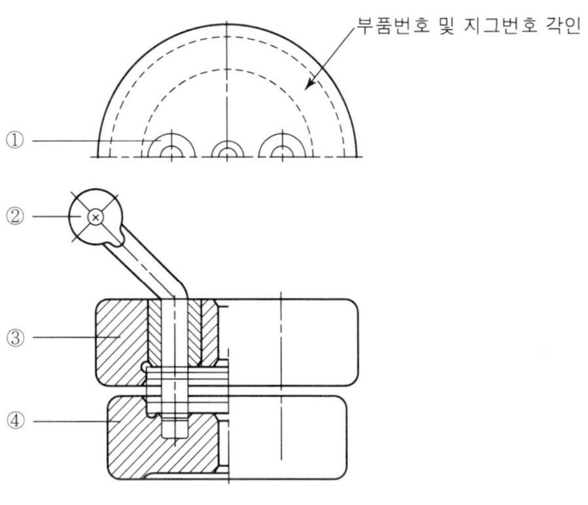

그림 12.9 지그 설계도면

연습문제

그림 12.10의 LOCK부품 가공에서 40공정에 필요한 고정구를 설계하라.

표 12.2 LOCK부품의 공정 요약

공정 번호	공정명	장비 번호	장비명	부서	개정 기호	개정자	일자	비고
10	ϕ85봉재를 22mm 두께로 절단	68-11	연마석 절단기	절단실				
20	20mm두께로 면삭	68-14	선반	선반				
30	ϕ30×10 돌기부 가공	66-11	선반	선반				
40	ϕ10구멍 2개 드릴링	66-12	드릴머신	드릴링				
50	돌기에 10×8 홈 가공	37-10	밀링	밀링				
60	버 제거			다듬질				
70	검사			QC				
작성	일자	재료 SM20C		부품명 LOCK			부품번호	
승인	일자	고정요약 (SUMMARY OF OPERATION)					배중 : 매 1 : 1	

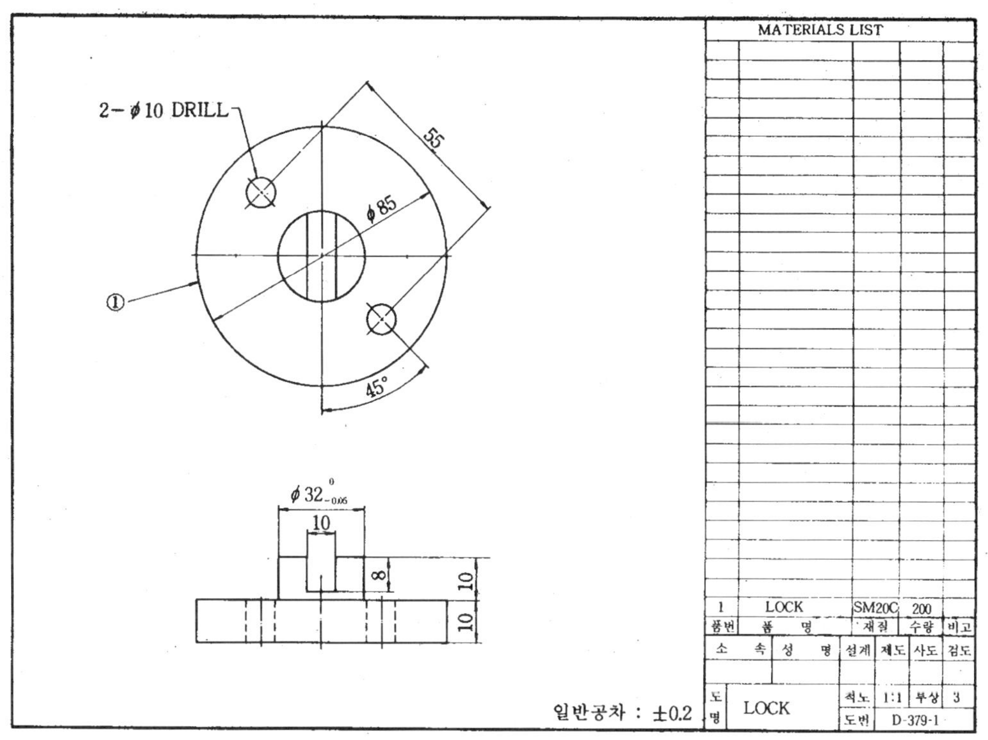

그림 12.10 LOCK의 제작도

테이블 지그 설계

13장

그림 13.1의 COVER PLATE 부품 제작도면에서 모서리 부위에 있는 4개의 구멍을 ϕ4.2×깊이 8로 드릴링 및 카운터 싱킹 후 M5로 태핑하는데 사용할 지그 설계에 대하여 알아보기로 한다. 표 13.1은 COVER PLATE 가공을 위한 공정 요약이다. 지그 제작에 필요한 공정은 50공정에서 이루어지고 있다.

표 13.1 COVER PLATE 부품의 공정 요약

공정 번호	공정명	장비 번호	장비명	부서	개정 기호	개정자	일자	비고
10	연삭 준비 작업	8-11	디스크그라인더	다듬질				
20	12두께로 밑면 연삭	8-11	로터리그라인더	연삭				
30	외곽 다듬질	6-12	그라인더	다듬질				
40	연삭버 제거		작업대	드릴				
50	ϕ4.2×깊이8로 드릴링 및 카운터 싱킹후 M5로 태핑	37-10	드릴머신	드릴				
60	샌드브라스팅		샌드브라스터	다듬질				
70	검사			QC				
작성	일자	재료 GC200		부품명 COVER PLATE			부품번호	
승인	일자	공정요약 (SUMMARY OF OPERATION)					매중 : 매 1 : 1	

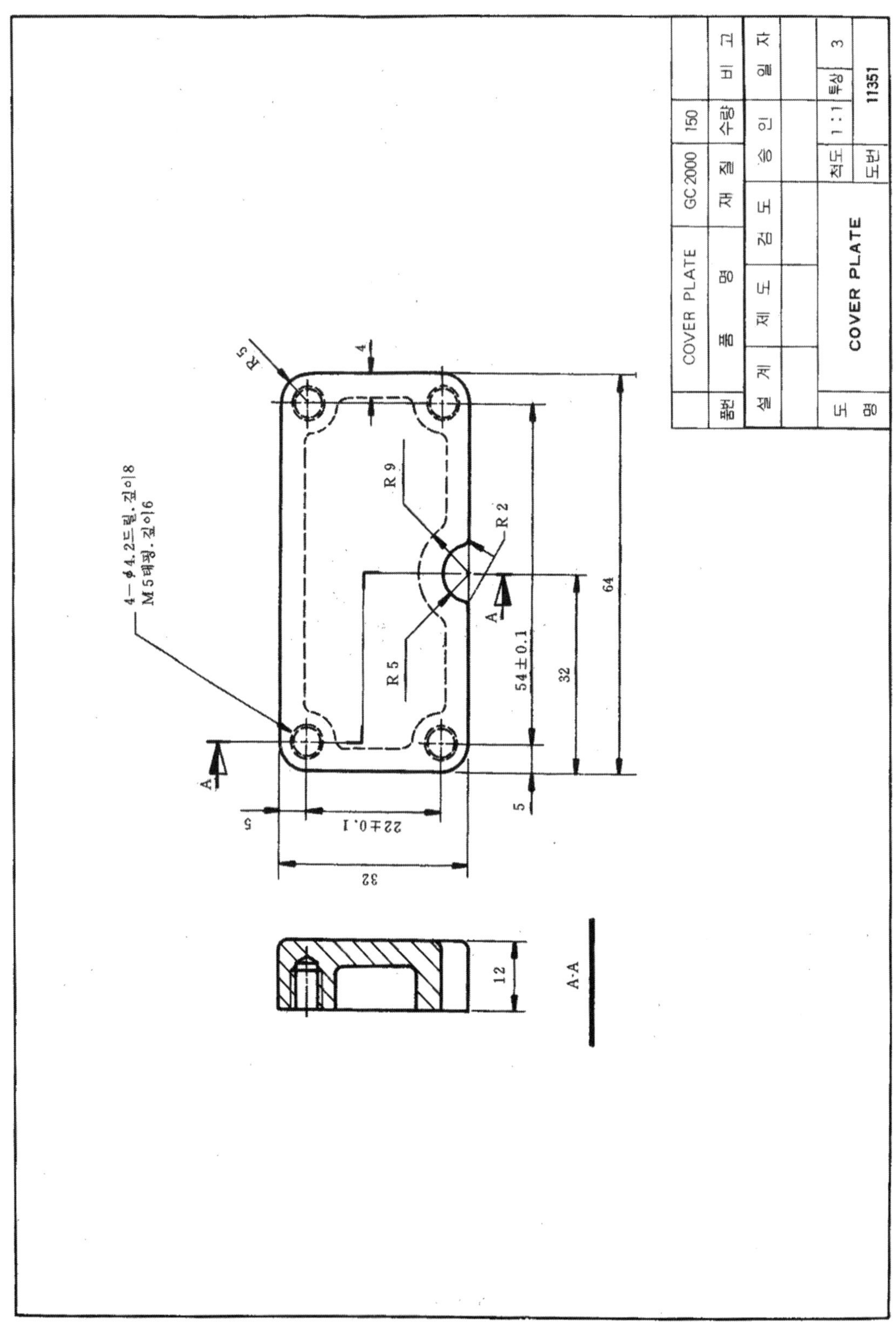

그림 13.1 부품 제작도면

13.1 테이블 지그

테이블 지그는 플레이트 지그 형태에 다리가 있는 형태로 그림 13.2와 같은 지그에서 부시가 아래판에 설치가 되어 있어 드릴링을 위해서는 지그를 뒤집어 놓고 작업이 이루어진다. 이때 다리가 없는 플레이트 지그로 한다면 부시가 있는 판을 수평으로 하기가 곤란하다. 지그판이 수평을 이루지 않으면 드릴 작업을 할 수 없다. 그림과 같이 다리를 붙혀 뒤집어 놓으면 쉽게 수평면을 얻을 수 있다. 이와 같이 다리 붙혀 드릴머신이나 밀링의 테이블에 지그를 수평으로 올려놓고 작업할 수 있는 지그를 테이블 지그(table jig)라고 한다.

한 쪽에 돌출부가 없을 때는 돌출부가 있는 한쪽에만 다리를 설치하나 공작물이 지그판의 양쪽으로 돌출하거나 프랜지형 부시를 사용하는 경우 그림 13.2와 같이 지그판의 양쪽에 다리를 설치하여 부시 머리가 테이블에서 뜨게 하고 공작물이 테이블과 평행을 이룰 수 있도록 네 개의 다리의 길이를 같게 한다.

지그다리는 네 개로 하는데 이 가운데 한 개 다리에 칩이 끼면 지그가 꺼덕거려 수평이 아님을 쉽게 알 수 있다. 그러므로 세 개의 다리는 절대로 쓰지 않는다.

그림 13.3은 각종의 지그 다리 형태이다.

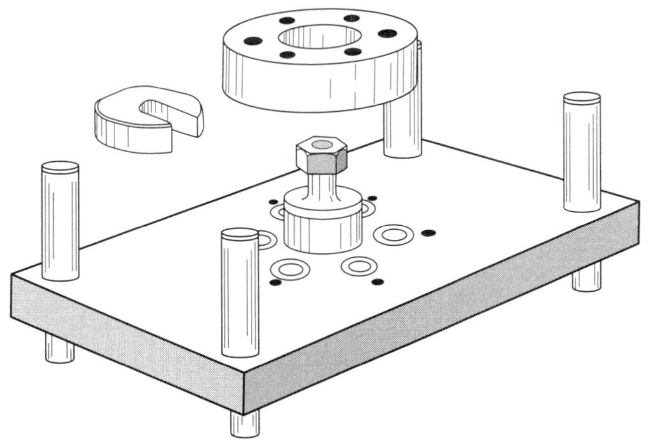

그림 13.2 양측에 다리가 있는 테이블 지그

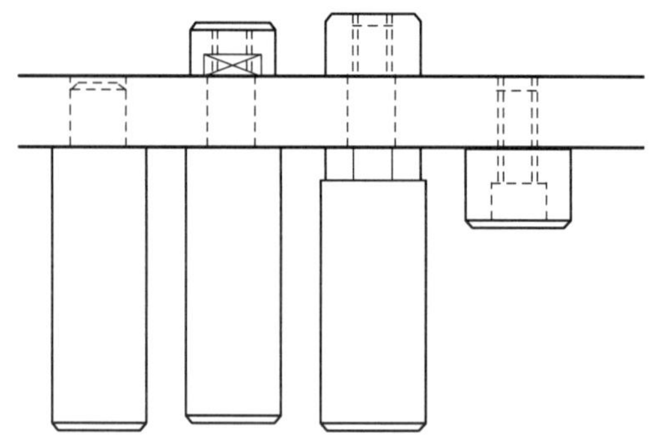

그림 13.3 각종 지그 다리 형태

테이블 지그는 개방형이므로 청소가 용이하고 공작물의 설치와 클램핑이 대체로 간단하다. 그러나 드릴 작업시 드릴링 압력이 클램프에 가해지므로 클램프의 강도와 고정력을 견고히 해야 하고 공작물의 설치 및 제거시 지그를 뒤집어야 하므로 다량 생산이나 무거운 제품의 가공에는 적합하지 않다.

13.2 설계 구상

그림 13.1의 부품도와 표 13.1의 공정도에 의해 다음과 같은 것을 알 수 있다.

① 밑면이 평편하게 연삭된 주물제품으로 육면체의 외형으로 길이 64, 폭 32, 두께 12로 되어 있다.
② 길이 방향의 중앙부에 R5의 반원 홈이 있다.
③ 네 모서리에 M5의 나사가 깊이 6으로 나있는데 막혀있는 구멍이며 M5나사 작업 전에 4.2의 드릴 구멍을 뚫는다.
④ 구멍을 뚫는 면은 구멍 뚫기 전 평면연삭 가공되어 있다.
⑤ 재질은 회주철이다.
⑥ 생산량은 150개이다.

이상의 제품가공에 관한 사항을 토대로 이에 적합한 지그로 한다.

구멍이 관통되어 있지 않으므로 한쪽 방향에서만 드릴 작업이 가능하고 또 구멍이 뚫려 있는 면이 평면으로 연삭되어 있으므로 이 면을 지그판에 대고 그림 13.4와 같이 윗쪽에서 드릴 작업을 해야 하므로 테이블 지그가 적합하고, ϕ4.2구멍을 뚫은 후 공작물을

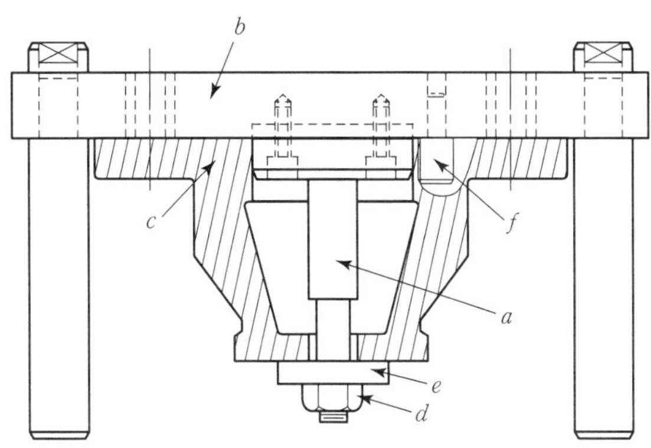

그림 13.4 테이블 지그

빼내지 않고 M5탭 가공까지 할 수 있도록 라이너 부시와 삽입 부시를 채용한다. 반원 노치 부를 이용하여 공작물의 중심을 잡도록 하고 제품이 주조품이므로 치수 변화에 대비하여 위치 결정구는 조절 위치 결정구로 한다.

클램프, 위치 결정구, 공작물이 부착된 지그판의 아래쪽에 길이가 긴 주 다리를 배치하고 공작물을 설치와 제거시 지그를 뒤집었을 때 삽입 부시와 부시 고정나사 머리가 테이블에 닿지 않도록 위쪽에 짧은 보조 다리를 설치한다.

13.3 지그 각부의 설계

1) 부시

다 공정의 작업이 한 지그에서 이루어질 때 부시를 갈아 끼울 수 있는 머리부에 너링되어 있는 삽입 부시가 사용된다. 이 부시를 안내할 라이너 부시는 지그판에 억지 끼워맞춤 되어 있다.

부시 고정나사는 부시가 드릴 작업중 드릴과 함께 회전하는 것을 방지하기 위해 필요하며, 삽입 부시는 제거와 설치가 용이한 회전형 삽입부시로 하고 구멍은 4개지만 같은 크기이므로 한 개의 부시으로 작업이 가능하다.

일반적으로 탭작업이나 카운터 싱킹작에는 안내용 부시를 사용하지 않는데 그 이유는 이미 뚫려있는 구멍이 탭이나 드릴의 안내 역할을 하기 때문이다.

삽입 부시의 내경은 ϕ4.2G6, 즉 $\phi 4.2\,^{+0.012}_{+0.004}$이고 외경은 표 5.2에서 구하면 ϕ10m5, 즉 $\phi 10\,^{+0.09}_{+0.04}$가 된다. 부시의 길이는 16으로 한다.

라이너 부시의 내경은 $\phi10G6$, 즉 $\phi10^{+0.014}_{+0.005}$이고, 외경은 $\phi15p6$, 즉 $\phi15^{+0.029}_{+0.018}$이고 길이는 삽입 부시와 같은 16이 된다.

2) 위치 결정구

주물 제품은 거칠고 면이 고르지 못하므로 기계 가공된 표면에 비해 위치 결정시 일정한 기준점을 설정하기가 어려우므로 주물을 지그에 위치 결정할 때에는 다음의 원리를 고려한다.

거친 주물을 매끈하고 평편한 면에 놓을 때는 고르지 않은 표면의 높은 점들 때문에 흔들림이 있을 것이며 만약 주물이 한 면을 4점 지지로 했을 경우 칩이나 다른 불순물이 지지점에 끼게되면 공작물이 흔들리게된다. 그러나 가능한 한 멀리 떨어진 3점지지로하면 거칠고 불규칙한 표면에 관계없이 흔들리지 않게 된다. 그러므로 거친 표면은 3개의 점에 의해 위치되어야하며 4점 지지로 할 경우 그 중 하나를 조절식으로 하면 흥들림을 방지할 수 있다. 그러나 주물에 일부가 기계가공되어 있다면 기계가공면을 위치 결정면으로 이용하는 것이 바람직하다. 주물 제품은 다른 롯드 생산시 크기가 약간씩 변하므로 평균크기의 주물에 맞게 조절할 수 있는 위치 결정구를 사용한다.

조절 위치 결정구는 반원 홈의 반대편 면에 접촉하도록 하고 반원홈을 이용하여 그림 12.5(c)와 같이 V형 위치 결정을 하여 공작물이 중심위치에 오도록 한다.

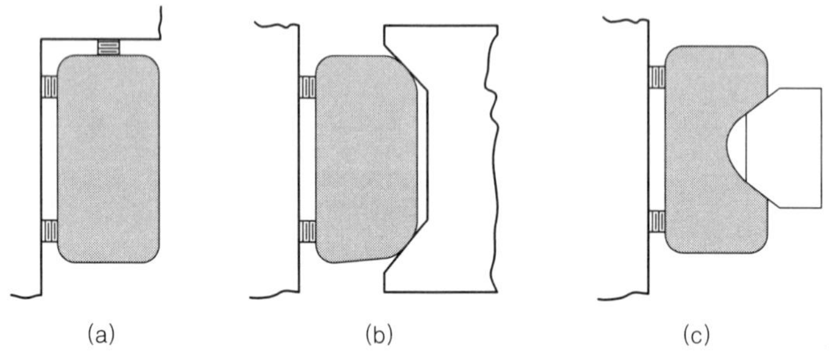

그림 13.5 주물 표면의 위치 결정

1 V형 중심 위치 결정구

V형 위치 결정구는 스프링 힘에 의해 반원홈의 안쪽으로 들어가 미는 힘을 계속적으로 유지할 수 있도록 하고 후퇴시는 너링 손잡이를 90°회전시켜 핀이 홈에 걸리게 하였다. 또한 지그판에 밀링 가공에 의한 안내 홈을 만들어 슬라이딩 할 수 있도록 하

여 아래쪽의 안내를 하도록 하고 전체적인 안내는 V형 위치 결정구의 양쪽에 안내판을 설치하여 안내할 수 있도록 한다.

안내판은 한 개의 고정 볼트와 두 개의 맞춤핀을 사용하여 지그판에 고정시키고 마모에 대비 열처리하여 사용토록 한다.

스프링에 의한 중심 위치 결정구는 공작물이 가벼워야 하며 무거운 공작물에 큰 스프링을 사용하면 스프링 작용에 필요한 힘이 크게되어 작동상 문제점이 있으므로 이때에는 나사를 이용하는 것이 좋다.

2 조절 위치 결정구

V형 중심 잡기 위치 결정구 반대편에는 나사식 조절 위치 결정구를 44mm간격으로 설치하고 접촉점은 공작물 두께의 중간보다 약간 위쪽을 지지할 수 있게 하였다. 클램핑 너트를 지그판에 설치하고 세트 스크류로 위치조절을 하도록 한다.

3) 클램프

제품의 윗면이 거칠고 또한 밑면과 윗면이 평행하다는 보장이 없으므로 작동에 여유가 많은 스트랩 클램프로 하고 작용력은 나비 너트로 조일 수 있도록 하였다. 스트랩 클램프는 주조품이나 단조품처럼 불규칙한 표면에 클램핑할 때 유용하게 쓰인다.

4) 지그 몸체

지그 몸체는 지그판과 4개의 지그 다리, 기타 보강재로 구성하고 용접 구조물로 한다. 지그판의 윗면과 아래면은 평행하게 연삭하고 지그판과 지그다리 끝면이 평행하도록 지그다리 밑면도 연삭가공 한다. 또한 지그다리의 한 쪽 옆면과 보강판의 한 쪽 옆면은 지그판에 대하여 수직이 되게 연삭하는 것이 좋은데 이는 모든 측정의 기준으로 사용되며 지그 보링 가공시 기준면으로 사용하기 위해서이다.

지그다리 길이는 지그를 테이블에 올려놓았을 때 공작물이나 다른 제품이 간섭이 일어나지 않도록 충분한 길이가 되도록 한다.

1 지그판

지그판에는 V형 위치 결정구의 안내를 위한 밀링 가공 홈, 부시 설치를 위한 구멍, 중심 위치 결정구 안내판 설치를 위한 고정나사 구멍과 맞춤 핀구멍, 조절 위치 결정구 너트 설치 구멍 및 클램프 설치를 위한 구멍 등 많은 구멍과 홈의 위치와 치수를 정해야한다. 이중 V형 위치 결정구의 안내를 위한 슬라이딩 홈과, 부시 설치를 위한 구멍의 위치 및 크기는 제품 정밀도에 영향을 미치는 것으로 크기와 위치치수는 제품에 관련된 공차 치수가 주어져야 한다.

치수 기입시 기준은 공작물의 중심위치, 즉 미끄럼 홈의 중앙이 되고 누적 공차가 생기지 않도록 기입한다.

❶ V형 위치 결정구의 안내를 위한 밀링 가공 홈

홈은 폭, 깊이 및 길이가 정해져야 한다. 이들은 V형 중심잡기 위치 결정구와 관련이 되어 정해진다. 홈 폭의 최소허용 치수는 V형 위치 결정구 폭의 최대허용치수 보다 크게 하여 미끄럼 운동이 원활히 되도록 한다. V형 위치 결정구의 폭을 $18^{+0.02}_{0}$로 하였다면 0.02정도의 최소 틈새 여유를 주고 가공 오차를 0.02로 하면 $18^{+0.04}_{+0.02}$로 된다.

❷ 부시 설치 구멍

부시 구멍에는 라이너 부시가 설치되므로 라이너 부시의 외경 호칭치수에 구멍 기준식 끼워맞춤 할 수 있도록 한다. 즉 라이너 부시의 외경이 ϕ15이므로 ϕ15H7로 된다. 부시사이의 위치 거리는 제품의 구멍간 거리가 길이 방향이 54±0.1, 폭 방향이 22±0.1이므로 지그 공차를 제품 공차의 40%로 하면 구멍간 치수는 길이 방향이 54±0.04가 되고 폭 방향은 22±0.04가 된다.

한쪽의 위치를 정하기 위하여 공작물의 중심이 되는 슬라이딩 홈의 중심에서 27±0.02의 치수를 기입한다.

치공구 설계자는 가공을 고려하여 설계가 이루어져야하는데 이와 관련된 기계가공에 대해 살펴보면 다음과 같은 것들이 있다.

① 기준면 치수 방식이 지그 보링 작업자의 편의를 위해 사용되어야 한다.
② 부시 설치 구멍은 압입 허용 공차가 부시에 있으므로 표준 크기의 리머로 리밍한다.
③ 모든 맞춤핀 구멍은 억지 끼워맞춤이 될 수 있게된 표준 핀이 있으므로 이를 고려하여 표준리머로 리밍한다.
④ 특별한 경우를 제외하고 구멍은 표준 리머로 리밍하고 끼워 맞춤공차는 구멍에 끼우는 축에 준다.

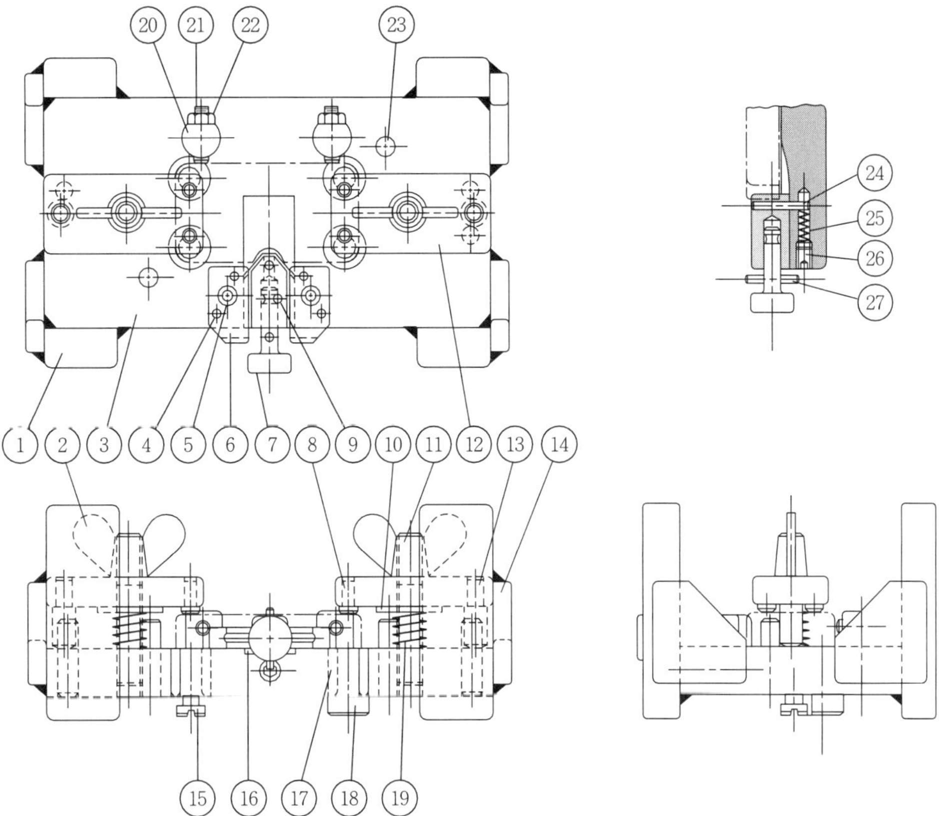

그림 13.6 테이블 지그

연습문제

그림 13.7의 END BEARING 부품 가공에서 30공정에 필요한 고정구를 설계하라.

표 13.2 END BEARING부품의 공정 요약

공정번호	공정명	장비번호	장비명	부서	개정기호	개정자	일자	비고
10	주물표면 다듬질	68-11	그라인더	다듬질				
20	$\Phi 32^{\ 0}_{-0.05} \times 3$ 선삭	68-14	선반	선반				
30	4개 구멍의 $\Phi 4.2$ 드릴링 및 M5탭핑	66-11	4축 드릴머신	드릴링				
40	버 제거			다듬질				
50	샌드브라스팅	7-14	샌드브라스팅 머신	다듬질				
60	검사			QC				
작성	일자	재료 GC200		부품명 END BEARING			부품번호	
승인	일자	고정요약 (SUMMARY OF OPERATION)					매중 : 매 1 : 1	

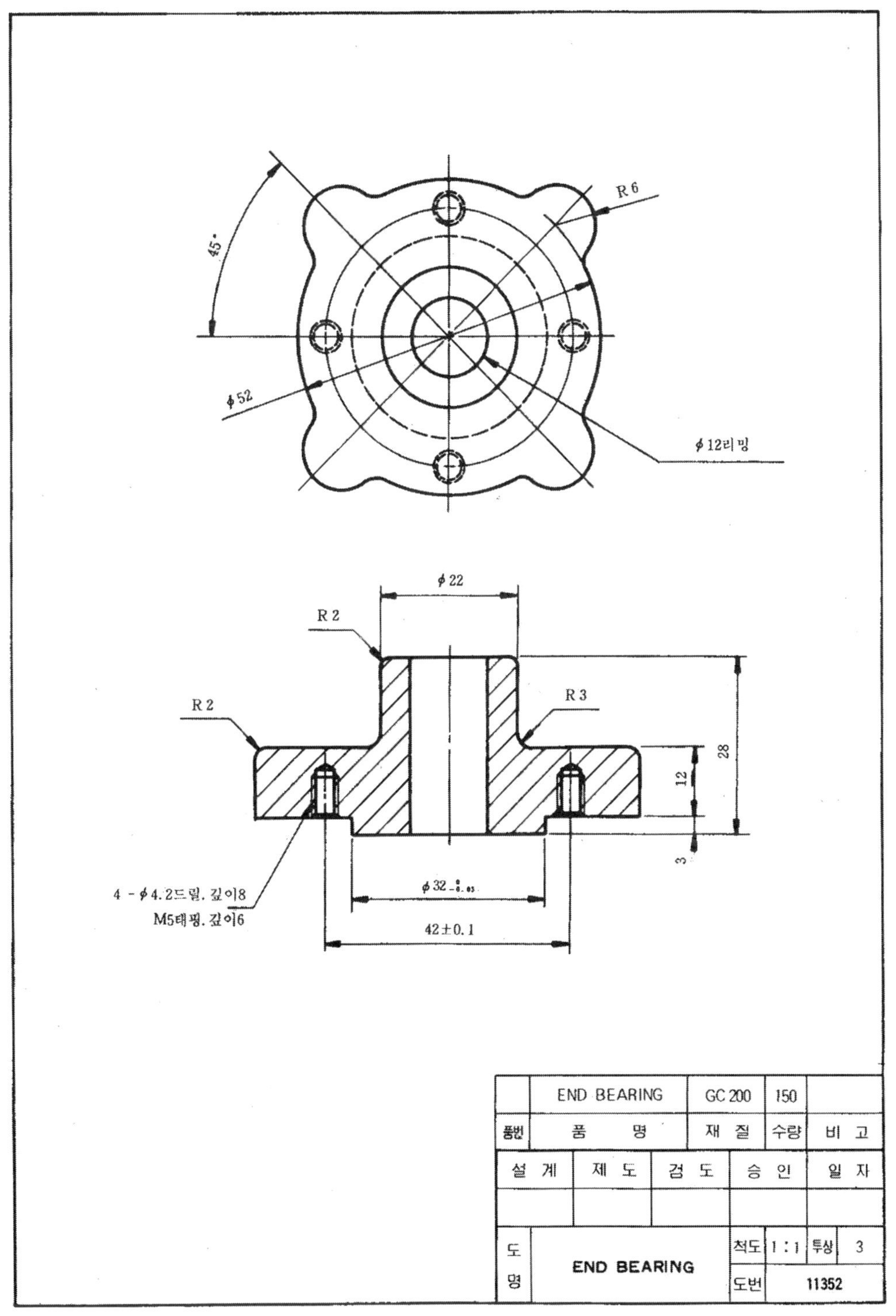

그림 13.7 END BEARING의 제작도

용접 지그 설계

14장

그림 14.1의 TUBE FLANGE 제작에 튜브와 플랜지를 용접에 사용할 용접 지그설계에 대하여 알아본다. 표 14.1은 이 부품 가공에 대한 공정요약으로 용접은 20공정에서 이루어지고 있다.

표 14.1 공정요약

공정번호	공정명	장비번호	장비명	부서	개정기호	개정자	일자	비고
10	부품 인출	21-11		창고				
20	용접	23-11	아크용접기	제작				
30	ϕ13 구멍 드릴 가공	23-12	드릴프레스	제작				
40	검사	23-12		QC				
50	입고	21-10		창고				

작성	일자	재료 SM20C	부품명 TUBE FLANGE	부품번호
승인	일자	공정요약 (SUMMARY OF OPERATION)		매중 : 매 1 : 1

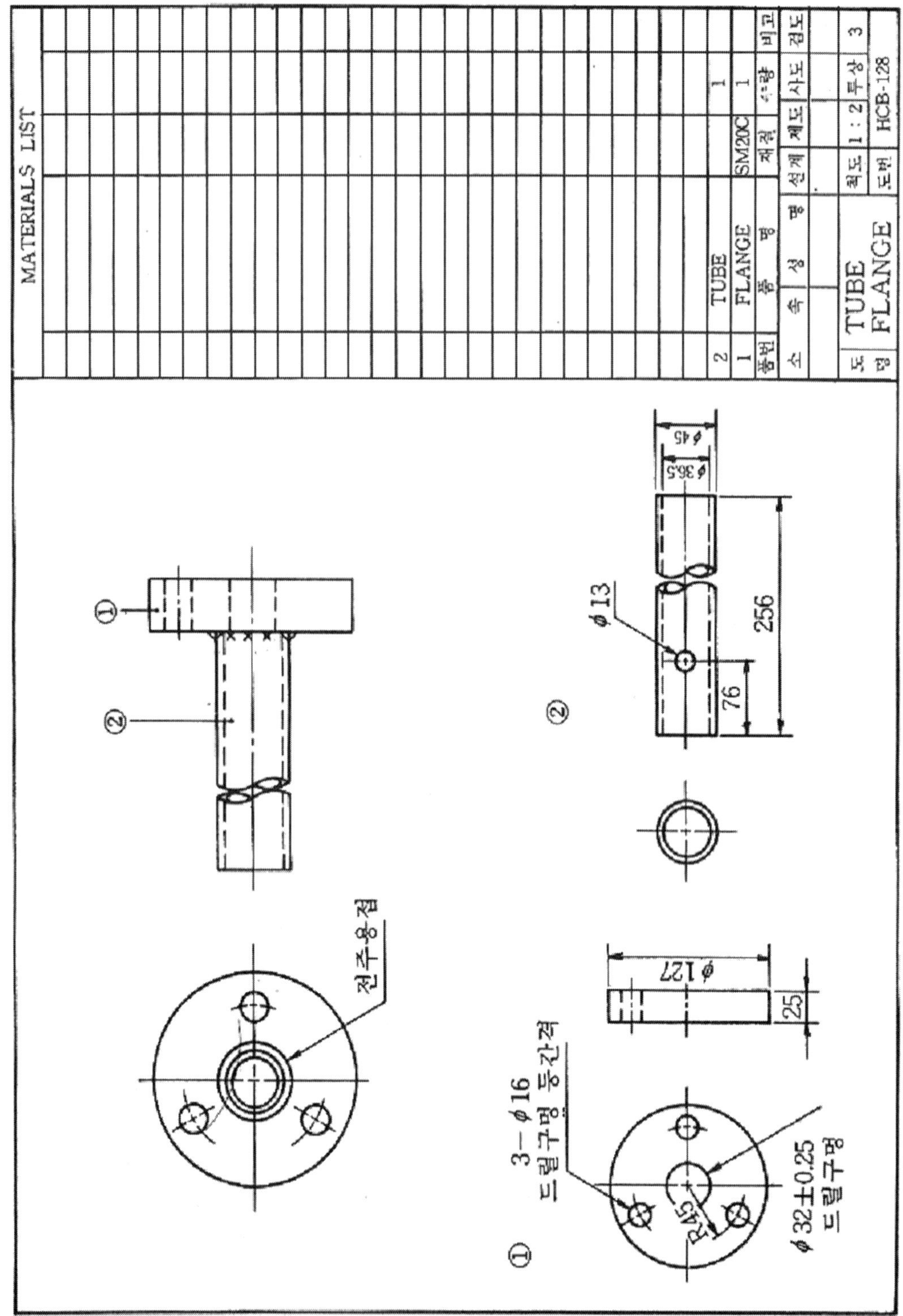
MATERIALS LIST
2 TUBE 1
1 FLANGE SM20C 1
품번 품명 재질 수량 비고
소속 설계 제도 사도 검도
도명 TUBE FLANGE
척도 1 : 2 투상 3
도번 HCB-128
①
3－φ16
드릴구멍 등간격
R45
φ32±0.25
드릴구멍
φ127
25
전주용접
②
φ13
76
256
φ36.5
φ45

그림 14.1 부품도

14.1 용접지그

용접은 금속접합에 있어서 경제적이고 효율적인 방법 중의 하나다. 그러므로 산업현장에서 부재 이음에 많이 적용하고 있다. 그러나 용접에는 높은 열이 사용되고 있어 제품에 변형 등 결함이 발생되어 문제가 되고 있다. 용접에서 지그와 고정구의 사용은 이런 문제를 감소시키거나 제거하는데 큰 역할을 하고 있다.

용접에 있어서 지그와 고정구의 의미는 기계가공에 사용되는 지그와 고정구의 의미와는 좀 다르게 적용되어 지그는 공작물의 위치고정을 하는 공구이고, 고정구는 공작물을 축을 중심으로 회전시키는 공구이다.

용접 지그나 고정구는 표준재료를 용접하여 만들 수 있는 구조로 설계한다. 표준재료인 판, 앵글, 파이프, 찬넬 등 단면재를 사용하므로서 단가를 낮추고 설계의 유연성을 증대시킬 수 있다.

부품의 위치설정이나 정열에 사용되는 기계 가공된 부품은 공구의 단가를 증대시키므로 될 수 있는 내로 최소화시키는 것이 바람직하다.

1) 용접지그 및 고정구 형식

수많은 형태의 용접 지그 및 고정구가 사용되고 있으나 이들은 기본적으로는 가접용, 용접용, 고정용으로 구분된다.

가접용 지그와 고정구는 어셈블리의 부품들을 가접이 가능하도록 적절한 위치에 설치 되도록 고정하는 구조이다. 이들은 일반적으로 용접시 뒤틀림이나 굽힘을 방지하기 위하여 여러 곳에서 잡아주어야 할 어셈블리 용접에 사용된다.

가접 지그나 고정구에서 조립된 부품은 가접 후 옮겨 특별공구를 사용하지 않고 용접을 완료하거나 또는 다른 지그나 고정구로 옮겨 용접한다.

용접지그나 고정구는 용접 위치에 어셈블리의 부품을 고정하는데 사용한다. 용접과 가접의 차이는 용접하는 양에 차이로 가접은 용접시 발생하는 굽힘이나 변형을 방지할 목적으로 적절한 간격을 두고 점 형식으로 용접하는 것이다. 가접 공구는 단지 부품을 가접할 때에 사용하고, 용접 지그나 고정구는 두 개의 부품을 완전하게 용접하는데 사용한다.

용접 지그나 고정구는 일반적으로 가접 공구 보다 튼튼하게 만들어 용접시 발생하는 응력에 대처할 수 있도록 견고한 구조로 한다.

고정 지그나 고정구는 가접한 어셈블리를 완성 용접하는데 사용한다.

고정 지그나 고정구는 용접공구와 같이 굽힘이나 변형을 방지할 수 있는 충분히 견고하게 제작되어야한다.

2) 공작물의 위치결정 및 고정

기계가공에 적용되는 위치결정 및 고정의 기본 원리는 용접 공구에도 똑같이 적용된다. 물론 정밀도는 떨어지지만 부품들은 서로 적절한 관계가 유지되도록 위치하고 고정되어야 한다.

그림 14.2와 14.3은 두 가지 형태의 용접고정구로 어떻게 위치하고 고정하는가를 보여주고 있다.

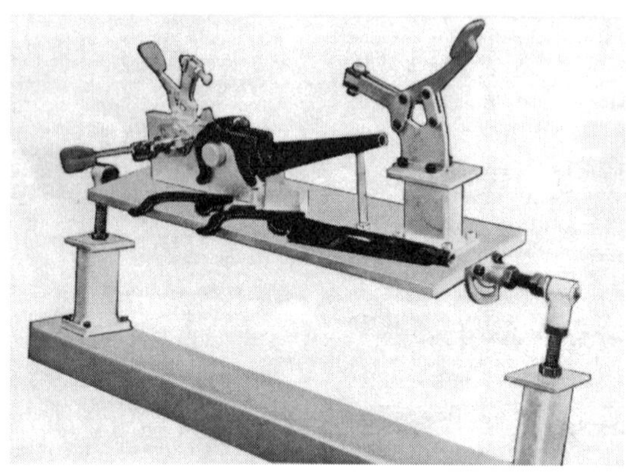

그림 14.2 용접지그

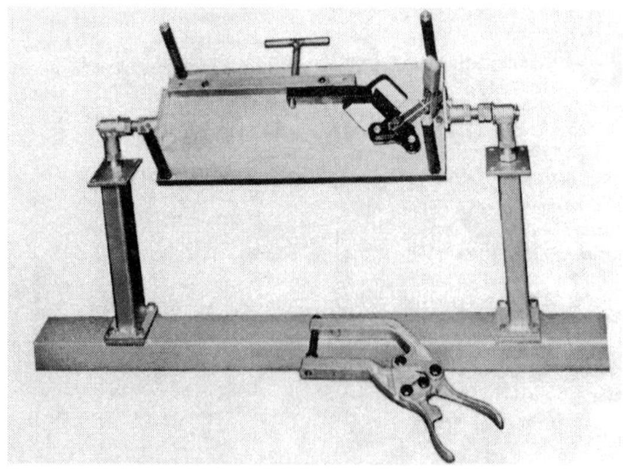

그림 14.3 회전형 용접지그

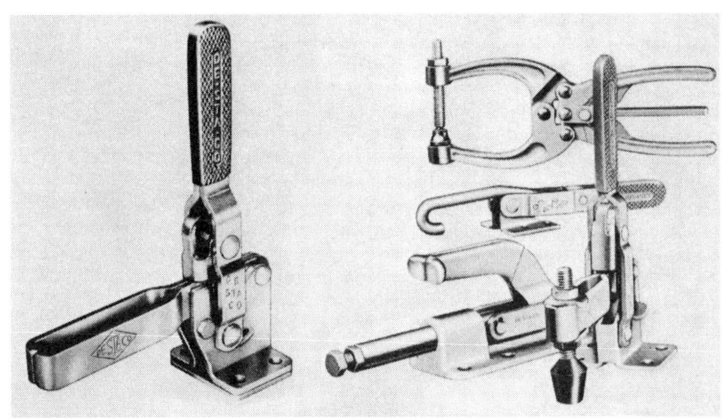

그림 14.4 각종 토글 클램프

용접 지그에 사용되는 클램프는 그림 14.4와 같은 토글(toggle)클램프가 널리 사용되고 있다.

3) 용접지그 설계에 고려할 사항

용접지그를 설계할 때는 부품의 위치결정과 고정은 물론이고 이외도 다른 여러 인자들을 고려하여 설계되어야한다.

용접 공구에서는 열 소산이 매우 중요하다. 용접지역에 적절한 열을 유지하기 위하여 여러 방법이 사용되고 있다. 필요로 하는 열량을 결정하는 기본적인 주요인자는 모재의 재질이다.

강과 같이 열전달이 나쁜 금속의 용접에서는 용접부의 과열되는 것을 막기 위하여 여분의 열을 소산시켜야 한다. 이를 목적으로 그림 14.5(a)와 같이 구리, 티타늄, 베릴륨 등 열전달이 잘되는 재료를 삽입한 받침판에 용접부위가 위치하게 하고, 구리, 알루미늄과 같이 열전달이 양호한 재료의 용접에서는 열손실이 문제되므로 이를 방지하기 위하여 그림 14.5(b)와 같이 받침판에 홈을 파 가능한 한 모재와의 접촉면적을 적게 하여 열손실을 억제하도록 한다.

클램핑 지지대는 열을 받은 상태에서도 공작물에 변형이 발생되지 않아야 하고, 지지대에 고정력이 똑바로 미치도록 클램핑이 되게 한다.

위치결정구는 공작물의 변형에 따라 꽉 끼이지 않도록 위치시키고 필요하면 공작물을 용이하게 빼낼 수 있도록 이젝터를 설치한다.

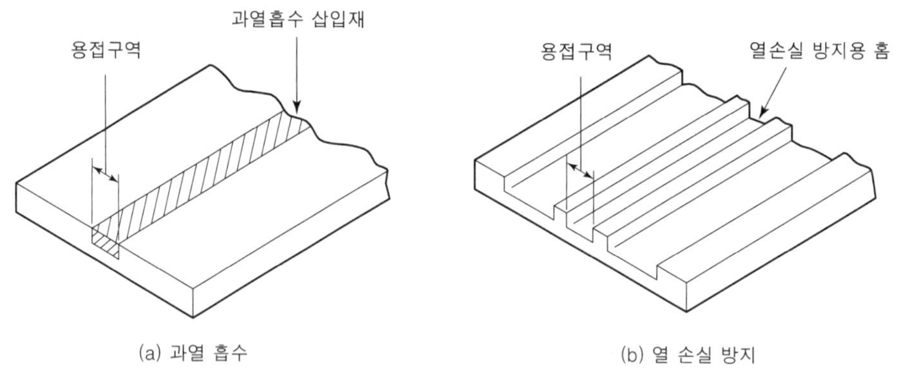

그림 14.5 용접 지그의 열 대책

용접지그에서도 다른 지그에서와 같이 방오법이 강구되어야한다. 가공할 모든 부품은 항상 올바른 가공 위치에 설치될 수 있도록 지그가 설계되어야한다.

다음은 용접지그 및 고정구 설계 요점들이다.

- 전용접이 이루어지는 동안 모재는 적절한 위치에 위치하고 고정되도록 설계한다.
- 지그와 고정구는 반복적인 용접에도 제품에 변형이 없거나 변형이 있어도 공차 범위 내 있도록 설계되어야 한다. 즉 용접후의 수축과 변형을 미리 고려하여 설계 제작한다.
- 용접구역 내에서 적절한 열로 유지되도록 한다.
- 가능한 한 모든 용접은 수평면에서 이루어지도록 한다.
- 공작물 설치는 방오법이 이루어지도록 하고, 설치와 제거가 용이하도록 한다.
- 무거운 공작물의 취급은 기계장치로 하도록 하여 작업자가 들어올리는 일이 없도록 한다.

14.2 설계 구상

이 제품은 플랜지에 튜브를 온 둘레 용접으로 접합한 구조로 고정구를 이용 플랜지와 튜브가 도면에 주어진 정확한 위치에서 접합이 될 수 있도록 가접한 후 고정구에서 빼내어 온 둘레를 용접하도록 한다.

용접작업은 하향 용접이 되도록 플랜지를 밑에 놓고 튜브를 똑바로 세워 놓고 용접하도록 한다.

플랜지는 두께 25, 외경 ϕ127mm인 원판에 중심부에 동심으로 ϕ32mm의 구멍이 있고, 튜브는 외경 ϕ45mm, 길이 256mm이다.

14.3 지그 구성 요소 설계

1) 위치 결정구

플랜지와 튜브는 수직으로 용접되므로 이 두 부품이 정확하게 수직이 되고 동심에 위치하도록 위치 결정구를 설계해야한다.

플랜지의 위치결정은 플랜지의 ϕ32구멍에 원통형 위치결정 구를 설치하고 받침으로 버튼 형식의 3개의 원형 핀을 사용한다.

ϕ32구멍의 위치결정구의 외경치수는 플랜지 구멍의 최대 실체치수인 ϕ32-0.25= ϕ31.75를 기본치수로 하고 공차는 0.5mm의 20%인 0.1mm로 하면 $\phi 31.75\ ^{0}_{-0.1}$이 된나. 길이는 플랜지가 실지되있을 때 위치 결징구 끝이 플랜지 두께의 2/3위치에 올 수 있는 길이로 한다.

튜브의 위치결정은 홈이 90°인 V블록 2개를 평행하게 설치하여 위치가 정하여 지도록 한다. V블록의 튜브 지름 방향 위치는 플랜지 위치결정 핀의 중심선과 튜브의 중심선이 일치되도록 하고, 튜브의 길이 방향위치는 베셀(vessel)점을 고려하여 전체길이가 256mm이므로 튜브 양 끝단에서 256×0.2203≒56mm되는 점에 위치되도록 한다.

두 V블록은 정확히 중심을 맞추어 튜브와 플랜지 정확히 90°가 되도록 하여야한다.

2) 클램프

이 제품의 용접은 많은 열이 나는 구조가 아니므로 많은 열응력을 받지 않아 열 변형에 대한 고려를 무시해도 되겠다. 즉 이 지그에서의 용접은 단지 튜브를 플랜지 위에 4~5개소에 가접으로 용접 작업을 끝낸 다음 공작물을 지그에서 빼내어 다른 작업대에서 용접을 하도록 되어 있다. 따라서 클램프는 양 V블록에 의하여 지지된 중간 지점에 적절한 시판용 토글 클램프를 설치하여 고정한다.

3) 본체

본체는 용접구조물로 하고 밑판에 수직판을 세우고 판 뒤쪽에 보강대를 붙이고, 반대쪽에는 토글 클램프를 설치하기 위한 판재를 양 V블록의 중간에 위치토록 하고 클램프는 용접부위에서 충분히 떨어져 있도록 하여 클램프가 열의 영향을 받지 않도록 하며 스패터에 의하여 사용에 지장을 받지 않도록 한다.

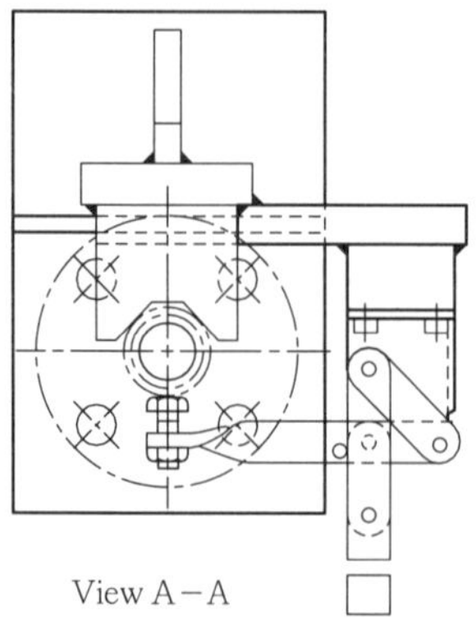

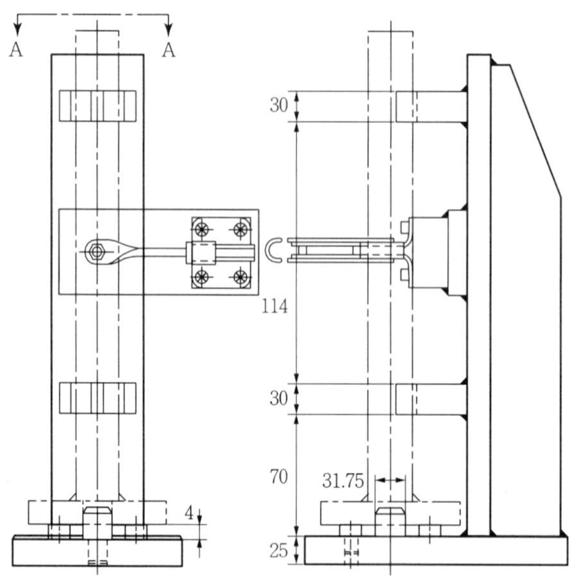

그림 14.6 용접 지그

치공구의 자동화

15장

15.1 치공구의 자동화

1) 자동화의 계획

치공구의 자동화 대상은 공작물의 고정, 분할, 설치, 제거동작으로 공기압, 유압과 각종 센서들이 자동화 수단으로 이용되고 있다.

자동화는 일반적으로 고가의 설비투자를 요하며 그 계획은 목적을 분명히 한 후에 시행되어야 한다. 치공구의 자동화를 계획할 때에는 가공품 자체에 대한 정보뿐만 아니라, 가공관련 상황, 공정에 대한 사항, 사용 기계 등의 정보를 충분히 파악하여 계획을 세우고 적절하게 이루어져야 한다.

치공구의 자동화 계획은 그림 15.1과 같이 몇 개의 항목으로 나누어 검토한다.

치공구는 간단하며 싼값으로도 제작하기도 하고 또는 고도의 기술을 충분히 발휘하여 복잡하고, 고가인 것도 제작하기도 한다. 여기서 어느 정도의 것을 제작하면 좋은가를 판단하기 위해서는 단계적인 계획을 고려하고, 시간과 코스트에 대하여 검토할 필요가 있다.

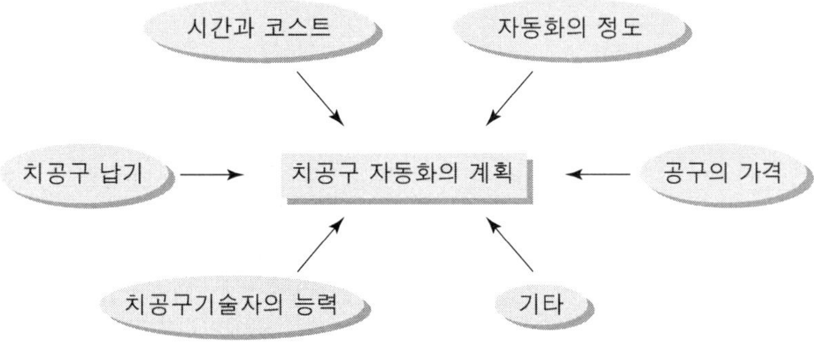

그림 15.1 치공구의 자동화 계획

수동으로 하던 작업을 자동화하게 되면 작업시간을 단축하게 되며 이로 인한 시간과 인건비를 어느 정도 절약할 수 있는가를 판단하는 것은 치공구의 자동화 계획에 도움이 된다.

자동화는 완전 무인화 시키는 것이 좋겠으나 자동화 비용 기술적 문제 등 여러 여건으로 인하여 일부는 수동으로 하여 자동화 시킨 것이 현실적으로 많이 사용되고 있다.

2) 치공구 자동화 시스템

치공구의 자동화 구성은 그림 15.2와 같이 치공구의 메커니즘 안에 클램핑 기구, 공작물의 착탈 등을 자동화가 이루어질 수 있도록 제어하고, 힘 출력 기구와 연결시켜 작동시키는 형태로 구성된다. 여기서 적당한 시점에 힘이 출력될 수 있도록 검출기가 사용되고 있다.

힘을 출력하는 기구로는 전동기, 유압 실린더, 공압 실린더, 솔레노이드 등이 주로 사용되고 있다.

그림 15.3은 실린더를 사용하여 공작물의 체결기구를 도해한 것이다. 전자 밸브로 유압이나 공압을 제어하여 실린더내의 피스톤을 작동시켜 가공품을 고정할 수 있다.

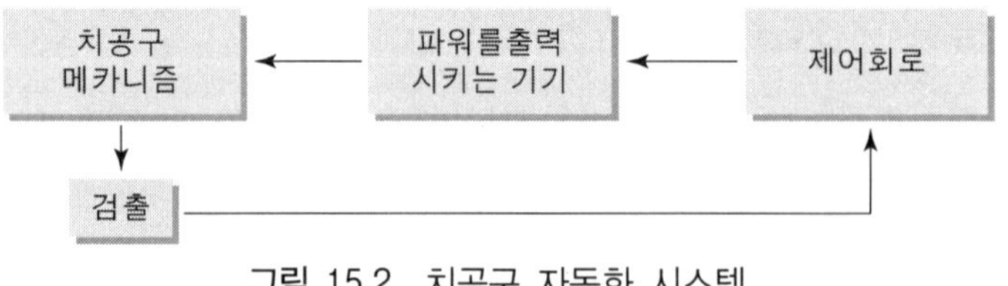

그림 15.2 치공구 자동화 시스템

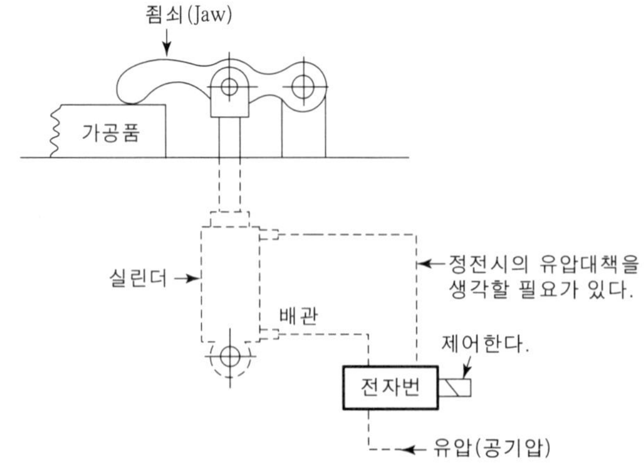

그림 15.3 체결기구 자동화 설명도

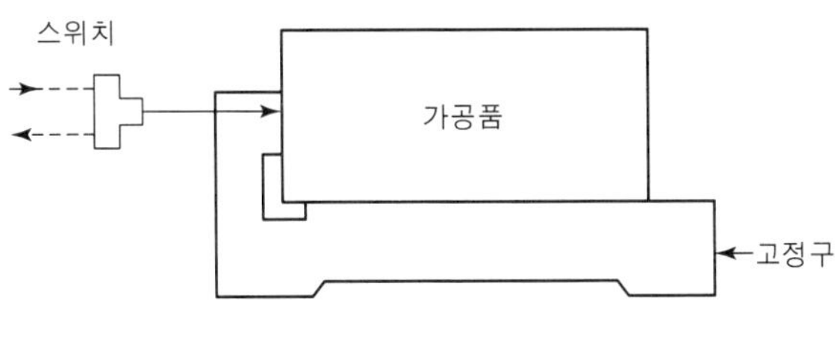

그림 15.4 위치결정의 검출

그림 15.4는 공작물이 위치 결정되는 여부에 대한 검출을 설명하는 그림이다. 공작물이 위치 결정구에 접촉할 때 스위치가 접속하게 하고 공작물이 떨어져 있으면 스위치가 열리도록 하여 전자밸브를 작동시키고 피스톤을 통하여 클램프가 작동하도록 하고 있다.

자동화에서 동작의 시작은 검출기로부터 이루어진다. 필요한 정보를 검출기에서 검출하여 치공구의 현재 상태를 감지하고 이를 신호로 자동화 메커니즘을 움직여 치공구가 요구되는 작동을 하게 되는 것이다.

작동신호를 주는데 검출신호에 의하지 않고 타이머를 사용하는 것도 있다.

시퀀스에 따라 치공구의 동작 상태에 맞게 일정한 시간이 경과하면 제어지령을 내려 작동하게 하는 것이다.

그림 15.5는 검출기의 작동 회로도이다. 마이크로 스위치의 액튜에이터(actuator)인 핀에 Z방향의 힘이 가해지면, 즉 치공구에 공작물을 설치하면 핀이 움직여 스위치를 ON 접점으로 형성하고 이에 따라 전류가 흘러 전자 밸브를 작동시켜서 공압이나 유압이 일을 할 수 있게 되는 것이다.

광센서나 자기센서는 직접 접촉하지 않고서도 신호를 검출할 수 있다.

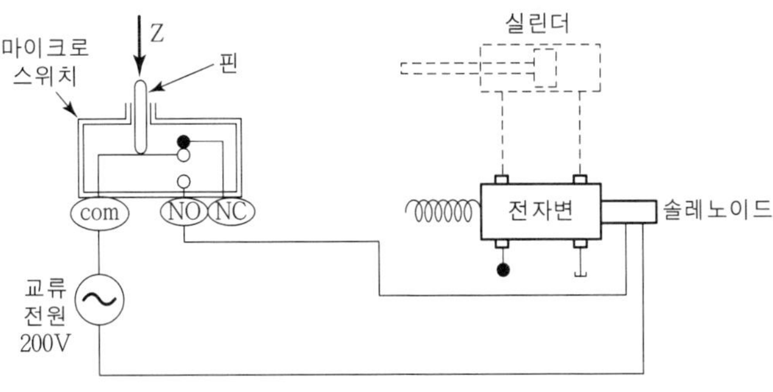

그림 15.5 간단한 검출회로도

15.2 치공구의 자동제어

1) 자동제어 센서

치공구의 상태를 감지하는데 다양한 센서들이 사용되고 있다.

마이크로 스위치는 직접 접촉에 의해 작동되므로 사용상 한계가 있다.

아주 예민하게 작동되는 여러 센서들이 있는데 다음과 같은 것들이 있다.

길이 치수 및 위치를 감지하는 차동트랜스, 물체의 존재유무 및 위치를 검출하는 광센서, 진동상태를 감시하는 진동센서, 온도에 의해 작동하는 온도센서, 각도 이동거리를 감지하는 포텐셔미터 등이 있는데 이들을 적절히 활용하면 제어 폭을 넓힐 수 있다.

2) 센서의 사용법

(1) 차동트랜스

그림 15.6은 차동트랜스 설명도로 로드의 움직임이 전압의 변화로 나타나 μm단위까지 알 수 있다. 차동트랜스의 측정범위로는 100mm 정도가 많이 사용되고 있다. 그림 15.6에서 입력 전원으로 5V의 정전압이 걸렸을 때 지침이 +, -의 분기점, 즉 0(영)의 위치에 셋팅된 상태에서 로드가 움직이면 출력 측 단자인 A와 B의 부호가 서로 반대, 즉 A가 +이면 B는 -가 되고, A가 -이면 B는 +가 된다.

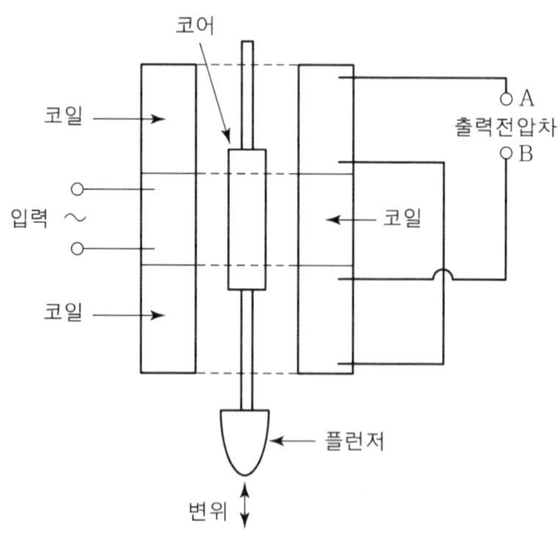

그림 15.6 차동트랜스

따라서 출력의 극성에 따라 물체의 움직이는 방향을 알 수 있고 움직인 양은 전압의 변화량으로 알 수 있다. 즉 움직이는 양은 0V에서 5V까지의 범위에서 변화되고 이 값이 mm로 환산되어 움직인 양이 측정된다. 예로서 전압이 0.02V이면 변위량은 0.001 mm가 되고, 전압이 0.04V이면 변위량은 0.002mm가 된다.

(2) 광 트랜지스터

그림 15.7은 광 트랜지스터 설명도로 빛을 받으면 전류가 흐르고 빛이 차단되면 전류가 흐르지 않는다. 전류의 세기는 빛의 세기에 비례한다. 즉 그림의 점선화살표의 빛이 가공물, 클램프, 공구 등 감지하고자하는 물체에 닿으면 빛을 차단하게 되어 출력의 변화를 일으키게 된다.

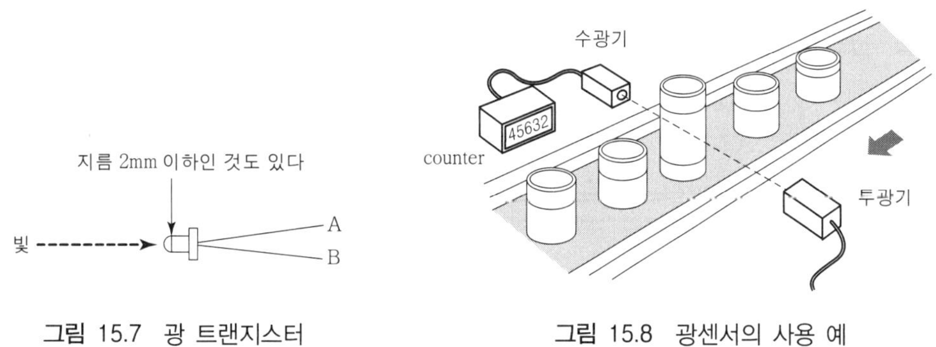

그림 15.7 광 트랜지스터

그림 15.8 광센서의 사용 예

(3) 포텐셔미터

포텐셔미터는 그림 15.9의 축의 회전량이 전압의 변화로 되어 전압의 크기로 회전량을 감지할 수 있는 센서이다.

그림 15.10은 포텐셔미터에 의해 기계의 이동위치를 감지하는 것의 예이다.

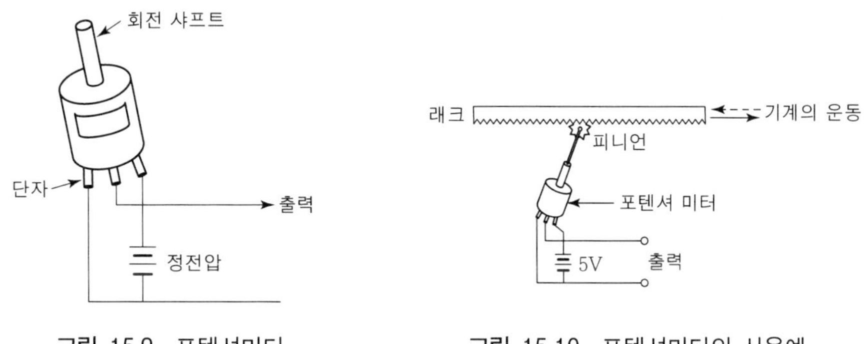

그림 15.9 포텐셔미터

그림 15.10 포텐셔미터의 사용예

(4) 엔코더

광원과 슬릿(slit) 사이에서 발생되는 펄스에 의하여 물체의 위치, 치수 등을 감지하는데 사용할 수 있다.

이송나사의 회전축에 펄스 엔코더를 부착하여 펄스수(회전량)로부터 나사의 이송량이 디지털(digital)적으로 측정되어 기계 등의 위치제어에 이용된다.

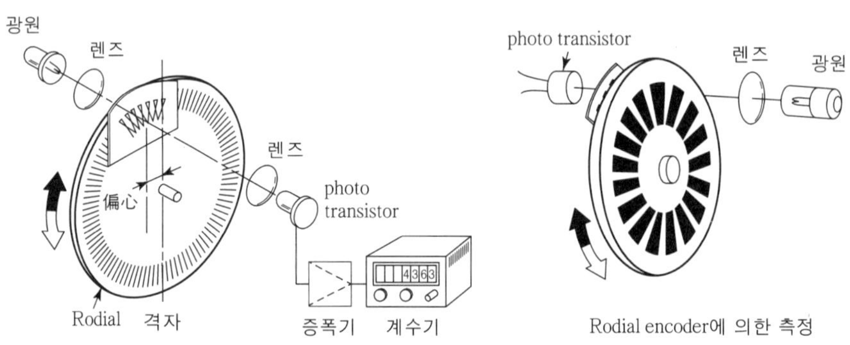

그림 15.11 엔코더의 사용예

15.3 치공구의 자동화 실예

1) 스트랩 클램프의 자동화

그림 15.12는 스트랩 클램프를 자동화한 구조의 한 예이다. 피스톤 로드의 왕복

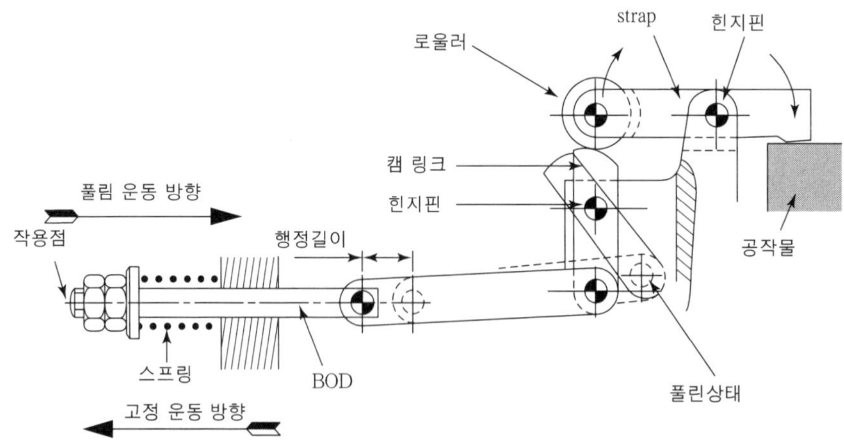

그림 15.12 스트랩 클램프의 자동화 예

운동이 캠을 작동시키고 캠의 작동에 따라 스트랩이 힌지점을 지점으로 공작물을 조이거나 풀 수 있게 되어 있다. 피스톤 로드는 유압으로 작동시키고 공작물의 치수 차에 대응할 수 있도록 캠의 받침점을 조절할 수 있도록 하였다.

캠을 작동시키는 피스톤 로드는 공압이나 유압에 의해 작동되는데 그림 15.13은 공압회로의 회로도이다. 그림의 푸시버튼 PB1을 누르면 스위치가 ON상태로 되며 전류가 PB2를 거쳐 릴레이 Ⓡ을 여자시키고, 릴레이 접점 R이 닫혀 솔레노이드 밸브에 전류가 흘러 밸브의 코일 Y를 여자시켜, 공기 통로를 열어 실린더 내에 공기가 유입되고 피스톤을 전진시켜 클램프를 작동시킨다.

이때 PB1에서 손을 떼어도 릴레이의 접점 R은 접속된 상태로 있어 작동은 계속되어 계속적인 고정력을 유지할 수 있다. 공작물을 풀고자 할 때에는 PB2를 누르면 전류가 차단되어 릴레이 코일 Ⓡ에 자력이 소멸(무여자상태)되여 접점 R이 열리고(open상태) 솔레노이드 밸브는 스프링 힘으로 원상태로 복귀되고 피스톤이 후진하여 클램프가 풀리게 된다.

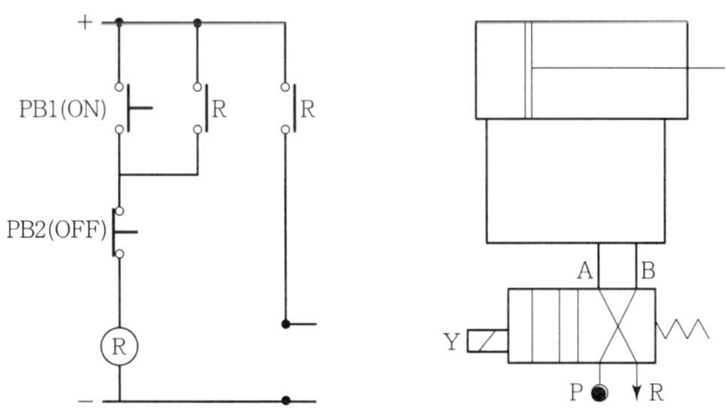

그림 15.13 공압 솔레노이드 밸브에 의한 자동화 회로

2) 토글 클램프의 자동화

토글 클램프는 구조가 간단하면서 큰 고정력을 얻을 수 있으므로 자동화에 많이 이용된다. 그림 15.14는 토글 클램프 자동화의 예이다.

토글의 스토퍼는 실린더 행정의 끝점에 설치하여 자립조건 [$\theta < 180° - \alpha$]을 유지시키기 위하여 토글의 사점을 5~20°정도 지난 위치에 오도록 한다. 이것은 치수 변화에 대처하기 위한 수단이기도 하다. 여기서 사용되는 스토퍼는 조정 가능한 구조로 하는 것이 좋다. 실린더 작동은 전항과 동일하다.

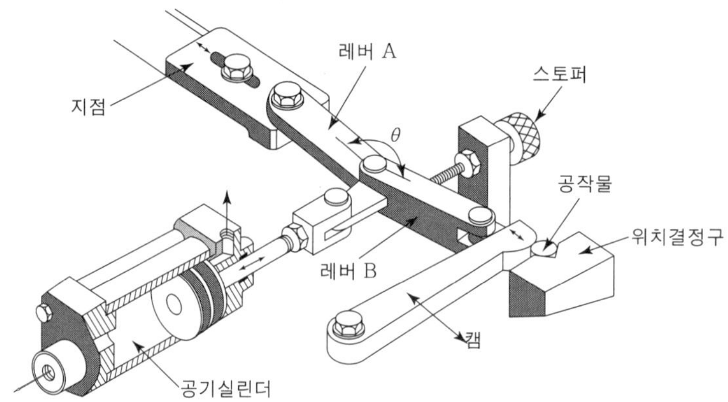

그림 15.14 토글 클램프의 자동화

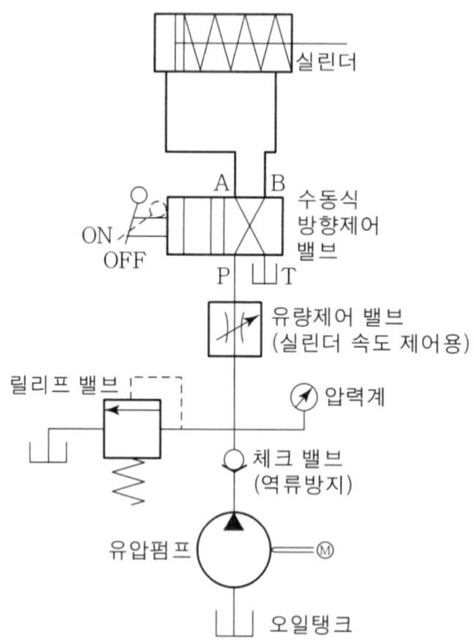

그림 15.15 유압회로도

3) 바이스 클램프의 자동화

그림 15.17은 자동화된 바이스 클램프의 그림으로 바이스 죠를 공작물의 형태에 맞추어 교환하여 사용할 수 있으며 클램핑 여유 X는 5~10mm정도로 하여 피스톤의 행정이 크지 않도록 하였다. 또 공작물의 치수변화에 따라 죠의 간격을 임으로 변화시킬 수 있도록 되어있다.

그림 15.16은 피스톤은 유압에 의해 작동되고 기본 유압회로이다. 이 유압회로는 초기 상태에서는 수동식 방향 제어 밸브가 OFF 상태에 있으므로 P에서 B로 연결되어

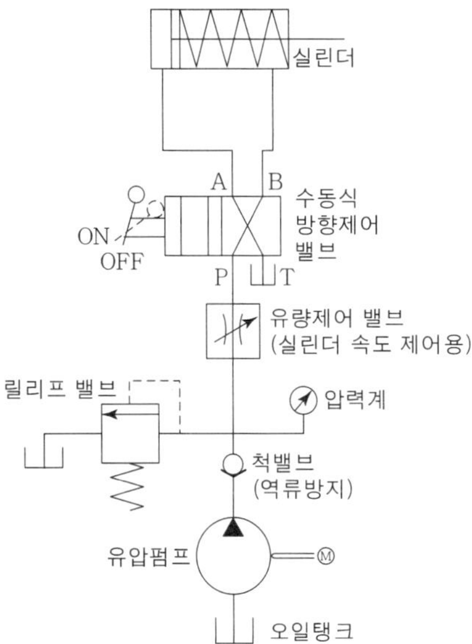

그림 15.16 바이스 클램프의 유압회로

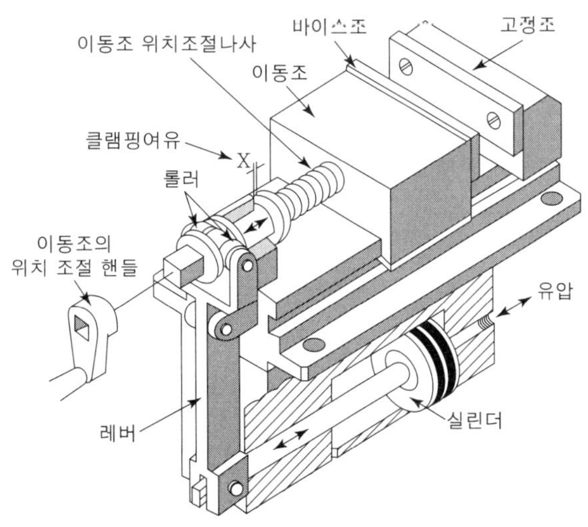

그림 15.17 바이스 클램프의 자동화

유압은 피스톤을 후진시킨 상태에서 있다가 ON상태로 하면 P에서 A로 연결되어 피스톤이 전진한다.

4) 콜릿척의 자동화

그림 15.18은 공기압을 이용한 코릿척의 자동화 예이다. 직경이 크고 행정이 짧은 단동

실린더를 사용하고 피스톤 로드를 콜릿척에 직접 연결시켜 작동시킨다. 반대쪽에 조정 너트를 두어 콜릿척의 지름을 조절할 수 있게 하였다. 피스톤의 복귀는 스프링 힘에 의한다.

원형 단면으로 된 공작물은 특별한 제약 조건이 없는 한 완전한 중심선 관리를 위하여 콜릿척이 많이 사용되고 있다.

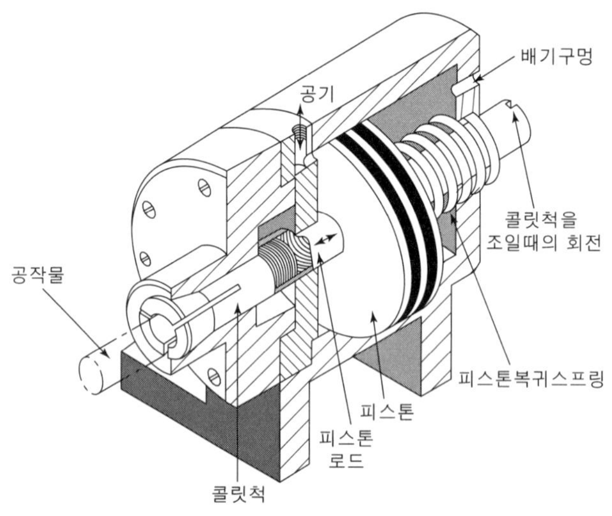

그림 15.18 콜릿척의 자동화

5) 공작물의 설치 및 제거의 자동화

그림 15.19는 연결 암을 이용하여 콜릿척에 가공물을 설치하고, 제거하는 자동화

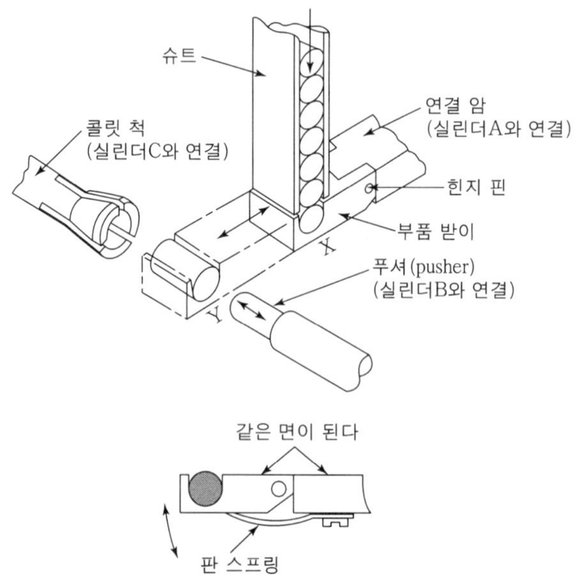

그림 15.19 공작물의 설치, 제거의 자동화

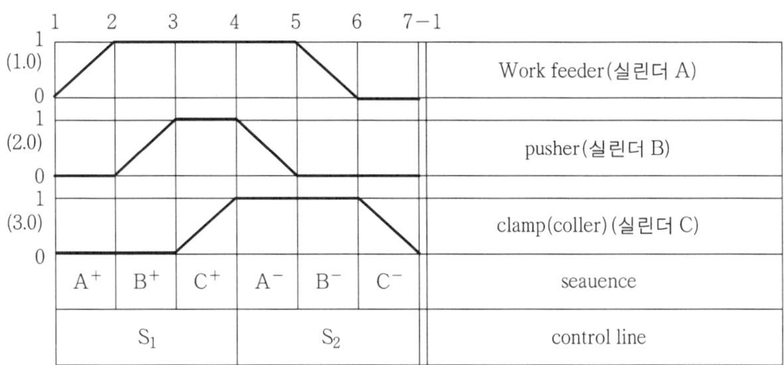

그림 15.20 시간-작동 선도

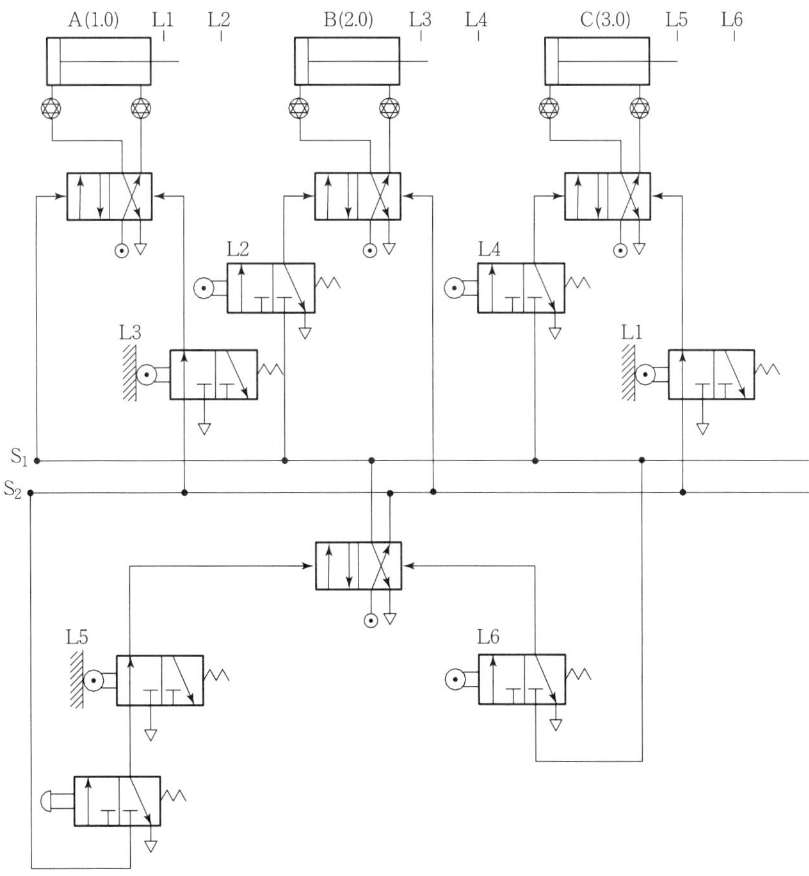

그림 15.21 공압 회로도

기구이다. 슈트에 있는 가공물이 연결 암에 실리면 실린더 A에 의해 연결 암을 X지점에서 Y지점까지 밀면 실린더 B가 작동하여 가공물을 콜릿척에 밀어 넣고 나면 실린더

C에 의하여 콜릿척을 작동시켜 가공물을 고정하고 실린더 B와 실린더 A는 순차적으로 원 위치로 복귀하여 다음동작에 대비한다.

그림 15.20 및 15.21은 3개의 공압 실린더의 작동 상태를 공압에 의한 시퀀스 제어 방식으로 자동화한 공압 회로의 작동선도와 공압 회로도이다.

연습문제

❶ 다음 센서의 용도에 대하여 간단히 설명하라.

① 차동 트랜스

② 포토 트랜지스터

③ 포텐셔 미터

❷ 유압장치의 작용에 대하여 설명하라.

❸ 클램핑력 발생에 사용되는 공압장치와 유압장치를 비교 설명하라.

❹ 유압 장치에서 실린더 안지름 160mm, 피스톤 로드지름 30mm, 레버 길이 l_1=17.5mm, l_2=62mm, 유압척의 효율 $\eta_1 = \eta_2 = 0.16$, 공작물 지름 60mm, 절삭 깊이 t=2mm, 이송 s=0.15mm, 재료 SM45C, 비절삭 저항 250kg/cm^2, 마찰계수 $\mu=\tan\alpha=0.1$인 유압 척에서 필요한 유압력 P는 얼마인가?

치공구 재료

16장

모든 설계에 있어서 재료의 선정은 매우 중요하다. 치공구를 설계할 때에도 각 부품의 기능에 적합한 재료를 선정해야 한다. 치공구에 필요한 재료를 선택할 때는 적응성, 내구성 및 경제성을 고려해야 되지만 가장 먼저 치공구용 재료의 특성에 대한 확실한 지식을 갖추어야 한다.

16.1 치공구 재료의 성질

치공구 재료의 성질은 사용 재료에 따라 그 효과가 다르므로 사용 중 재료 상태에 어떤 영향이 미치는가를 잘 고려한다,

설계시 고려할 치공구 재료의 성질에는 경도, 인성, 내마모성, 기계 가공성, 취성, 인장, 굽힘 및 전단 강도 등이 있다.

경도는 재료의 침투 또는 압흔에 대한 저항력으로 어떤 재료와 다른 재료에 대한 비교 측정의 수단이 되기도 한다. 일반적으로 경도가 높을수록 인장강도도 커지며, 내마모성도 증대한다. 경도를 나타내는 척도로 로크웰 경도(H_{RC})와 브리넬(HB) 경도가 있는데 표 16.1은 이들 두 가지 경도 값을 비교한 표이다.

인성은 재료에 급속히 가해진 하중이나 충격을 영구 변형 없이 반복적으로 흡수할 수 있는 재료의 능력을 말한다. H_{RC} 44~48 또는 HB 410~453의 경도 까지는 인성의 영역이라 할 수 있으나 이 범위를 넘으면 인성 보다 취성의 영역이 된다.

내마모성은 재료의 지속적인 마찰로 인한 마모에 대한 저항으로, 보통 경도가 클수록 내마모성도 커진다.

기계가공성은 재료의 절삭 용이 여부를 나타내는 것으로 절삭속도, 공구수명 및 표면거칠기 등에 직접적인 영향을 미친다.

표 16.1 경도치의 비교 S.A.E

Brinell		Shore	Rockwell		Vickers	Brinell		Shore	Rockwell		Vickers
구경10mm 하중300Kg			B scale	C scale		구경10mm 하중300Kg			B scale	C scale	
눌림부 지름	경도	하중 100Kg	하중 150Kg	경도	경도	눌림부 지름	경도수	하중 100Kg	하중 150Kg	경도	경도
2.00	946	-	-	-	-	4.00	229	33	98	20	229
2.05	898	-	-	-	-	4.05	223	32	97	21	223
2.10	857	-	-	-	-	4.10	217	31	96	-	217
2.15	817	-	-	-	-	4.15	212	31	96	-	212
2.20	780	106	-	70	1150	4.20	207	30	95	-	207
2.25	745	100	-	68	1050	4.25	202	30	94	-	202
2.30	712	95	-	66	960	4.30	197	29	93	-	197
2.35	682	91	-	64	885	4.35	192	28	92	-	192
2.40	653	87	-	62	820	4.40	187	28	91	-	187
2.45	627	84	-	60	765	4.45	183	27	91	-	183
2.50	601	81	-	58	717	4.50	179	27	89	-	179
2.25	578	78	-	57	675	4.55	174	26	88	-	178
2.60	555	75	-	55	633	4.60	170	26	87	-	170
2.65	534	72	-	53	598	4.65	166	25	86	-	166
2.70	514	70	-	52	567	4.70	163	25	86	-	163
2.75	495	67	-	50	540	4.75	159	24	84	-	159
2.80	477	65	-	49	515	4.80	156	24	83	-	156
2.85	461	63	-	47	494	4.85	153	23	82	-	153
2.90	444	61	-	46	472	4.90	149	23	81	-	149
2.95	429	59	-	45	454	4.95	146	22	80	-	146
3.00	415	57	-	44	437	5.00	143	22	79	-	143
3.05	401	55	-	42	420	5.05	140	21	78	-	140
3.10	388	54	-	41	404	5.10	137	21	77	-	137
3.15	375	52	-	40	389	5.15	134	21	76	-	134
3.20	363	51	-	38	375	5.20	131	20	74	-	131
3.25	352	49	-	37	363	5.25	128	20	73	-	128
3.30	341	48	-	36	350	5.30	126	-	72	-	126
3.35	331	46	-	35	339	5.35	124	-	71	-	124
3.40	321	45	-	34	327	5.40	121	-	70	-	121
3.45	311	44	-	33	316	5.45	118	-	69	-	118
3.50	302	43	-	32	305	5.50	116	-	68	-	116
3.55	293	42	-	31	296	5.55	114	-	67	-	114
3.60	285	40	-	30	287	5.60	112	-	66	-	112
3.65	277	39	-	29	279	5.65	109	-	65	-	109
3.70	269	38	-	28	270	5.70	107	-	64	-	107
3.75	262	37	-	26	263	5.75	105	-	62	-	105
3.80	255	37	-	25	256	5.80	103	-	61	-	103
3.85	248	36	-	24	248	5.85	101	-	60	-	101
3.90	241	35	-	23	241	5.90	99	-	59	-	99
3.95	235	34	-	22	235	5.95	97	-	57	-	97

취성은 인성에 반대되는 성질이며 취성 재료는 급격한 충격하중을 받으면 파손되는 경향이 있다. 경도가 높으면 취성도 큰 경우가 대부분이다.

인장강도는 밖으로 당기는 힘에 대한 재료의 저항력으로 재료 시험에서 가장 기본적인 요소이다. 인장강도는 H_{RC} 54 또는 HB544 정도까지의 경도에 대하여 대략적으로 비례하고 이 범위를 지나면 취성으로 인하여 부정확해진다.

전단강도는 서로 반대 방향으로 팽팽한 힘이 작용할 때의 재료의 저항력을 말하며 일반적으로 인장강도의 약 60% 정도가 된다.

이상과 같은 재료의 성질과 이들 간의 상호 관계를 아는 것이 중요하다. 그러나 이것만으로는 불충분하며, 계획한 결과를 얻기 위하여 각종 재료 하나하나에 대한 특성과 용도를 알고 있을 필요가 있다. 일반적인 공구 재료에는 철, 비철 및 비금속 재료가 있다.

16.2 철강 재료

치공구 재료는 주로 강, 회주철 등 일반적인 기계재료 중에서 선택하여 사용하지만 치공구의 기능에 따라 그에 적합한 정밀도, 강성, 내충격성 등을 고려하여 선택하여야 하며, 특수한 사용 조건에서는 내열, 내산화, 내식성 등도 고려하여야 한다. 이러한 특수한 요구에 부합하는 재료로서는 공구강, 스프링강, 베어링강 등을 들 수 있다.

지그의 경량화는 작업, 운반의 관점에서 매우 중요하므로 경합금 또는 플라스틱 재료를 쓰는 경우가 있다. 또 경제성 입수 조건은 생산 현장에서는 필수적으로 다루어져야한다. 따라서 기술상의 요구 조건과 경제성을 잘 조화시키기 위해서는 열처리, 표면처리 등 특수 처리로 기능을 만족시킬 재료를 선택하도록 한다.

1) 주철

주철은 치공구에서는 주로 공구 본체로서 사용되고 있다. KS에는 GC100~GC350의 6종류가 있다. 현미경 조직은 펄라이트가 기지이고 여기에 편상 흑연이 점으로 존재한다. 인장에는 약하고 압축에는 강하다. 흑연의 모양과 분포를 개선하면 강도는 증대한다. 따라서 주철은 첨가 원소를 조절함에 따라서 흑연 모양 및 분포를 미세화 분산시켜서 각종의 고급 주철을 얻을 수 있다. 이러한 특수 주철은 치공구 재료로서는 일반성이 없고 특수 목적에는 적합하다.

한편 이 주철의 조직은 냉각 속도에 민감하게 좌우되므로 주물 구조의 살 두께도 충분히 고려되어야한다. 얇은 부분이 급랭되면 백선화되어 취성을 갖는다. 주철은 일반적으로 베드 등에 사용되며, 내마모성이 양호하다.

2) 일반 구조용 압연 강재

KS에는 SS330~SS540의 9종류가 있다. 이는 인장강도(최저 인장강도)에 따라 구분한 것이며, 또 모양에 따라서는 강판, 평강, 형강, 강봉 등으로 나눌 수 있다.

치공구 재료로서는 간단한 본체에 SS330, SS400 등이 사용되며 용접성을 고려할 경우에는 용접 구조용 강재(SWS)를 사용한다.

3) 탄소강 단강품

KS에는 SF340~SF640의 6종류가 있으며 킬드강에서 단조한다. SF440이하는 일반 강재로 취급하나 SF490, SF590은 양질의 단강품이다. 핀, 축, 레버, 핸들, 아암, 클램프 등은 SF440 이하의 것을 사용한다,

4) 기계 구조용 탄소강

이 분류는 SS, SF 재료와는 달리 탄소량의 함유량으로 분류되며, 기호는 SM을 사용하여 SM35C, SM38C, SM40C, …와 같이 표기하는데 35, 38, 40은 탄소 함량이 0.35%, 0.38%, 0.40% 전후임을 표시한다. 기계구조용 탄소강은 SF재와 저합금강의 중간 정도라고 생각하면 좋다.

탄소와 다른 불순 원소도 대략 한정된 범위내에 있어 열처리를 하면 저합금강에 버금가는 강도를 얻을 수 있다. SM10C~SM20C는 리벳, 볼트, 너트 등의 소재를 SM45C는 고주파 열처리 부품, 키이, 핀 등에 사용된다. SM55C는 담금질한 뒤에 뜨임을 하여 상당한 경도와 내마모성을 요구하는 부품에 사용한다.

5) 탄소 공구강

공구강은 공구로서 사용되는 강재의 총칭이다.

탄소 공구강의 탄소 함량은 0.6%~1.5%C이다. 탄소량이 적으면 페라이트가 커져서 인성이 증가하고 내충격성도 증가한다. 그러나 0.86%C 이상의 과공석강에서는 퍼얼

라이트 기지에 유리 시멘타이트가 석출되어 내마모성이 양호하다.

공구강은 단련에 의해 그 성질이 변하나, 원칙적으로는 담금질, 어닐링 등의 열처리를 통하여 필요한 기계적 성질을 얻은 후에 필요한 장소에 사용한다.

구상화 처리를 하면 특히 점성을 증가시킬 수 있다.

6) 합금강

일반적으로 탄소함유량이 증가하면 강도는 증가한다. 탄소 이외의 제3원소를 적당량 첨가하여도 강도를 향상시킬 수 있다. 합금 공구강은 경도가 높고, 충격에 견디는 힘이 크며 내마모성이 좋아 공구용, 내충격용, 내마모용으로 적합하여 바이트, 다이스, 탭, 드릴 등에 많이 사용되며, 구조물의 경량화에도 좋다.

7) 고속도강

0.6%~1%C의 탄소강에 다량의 W, Cr, MO, V, Co 등을 함유한 것으로 일명 하이스라고도 한다. 고온 경도가 높고 내마모성이 뛰어나며 어느 정도 인성이 있으므로 바이트, 드릴 등의 공구 재료로 널리 쓰인다.

W18%, Cr4%, V1%인 조성으로 된 것을 표준 고속도강이라 하고, Co, Mo등을 첨가하여 성질을 개선한 여러 종류의 고속도강이 있다.

16.3 비철금속

1) 알루미늄

알루미늄은 기계 가공성이 좋고 내식성이 좋으며 열이나 전기의 양도체이다. 특히 가벼워서 비철 재료에서 널리 쓰이고 있으며 다양한 형태로 공급되고 있다.

지그와 고정구에 사용되는 알루미늄은 주로 치공구 본체와 압출품으로 이용되며, 알루미늄은 흔히 요구되는 상태로 공급되기 때문에 시간과 비용이 절감되고 용접 및 기계적 결합이 가능하다.

2) 마그네슘

마그네슘은 지그나 고정구에 널리 사용되는 비철금속으로 알루미늄에 비하여 30%

가벼워 경량화를 목적으로 하는 구조물에 적합하다. 인장 강도는 15~35kg/mm^{2}로 강하나 내식성이 불량하고, 가공시 화재의 위험이 있다.

3) 비스무트 합금

비스무트 합금은 저 융점 합금의 형태로서 네스트와 바이스죠 등과 같이 특수형태의 위치결정이나 고정장치에 널리 사용된다. 비스무트는 납, 안티몬, 카드늄, 주석 등과 합금으로 사용되는데 단단하고 정확한 주형으로 성형할 수 있기 때문에 복잡한 형태의 네스트와 특수한 공작물 홀더 제작에 유용하게 쓰이고 있다.

16.4 기타 치공구 재료

소량 생산에서 신속하고 적은 비용으로 생산하기 위한 지그나 고정구에는 비금속 재료인 목재, 우레탄, 에폭시, 플라스틱 등이 유용하게 사용되고 있다.

16.5 치공구 부품과 재료

치공구를 구성하는 부품은 본체, 위치 결정구, 지지구, 클램프, 부싱, 세트 블록과 핀, 볼트, 너트 같은 각종 기계 요소들로 구성되어 있다. 이들은 사용 목적에 적합한 기계적 강도, 내마모성 등이 요구되고, 가공품의 정밀도에 대응하는 치공구의 정밀도가 요구되므로 변형, 흔들림이 없는 강성이 필요하다. 본체와 기타 부품의 동적 강도도 고려하여야 하며, 진동 등도 고려해야 한다.

1) 본체

프레임, 베드 등의 본체는 GC200, GC250 등 회주철 구조가 많이 사용된다. 특히 복잡한 구조의 치공구에 유리하다. 강성은 강재보다는 낮으나 방진 성능이 양호하다. 목형 제작 등 제작에 소요되는 시간이 많이 걸린다.

최근에는 용접 구조 본체가 많이 사용되는데 주조품 보다 가볍고 강성이 크며 제작 시간을 단축할 수 있다. 강재는 SS400을 많이 사용하나 필요에 따라서는 SM35C 이상인 재료를 사용한다.

2) 다리

치공구 다리부 재료는 주조품, 나사체결, 끼워맞춤 등에 따라 사용되는 재료가 다르다. 나사 및 끼워맞춤에는 SM35C를 많이 사용한다.

3) 위치결정 핀

마멸을 고려하여 SM45C 또는 SK5를 담금질하여 사용한다.

4) 체결기구

SM45C를 주로 사용하는데 체결판은 주철을 사용한다.

5) 캠

SM35C 또는 SK7를 담금질하여 사용한다.

6) 부시

SB400, SM35C, SK7 등을 열처리하여 사용한다.

7) 기타

힌지 핀은 SM45C, 베어링은 황동이나 청동을 사용하고 볼트, 너트는 SS400, 또는 SM35C를 사용한다.

연습문제

❶ 치공구 구성 부품중 특히 내마모성을 필요로 하는 부품 명칭을 아는 대로 열거하라.

❷ 주철을 본체 재질로 사용할 때의 장단점을 말하라.

❸ 치공구 경량화에 적합한 재료는 어떠한 것들이 있는가?

❹ SM35C, SS400 등으로 표시된 재료에서 35, 400의 숫자가 의미하는 뜻은 무엇인가?

❺ 다음 치공구 부품에 적합한 재료를 말하라.
1) 부시 2) 위치결정핀 3) 세트 블록 4) 캠

치수공차와 끼워맞춤

17장

치공구 부품을 가공할 때 정해진 치수와 똑같이 완전하게 가공한다는 것은 거의 불가능하다. 즉 가공자의 기능, 공작기계의 정밀도, 가공할 때의 가공조건 등 여러 가지 원인에 의해 달라진다. 이와 같이 가공할 때 오차가 생기기 마련인데 이 오차를 적당한 범위로 제한하면 부품의 사용에도 지장을 주지 않고 가공상 시간과 경비를 절약할 수 있다.

17.1 치수공차 및 끼워맞춤에 관한 용어

1) 기준치수

가공에 있어서 기준이 되는 치수로 허용 한계 치수의 기준이 된다.

2) 허용한계 치수

가공이나 사용에 있어서 허용되는 한계를 표시하는 치수로 최대 허용치수와 최소 허용치수의 두 가지 치수가 있다.

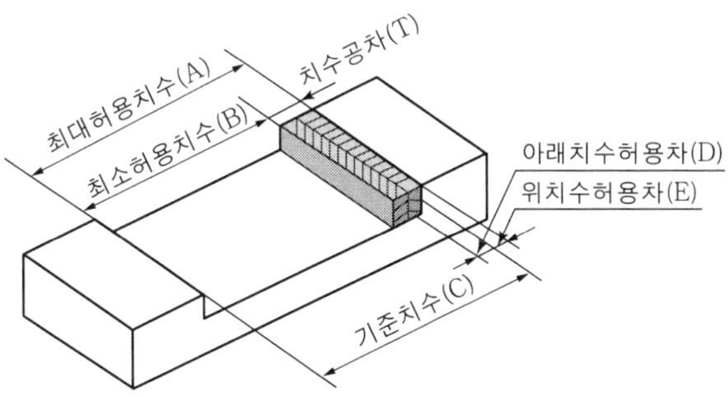

기준치수	C=50.00	최대허용치수	A=50.01
최소허용치수	B=49.99	위치수허용차	E=A−C=50.01−50.00=+0.01
아래치수허용차	D=B−C=49.99−50.00=−0.01	치수공차	T=A−B=50.01−49.99=0.02

그림 17.1 치수공차

① 최대 허용치수 : 허용한계 치수 중 큰 쪽 치수로 허용되는 최대치수이다.

최대 허용치수 = 기준치수 + 위치수 허용차

② 최소 허용치수 : 허용한계 치수 중 작은 쪽 치수로 허용되는 최소치수이다.

최소 허용치수 = 기준치수 + 아래치수 허용차

3) 치수 허용차

기준이 되는 치수에서 가공 또는 사용상 허용되는 치수 폭으로 위치수 허용차와 아래치수 허용차가 있다.

① 위치수 허용차 = 최대 허용치수 - 기준 치수

② 아래치수 허용차 = 최소 허용치수 - 기준치수

4) 치수공차

최대 허용치수와 최소 허용치수와의 차, 즉 위치수 허용차에서 아래치수 허용차를 뺀 값으로 공차(tolerance)라고도 한다.

치수공차(공차) = 최대 허용치수 - 최소 허용치수,

또는 치수공차(공차) = 위치수 허용차 - 아래치수 허용차

5) 틈새

두 부품을 서로 끼워맞춤할 때 구멍 또는 홈의 치수가 축의 치수보다 클 때 치수 차를 말하며 최대 틈새와 최소 틈새가 있다.

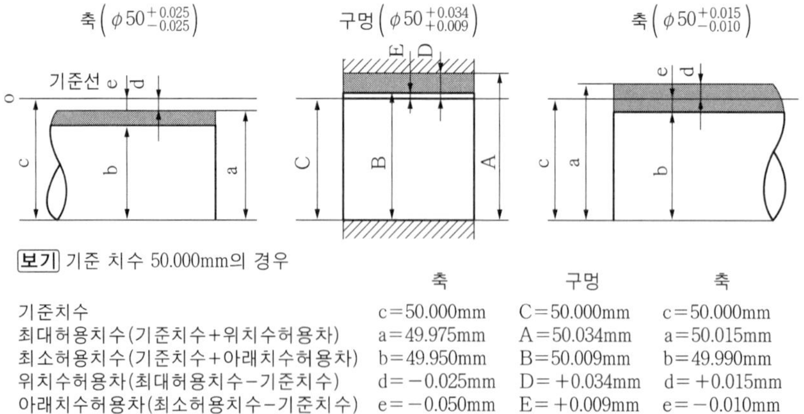

보기 기준 치수 50.000mm의 경우

	축	구멍	축
기준치수	c=50.000mm	C=50.000mm	c=50.000mm
최대허용치수(기준치수+위치수허용차)	a=49.975mm	A=50.034mm	a=50.015mm
최소허용치수(기준치수+아래치수허용차)	b=49.950mm	B=50.009mm	b=49.990mm
위치수허용차(최대허용치수−기준치수)	d=−0.025mm	D=+0.034mm	d=+0.015mm
아래치수허용차(최소허용치수−기준치수)	e=−0.050mm	E=+0.009mm	e=−0.010mm

그림 17.2 치수공차

① 최대 틈새 : 틈새가 존재하는 끼워맞춤(헐거운 끼워맞춤, 또는 중간 끼워맞춤)에서 구멍의 최대 허용치수에서 축의 최소 허용치수를 뺀 값.

최대 틈새 = 구멍의 최대 허용치수 - 축의 최소 허용치수

② 최소 틈새 : 틈새가 존재하는 끼워맞춤(헐거운 끼워맞춤, 또는 중간 끼워맞춤)에서 구멍의 최소 허용치수에서 축의 최대 허용치수를 뺀 값.

최소 틈새 = 구멍의 최소 허용치수 - 축의 최대 허용치수

6) 죔새

두 부품를 서로 끼워맞춤할 때 구멍 또는 홈의 치수가 축의 치수보다 작을 때 치수차를 말하며 최대 죔새와 최소 죔새가 있다.

① 최대 죔새 : 죔새가 존재하는 끼워맞춤(억지 끼워맞춤, 또는 중간 끼워맞춤)에서 축의 최대 허용치수에서 구멍의 최소 허용치수를 뺀 값.

최대 죔새 = 축의 최대 허용치수 - 구멍의 최소 허용치수

② 최소 죔새 : 죔새가 존재하는 끼워맞춤(억지 끼워맞춤, 또는 중간 끼워맞춤)에서

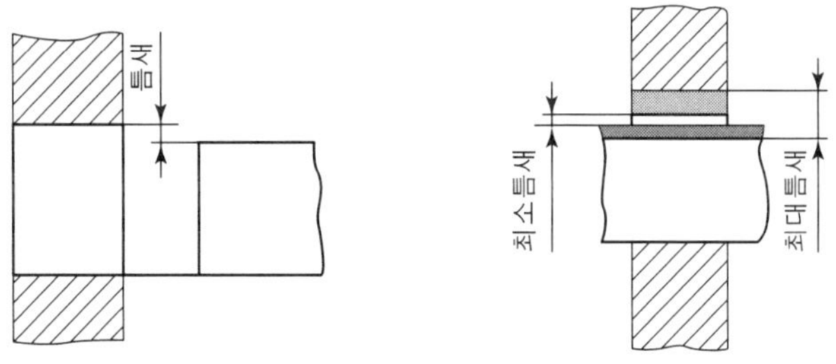

그림 17.3 틈새(헐거운 끼워맞춤)

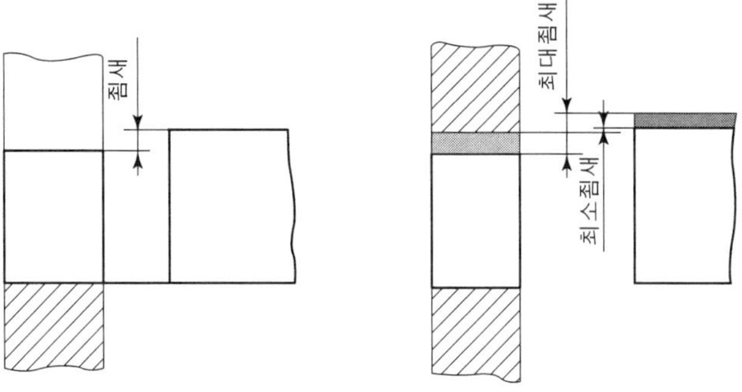

그림 17.4 죔새(억지 끼워맞춤)

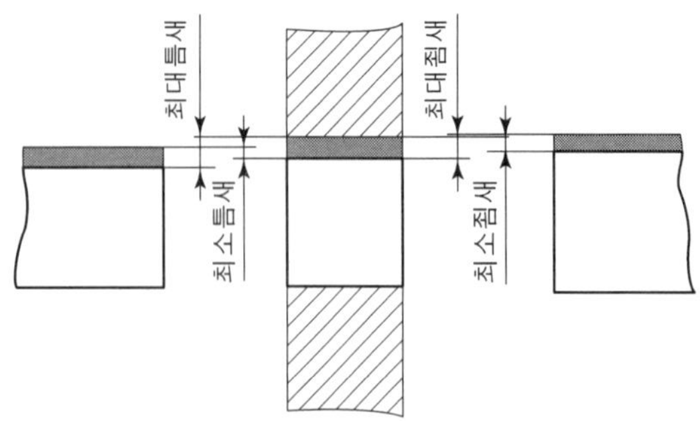

그림 17.5 틈새 및 죔새(중간 끼워맞춤)

축의 최소 허용치수에서 구멍의 최대 허용치수를 뺀 값.

최소 죔새=축의 최소 허용치수-구멍의 최대 허용치수

17.2 끼워맞춤

기계제작시 구멍에 축을 조립하거나, 또는 미끄럼 부를 안내 홈에 조립하는 것과 같이 두 개의 부품을 서로 끼워 맞추는 관계를 끼워맞춤이라 한다. 기계부품에는 끼워맞춤의 관계를 이루고 있는 부분이 대단히 많으며 이것이 잘 되어 있는가의 여부는 그 기계의 성능에 크게 영향을 미친다.

1) 공차의 등급과 IT 기본공차

부품을 정밀하게 가공하려고 할 때 공차를 작게하면 할수록 정밀하게 되지만 같은 0.01mm의 공차라도 기준 치수가 30mm의 경우와 300mm인 경우에는 각각의 정밀도는 다르게 된다. 즉 같은 공차 값이라도 기준 치수가 다르면 정밀도는 달라진다.

일반적으로 부품의 치수가 클수록 그 가공 정밀도는 저하되는 경향이 있으므로 같은 정밀도를 유지하기 위해서는 기본 치수가 커질수록 공차의 허용범위를 크게 한다. 즉 정밀도는 기본 치수와 공차와의 비율로 나타내고 있다. 따라서 같은 등급이라도 기본 치수가 달라지면 공차를 달리하고 있다.

규격에서는 기본 치수를 몇 개의 군으로 구분하여 같은 군에 속하는 치수에는 동일한 치수공차를 주도록 하고 있다.

국제 표준화 기구인 ISO에서는 이들 구분을 0mm에서 500mm까지는 표 17.1과 같이 13개 군으로 나누고, 500mm 초과에서 3150mm이하는 표 17.2와 같이 8개군으로 구분하여 동일한 군 동일한 등급에는 동일한 공차를 부여하고 있다.

같은 치수의 부품이라도 사용 목적에 따라 요구되는 정밀도는 달라지게 되는데 이 정밀도에 맞는 공차의 등급이 필요하게 된다.

ISO에서는 정밀도의 정도를 20개 등급으로 구분하고 각 등급에 해당되는 공차 값을 정하여 놓고 있는데 이를 IT 기본 공차(ISO, tolerance)라고 한다.

IT 기본 공차는 공차의 대소에 따라 IT01~IT18까지 20개 등급으로 나누어져 있으며 이중에서 IT01~IT4는 주로 게이지류, IT5~IT10는 끼워맞춤 부분에, IT11~IT18은 끼워맞춤이 필요 없는 부분의 치수에 적용하고 있다.

표 17.3은 IT 기본 공차표이다.

표 17.1 500mm 이하의 치수 구분

일반 구분	초과	-	3	6	10		18		30		50		80		120			180			250		315		400	
	이하	3	6	10	18		30		50		80		120		180			250			315		400		500	
중간 구분	초과	-	-	-	10	14	18	24	30	40	50	65	80	100	120	140	160	180	200	225	250	280	315	355	400	450
	이하	-	-	-	14	18	24	30	40	50	65	80	100	120	140	160	180	200	225	250	280	315	355	400	450	500

표 17.2 500mm 이상의 치수 구분

일반 구분	초과	500		630		800		1000		1250		1600		2000		2500	
	이하	630		800		1000		1250		1600		2000		2500		3150	
중간 구분	초과	-	500	630	710	50	65	80	100	250	280	315	355	400	450	315	355
	이하	-	630	710	800	900	1000	1120	1250	1400	1600	1800	2000	2240	2500	2800	3150

표 17.3 IT 기본 공차의 값 (단위 : μm)

치수의 등급(mm)		IT01	IT0	IT1	IT2	IT3	IT4	IT5	IT6	IT7	IT8	IT9	IT10	IT11	IT12	IT13	IT14	IT15	IT16	IT17	IT18
초과	이하	01급	0급	1급	2급	3급	4급	5급	6급	7급	8급	9급	10급	11급	12급	13급	14급	15급	16급	17급	18급
-	3	0.3	0.5	0.8	1.2	2	3	4	6	10	14	25	40	60	100	140	250	400	600	1000	1400
3	6	0.4	0.6	1	1.5	2.5	4	5	8	12	18	30	48	75	120	180	300	480	750	1200	1800
6	10	0.4	0.6	1	1.5	2.5	4	6	9	15	22	36	58	90	150	220	360	540	900	1500	2200
10	18	0.5	0.8	1.2	2.5	3	5	8	11	18	27	43	70	110	180	270	430	700	1100	1800	2700
18	30	0.6	1	1.5	2.5	4	6	9	13	21	33	52	84	130	210	330	520	840	1300	2100	3300
30	50	0.6	1	1.5	3	4	7	11	16	25	39	62	100	160	250	390	620	1000	1600	2500	3900
50	80	0.8	1.2	2	4	5	8	13	19	30	46	74	120	190	300	460	740	1200	1900	3000	4600
80	120	1	1.5	2.5	5	6	10	15	22	35	54	87	140	220	350	540	870	1400	2200	3500	5400
120	180	1.2	2	3.5	7	8	12	18	25	40	63	100	160	250	400	630	1000	1600	2500	4000	6300
180	250	2	3	4.5	7	10	14	20	29	46	72	115	185	290	460	720	1150	1850	2900	4500	7200
250	315	2.5	4	6	8	12	16	23	32	52	81	130	210	320	520	810	1300	2100	3200	5200	8100
315	400	3	5	7	9	13	18	25	36	57	89	140	230	360	570	890	1400	2300	3600	2700	8900
400	500	4	6	8	10	15	20	27	40	63	97	155	250	400	630	970	1550	2500	400	6300	9700

2) 구멍과 축의 종류와 그 표시기호

같은 치수와 등급에 속하는 구멍이나 축이라도 치수허용차를 달리하면 양자의 끼워맞춤 상태가 달라진다.

구멍과 축을 각각 그 치수에 대한 위아래 치수허용차를 달리하여 여러 종류의 치수를 정하고 이들 각각에 로마자를 사용하여 종류를 나타내고 있다. 여기서 구멍의 표시는 대문자, 축의 표시는 소문자를 사용하고 있다. 그림 17.6은 구멍과 축의 종류와 이들 상호관계를 나타내는 것으로 구멍은 H일 때 최소 허용치수가 기준치수와 일치하고 A쪽으로 갈수록 구멍은 점점 커지고 Z쪽으로 갈수록 구멍은 점점 작아진다. 축은 h일 때 최대 허용치수가 기준치수와 일치하고 a쪽으로 갈수록 축은 점점 작아지고, z쪽으로 갈수록 축은 점점 커진다.

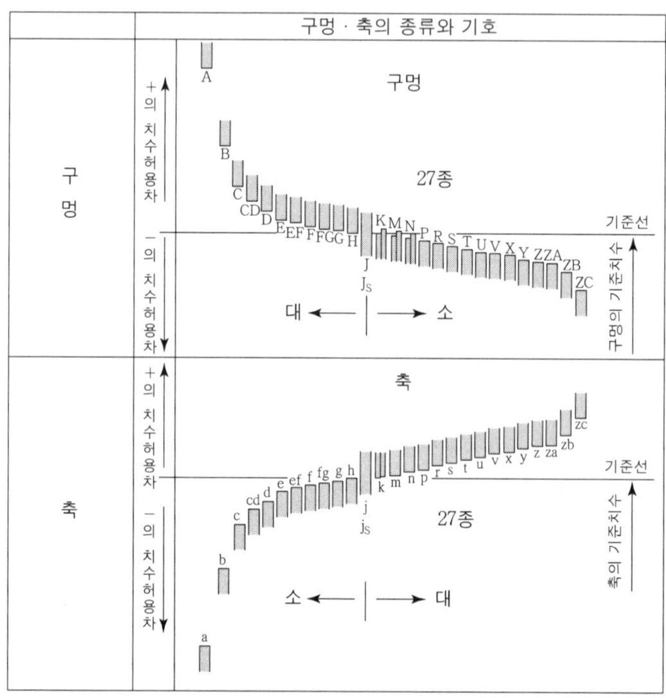

그림 17.6 구멍과 축의 종류와 기호

3) 끼워맞춤 종류

구멍과 축을 조합할 때 각각에 주어진 공차에 따라 여러 가지 경우가 있는데 이들은 헐거운 끼워맞춤, 억지 끼워맞춤, 중간 끼워맞춤의 3종류로 대별할 수 있다.

1 헐거운 끼워맞춤

두 부품을 끼워맞춤할 때 항상 틈새가 생기는 끼워맞춤으로 구멍의 최소허용치수보다 축의 최대허용치수가 작은 경우이다. 구멍의 최대치수에서 축의 최소치수를 빼면 최대틈새가 생기고, 구멍의 최소치수에서 축의 최대치수를 빼면 최소틈새가 된다.

2 억지 끼워맞춤

두 부품을 끼워맞춤할 때 항상 죔새가 생기는 끼워맞춤으로 구멍의 최대허용치수보다 축의 최소허용치수가 큰 경우이다. 축의 최대치수에서 구멍의 최소치수를 빼면 최대 죔새가 생기고, 축의 최소치수에서 구멍의 최대치수를 빼면 최소 죔새가 된다.

3 중간 끼워맞춤

두 부품을 끼워맞춤할 때 조립되는 구멍과 축의 실 치수에 따라 틈새 또는 죔새가 생기는 끼워맞춤으로 구멍의 최소허용치수보다 축의 최대허용치수가 큼(두 치수가 같은 경우도 포함)과 동시에 구멍의 최대허용치수허용치수보다 축의 최소허용치수가 작은 경우이다. 축의 최대치수에서 구멍의 최소치수를 빼면 최대 죔새가 생기고, 구멍의 최대치수에서 축의 최소치수를 빼면 최대틈새가 생긴다.

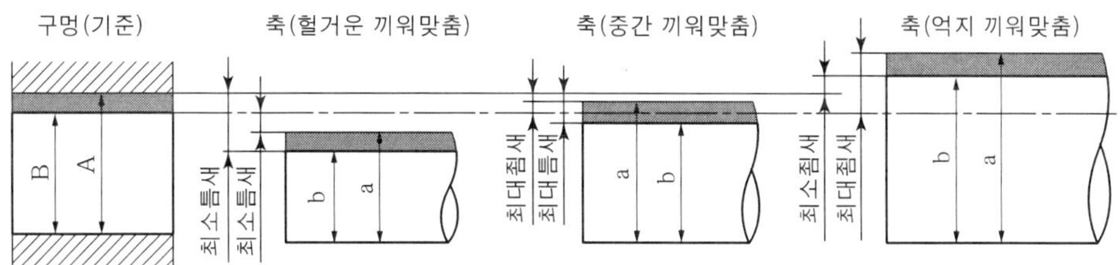

보기 헐거운 끼워맞춤($\phi 50^{+0.025}_{0}$ 구멍과, $\phi 50^{-0.025}_{-0.050}$ 축이 끼워맞춤할 때)

	구멍	축		
최대허용치수	A=50.025mm	a=49.975mm	최대틈새	A−b=0.075mm
최소허용치수	B=50.000mm	b=49.950mm	최소틈새	B−a=0.025mm

보기 억지 끼워맞춤($\phi 50^{+0.025}_{0}$ 구멍과, $\phi 50^{+0.050}_{-0.034}$ 축이 끼워맞춤할 때)

	구멍	축		
최대허용치수	A=50.025mm	a=50.050mm	최대죔새	a−B=0.050mm
최소허용치수	B=50.000mm	b=50.034mm	최소죔새	b−A=0.009mm

보기 중간 끼워맞춤($\phi 50^{+0.025}_{0}$ 구멍과, $\phi 50^{+0.011}_{-0.005}$ 축이 끼워맞춤할 때)

	구멍	축		
최대허용치수	A=50.025mm	a=50.011mm	최대죔새	a−B=0.011mm
최소허용치수	B=50.000mm	b=49.995mm	최대틈새	A−b=0.030mm

그림 17.7 끼워맞춤의 종류

4) 끼워맞춤 방식

끼워맞춤 부분을 가공할 때 어느 하나를 기준으로 하고 다른 쪽에 변동량을 주어 제작하게 되는데, 구멍을 기준(기준 구멍 H)으로 하고 축에 변동량을 주어 끼워맞춤을 하는 구멍 기준식과, 축을 기준(기준 축 h)으로 하고 구멍에 변동량을 주어 끼워맞춤을 하는 축 기준식이 있다.

일반적으로 구멍 기준식을 많이 사용하고 있으나, 구멍 기준식 끼워맞춤이나 축 기준식 끼워맞춤의 어느 것을 택하여도 상관없으며 가공상 유리한 쪽을 택하도록 한다.

축과 구멍의 가공 관계를 생각해 보면 구멍보다 축의 가공이 일반적으로 용이하다. 그러므로 하나의 기준 구멍에 가공하기 쉬운 축에 여러 변동량을 주어 끼워맞춤하면 편리하므로 구멍 기준식이 널리 사용되고 있다.

그러나 동일한 축 상에 헐거운 끼워맞춤, 중간 끼워맞춤, 억지 끼워맞춤 등과 같이 여러 개의 끼워맞춤이 연속될 때 끼워맞춤 종류가 달라지는 경계의 축 부분에 단을 붙여야 하므로 축의 가공비가 많이 들게 된다. 이와 같은 경우는 축 기준 끼워맞춤이 유리하다.

구멍 기준 방식은 H5~H10의 6가지의 구멍을 기준 구멍으로 하고 이것에 대하여 적당한 종류의 축을 조합하여 필요한 틈새나 죔새를 주어 끼워맞춤하는 방식이고, 축기준 방식은 h4~h9의 6가지의 축을 기준 축으로 하고 이것에 대하여 적당한 종류의 구멍을 조합하여 필요한 틈새나 죔새를 주어 끼워맞춤하는 방식이다.

그림 17.8, 표 17.4 및 표 17.6은 상용하는 구멍기준 끼워맞춤 관계를 나타낸 것이고, 그림 17.9, 표 17.5 및 표 17.7은 상용하는 축 기준 끼워맞춤 관계를 나타낸 것이다.

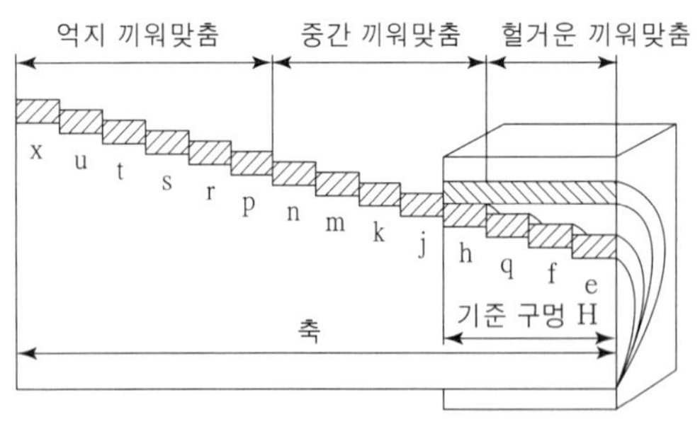

그림 17.8 구멍기준식 끼워맞춤

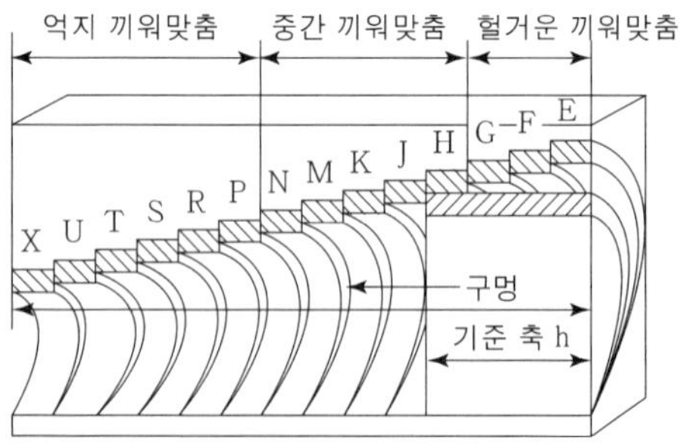

그림 17.9 축기준식 끼워맞춤

표 17.4 상용하는 구멍기준 끼워맞춤

기준 구멍	축의 종류와 등급																
	헐거운 끼워맞춤						중간 끼워맞춤				억지 끼워맞춤						
	b	c	d	e	f	g	h	js	k	m	n	p	r	s	t	u	x
H5						4	4	4	4	4							
H6						5	5	5	5	5							
					6	6	6	6	6	6	6(*)	6(*)					
H7				(6)	6	6	6	6	6	6	6	6(*)	6(*)	6	6	6	6
				7	7	(7)	7	7	(7)	(7)	(7)	(7)(*)	(7)(*)	(7)	(7)	(7)	(7)
H8					7		7										
				8	8		8										
			9	9													
H9			8	8			8										
		9	9	9			9										
H10	9	9	9														

주 : 1. 표에 괄호를 한 것은 될 수 있는 대로 사용하지 않는다.
2. 중간 끼워맞춤 및 억지 끼워맞춤에서는 기능을 확보하기 위하여 선택 조합을 하는 것이 많다.
3. (*) 이들의 끼원맞춤은 치수의 구분에 따라 예외가 생긴다.

표 17.5 상용하는 축기준 끼워맞춤

기준 축	구멍의 종류와 등급																
	헐거운 끼워맞춤						중간 끼워맞춤				억지 끼워맞춤						
	B	C	D	E	F	G	H	JS	K	M	N	P	R	S	T	U	X
h4							5	5	5	5							
h5							6	6	6	6	6(*)	6					
h6					6	6	6	6	6	6	6	6(*)					
				(7)	7	7	7	7	7	7	7	(7)(*)	7	7	7	7	7
h7				7	7	(7)	7	(7)	(7)	(7)	(7)	(7)	(7)(*)	(7)			
					8		8										
h8				8	8		8										
			9	9			9										
h9			8	8			8										
		9	9	9			9										
	10	10	10														

주 : 1. 표에 괄호를 한 것은 될 수 있는 대로 사용하지 않는다.
2. 중간 끼워맞춤 및 억지 끼워맞춤에서는 기능을 확보하기 위하여 선택 조합을 하는 것이 많다.
3. (*) 이들의 끼워맞춤은 치수의 구분에 따라 예외가 생긴다.

표 17.6 상용하는 구멍기준 끼워맞춤(그림은 치수 30mm의 경우임)

기준구멍	H5				
	축				
끼워맞춤의 종류	헐거운 끼워맞춤	중간 끼워맞춤			
축의종류	g	h	js	k	m
축의등급	4	4	4	4	4

기준구멍	H6												
	축												
끼워맞춤의 종류	헐거운 끼워맞춤			중간 끼워맞춤								억지끼워맞춤	
축의종류	f	g		h		js		k		m		n	p
축의등급	6	5	6	6	6	5	6	6	6	6	6	6	6

기준구멍	H7																
	축																
끼워맞춤의 종류	헐거운 끼워맞춤				중간 끼워맞춤						억지 끼워맞춤						
축의종류	c	f		g	h		js		k	m	n	p	r	s	t	u	x
축의등급	7	6	7	6	6	7	6	7	6	6	6	6	6	6	6	6	6

기준구멍	H8						
	축						
끼워맞춤의 종류	헐거운 끼워맞춤					중간끼워맞춤	
축의종류	d	e		f		h	
축의등급	9	8	9	7	8	7	8

기준구멍	H9							
	축							
끼워맞춤의 종류	헐거운 끼워맞춤						중간끼워맞춤	
축의종류	c	d		e		h		
축의등급	9	8	9	8	9	9	9	

기준구멍	H10		
	축		
끼워맞춤의 종류	헐거운 끼워맞춤		
축의종류	b	c	d
축의등급	9	9	9

μ
50
0
−50
−100
−150
μ
−200

치수허용차

H5
H6
H7
H8
H9
H10

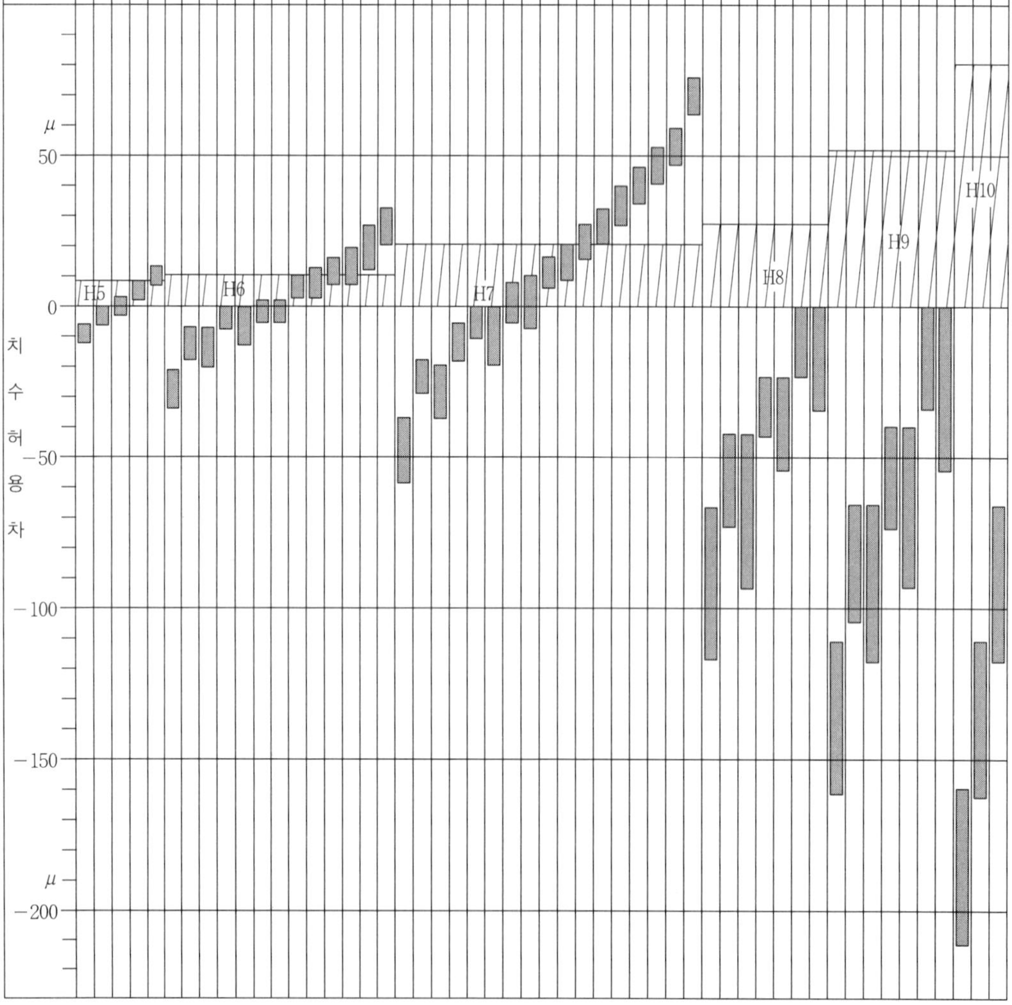

표 17.7 상용하는 축기준 끼워맞춤(그림은 치수30mm의 경우임)

기준축	h4				h5						h6																					h7					h8							h9									
	구멍				구멍						구멍																					구멍					구멍							구멍									
끼워맞춤의 종류	중간끼워맞춤				중간끼워맞춤				억지끼워맞춤		헐거운끼워맞춤				중간끼워맞춤										억지끼워맞춤							헐거운끼워맞춤			중간끼워맞춤		헐거운끼워맞춤					중간끼워맞춤		헐거운끼워맞춤								중간끼워맞춤	
구멍의종류	H	Js	K	M	H	Js	K	M	N	P	F		G		H		Js		K		M		N		D		R	S	T	U	X	E	F		H		D		E		F	H		B	C		D			E		F	
구멍의등급	5	5	5	5	6	6	6	6	6	6	6	7	6	7	6	7	6	7	6	7	6	7	6	7	6	7	7	7	7	7	7	7	7	8	7	8	8	8	8	9	8	8	9	10	9	10	8	9	10	8	8	8	9

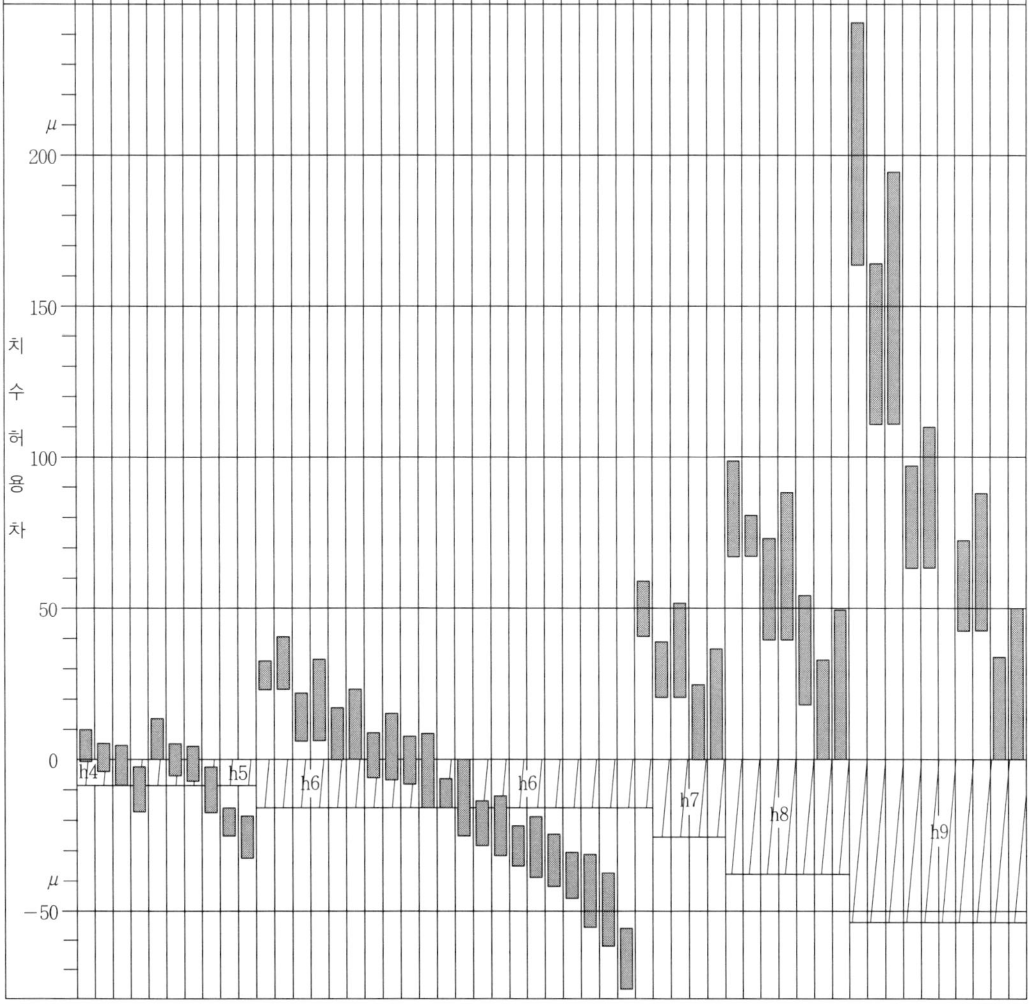

표 17.8 상용하는 축 기준식 구멍치수 허용차 (단위 1 μm : 0.001mm)

치수의 구분 [mm]	B	C		D			E			F			G		H					
	B10	C9	C10	D8	D9	D10	E7	E8	E9	F6	F7	F8	G6	G7	H5	H6	H7	H8	H9	H10
3 이하	+180 +140	+85	+100 +60	+34	+45 +20	+60	+24	+28 +14	+39	+12	+16 +6	+20	+8 +2	+12	+4	+6	+10 0	+14	+25	+40
3 초과 6 이하	+188 +140	+100	+118 +70	+48	+60 +30	+78	+32	+38 +20	+50	+18	+22 +10	+28	+12 +4	+16	+5	+8	+12 0	+18	+30	+48
6 초과 10 이하	+208 +150	+116	+138 +80	+62	+76 +40	+98	+40	+47 +25	+61	+22	+28 +13	+35	+14 +5	+20	+6	+9	+15 0	+22	+36	+58
10 초과 14 이하 14 초과 18 이하	+220 +150	+138	+165 +95	+77	+93 +50	+120	+50	+59 +32	+75	+27	+34 +16	+43	+17 +6	+24	+8	+11	+18 0	+27	+43	+70
18 초과 24 이하 24 초과 30 이하	+244 +160	+162	+194 110	+98	+117 +65	+149	+61	+73 +40	+92	+33	+41 +20	+53	+20 +7	+28	+9	+13	+21 0	+33	+52	+84
30 초과 40 이하	+270 +170	+182	+220 +120	+119	+142 +80	+180	+75	+89 +50	+112	+41	+50 +25	+64	+25 +9	+34	+11	+16	+25 0	+39	+62	+100
40 초과 50 이하	+280 +180	+192	+230 130																	
50 초과 65 이하	+310 +190	+214	+260 +140	+146	+174 +100	+220	+90	+106 +60	+134	+49	+60 +30	+76	+29 +10	+40	+13	+19	+30 0	+46	+74	+120
65 초과 80 이하	+320 +200	+224	+270 +150																	
80 초과 100 이하	+360 +220	+257	+310 +170	+174	+207 +120	+260	+107	+126 +72	+156	+58	+71 +36	+90	+34 +12	+47	+15	+22	+35 0	+54	+87	+140
100 초과 120 이하	+380 +240	+267	+320 +180																	
120 초과 140 이하	+420 +260	+300	+360 +200	+208	+245 +145	+305	+125	+148 +85	+185	+68	+83 +43	+106	+39 +14	+54	+18	+25	+40 0	+63	+100	+160
140 초과 160 이하	+440 +280	+310	+370 +210																	
160 초과 180 이하	+470 +310	+330	+390 +230																	
180 초과 200 이하	+525 +340	+355	+425 +240	+242	+285 +170	+355	+146	+172 +100	+215	+79	+96 +50	+122	+44 +15	+61	+20	+29	+46 0	+72	+115	+185
200 초과 225 이하	+565 +380	+375	+445 +260																	
225 초과 250 이하	+605 +420	+395	+465 +280																	
250 초과 280 이하	+690 +480	+430	+510 +300	+271	+320 +190	+400	+162	+191 +110	+240	+88	+108 + 56	+137	+49 +17	+69	+23	+32	+52 0	+81	+130	+210
280 초과 315 이하	+750 +540	+460	+540 +330																	
315 초과 355 이하	+830 +600	+500	+590 +360	+299	+350 +210	+440	+182	+214 +125	+265	+98	+119 +62	+151	+54 +18	+75	+25	+36	+57 0	+89	+140	+230
355 초과 400 이하	+910 +680	+540	+630 +400																	
400 초과 450 이하	+1010 +760	+595	+690 +440	+327	+385 +230	+480	+198	+232 +135	+290	+108	+131 +68	+165	+60 +20	+83	+27	+40	+63 0	+97	+155	+250
450 초과 500 이하	+1090 +840	+630	+730 +480																	

비고 표 중의 각 단에서 위쪽의 값은 위치수허용차, 아래쪽의 값은 아래치수허용차를 나타낸다.

표 17.8 상용하는 축 기준식 구멍치수 허용차(계속) (단위 1 μm : 0.001mm)

치수의 구분 [mm]	JS			K			M			N		P		R	S	T	U	X
	JS5	JS6	JS7	K5	K6	K7	M5	M6	M7	N6	N7	P6	P7	R7	S7	T7	U7	X7
3 이하	±2	±3	±5	0 −4	0 −6	0 −10	−2 −6	−2 −8	−2 −12	−4 −10	−4 −14	−6 −12	−6 −16	−10 −20	−14 −24	−	−18 −28	−20 −30
3 초과 6 이하	±2.5	±4	±6	0 −5	+2 −6	+3 −9	−3 −8	−1 −9	0 −12	−5 −13	−4 −16	−9 −17	−8 −20	−11 −23	−15 −27	−	−19 −31	−24 −36
6 초과 10 이하	±3	±4.5	±7	+1 −5	+2 −7	+5 −10	−4 −10	−3 −12	0 −15	−7 −16	−4 −19	−12 −21	−9 −24	−13 −28	−17 −32	−	−22 −37	−28 −43
10 초과 14 이하	±4	±5.5	±9	+2 −6	+2 −9	+6 −12	−4 −12	−4 −15	0 −18	−9 −20	−5 −23	−15 −26	−11 −29	−16 −34	−21 −39	−	−26 −44	−33 −51
14 초과 18 이하																		−38 −56
18 초과 24 이하	±4.5	±6.5	±10	+1 −8	+2 −11	+6 −15	−5 −14	−4 −17	0 −21	−11 −24	−7 −28	−18 −31	−14 −35	−20 −41	−27 −48	−	−33 −54	−46 −67
24 초과 30 이하																−33 −54	−40 −61	−56 −77
30 초과 40 이하	±5.5	±8	±12	+2 −9	+3 −13	+7 −18	−5 −16	−4 −20	0 −25	−12 −28	−8 −33	−21 −37	−17 −42	−25 −50	−34 −59	−39 −64	−51 −76	−
40 초과 50 이하																−45 −70	−61 −86	
50 초과 65 이하	±6.5	±9.5	±15	+3 −10	+4 −15	+9 −21	−6 −19	−5 −24	0 −30	−14 −33	−9 −39	−26 −45	−21 −51	−30 −60	−42 −72	−55 −85	−76 −106	−
65 초과 80 이하														−32 −62	−48 −78	−64 −94	−91 −121	
80 초과 100 이하	±7.5	±11	±17	+2 −13	+4 −18	+10 −25	−8 −23	−6 −28	0 −35	−16 −38	−10 −45	−30 −52	−24 −59	−38 −73	−58 −93	−78 −113	−111 −146	−
100 초과 120 이하														−41 −76	−66 −101	−91 −126	−131 −166	
120 초과 140 이하	±9	±12.5	±20	+3 −15	+4 −21	+12 −28	−9 −27	−8 −33	0 −40	−20 −45	−12 −52	−36 −61	−28 −68	−48 −88	−77 −117	−107 −147	−	−
140 초과 160 이하														−50 −90	−85 −125	−119 −159		
160 초과 180 이하														−53 −93	−93 −133	−131 −171		
180 초과 200 이하	±10	±14.5	±23	+2 −18	+5 −24	+13 −33	−11 −31	−8 −37	0 −46	−22 −51	−14 −60	−41 −70	−33 −79	−60 −106	−105 −151	−	−	−
200 초과 225 이하														−63 −109	−113 −159			
225 초과 250 이하														−67 −113	−123 −169			
250 초과 280 이하	±11.5	±16	±26	+3 −20	+5 −27	+16 −36	−13 −36	−9 −41	0 −52	−25 −57	−14 −66	−47 −79	−36 −88	−74 −126	−	−	−	−
280 초과 315 이하														−78 −130				
315 초과 355 이하	±12.5	±18	±28	+3 −22	+7 −29	+17 −40	−14 −39	−10 −46	0 −57	−26 −62	−16 −73	−51 −81	−41 −98	−87 −144	−	−	−	−
355 초과 400 이하														−93 −150				
400 초과 450 이하	±13.5	±20	±31	+2 −25	+8 −32	+18 −45	−16 −43	−10 −50	0 −63	−27 −67	−17 −80	−55 −95	−45 −108	−103 −166	−	−	−	−
450 초과 500 이하														−109 −172				

비고 표 중의 각 단에서 위쪽의 값은 위치수허용차, 아래쪽의 값은 아래치수허용차를 나타낸다.

표 17.9 상용하는 구멍 기준식 축치수 허용차 (단위 1 μm : 0.001mm)

치수의 구분 [mm]	b	c	d		e			f			g			h					
	b9	c9	d8	d9	e7	e8	e9	f6	f7	f8	g4	g5	g6	h4	h5	h6	h7	h8	h9
3 이하	-140 -165	-60 -85	-20 -34	-45	-24	-14 -28	-29	-12	-6 -16	-20	-5	-2 -6	-8	-3	-4	0 -6	-10	-14	-25
3 초과 6 이하	-140 -170	-70 -100	-30 -48	-60	-32	-20 -38	-50	-18	-10 -22	-28	-8	-4 -9	-12	-4	-5	0 -8	-12	-18	-30
6 초과 10 이하	-150 -186	-80 -116	-40 -62	-76	-40	-25 -47	-61	-22	-13 -28	-35	-9	-5 -11	-14	-4	-6	0 -9	-15	-22	-36
10 초과 14 이하 14 초과 18 이하	-150 -193	-95 -138	-50 -77	-93	-50	-32 -59	-75	-27	-16 -34	-43	-11	-6 -14	-17	-5	-8	0 -11	-18	-27	-43
18 초과 24 이하 24 초과 30 이하	-160 -212	-110 -162	-65 -98	-117	-61	-40 -73	-92	-33	-20 -41	-53	-13	-7 -16	-20	-6	-9	0 -13	-21	-33	-52
30 초과 40 이하	-170 -232	-120 -182	-80 -119	-142	-75	-50 -89	-112	-41	-25 -50	-64	-16	-9 -20	-25	-7	-11	0 -16	-25	-39	-62
40 초과 50 이하	-180 -242	-130 -192																	
50 초과 65 이하	-190 -264	-140 -214	-100 -146	-174	-90	-60 -106	-134	-49	-30 -60	-76	-18	-10 -23	-29	-8	-13	0 -19	-30	-46	-74
65 초과 80 이하	-200 -274	-150 -224																	
80 초과 100 이하	-220 -307	-170 -257	-120 -174	-207	-107	-72 -126	-159	-58	-36 -71	-90	-22	-12 -27	-34	-10	-15	0 -22	-35	-54	-87
100 초과 120 이하	-240 -327	-180 -267																	
120 초과 140 이하	-260 -360	-200 -300	-145 -208	-245	-125	-85 -148	-185	-68	-43 -83	-106	-26	-14 -32	-39	-12	-18	0 -25	-40	-63	-100
140 초과 160 이하	-280 -380	-210 -310																	
160 초과 180 이하	-310 -410	-230 -330																	
180 초과 200 이하	-340 -455	-240 -355	-170 -242	-285	-146	-100 -172	-215	-79	-50 -96	-122	-29	-15 -35	-44	-14	-20	0 -29	-46	-72	-115
200 초과 225 이하	-380 -495	-260 -375																	
225 초과 250 이하	-420 -535	-280 -395																	
250 초과 280 이하	-480 -610	-300 -430	-190 -271	-320	-162	-110 -191	-240	-88	-56 -108	-137	-33	-17 -40	-49	-16	-23	0 -32	-52	-81	-130
280 초과 315 이하	-540 -670	-330 -460																	
315 초과 355 이하	-600 -740	-360 -500	-210 -299	-350	-182	-125 -214	-265	-98	-62 -119	-151	-36	-18 -43	-54	-18	-25	0 -36	-57	-89	-140
355 초과 400 이하	-680 -820	-400 -540																	
400 초과 450 이하	-760 -915	-440 -595	-230 -397	-385	-198	-135 -232	-290	-108	-68 -131	-165	-40	-20 -47	-60	-20	-27	0 -40	-63	-97	-155
450 초과 500 이하	-840 -995	-480 -635																	

비고 표 중의 각 단에서 위쪽의 값은 위치수허용차, 아래쪽의 값은 아래치수허용차를 나타낸다.

표 17.9 상용하는 구멍 기준식 축치수 허용차(계속) (단위 1 μm : 0.001mm)

치수의 구분 [mm]	js				k			m			n	p	r	s	t	u	x
	js4	js5	js6	js7	k4	k5	k6	m4	m5	m6	n6	p6	r6	s6	t6	u6	x6
3 이하	±1.5	±2	±3	±5	+3	+4 0	+6 0	+5	+6 +2	+8	+10 +4	+12 +6	+16 +10	+20 +14		+24 +18	+26 +20
3 초과 6 이하	±2	±2.5	±4	±6	+5	+6 +1	+9 +1	+8	+9 +4	+12	+16 +8	+20 +12	+23 +15	+27 +19		+31 +23	+36 +28
6 초과 10 이하	±2	±3	±4.5	±7	+6	+7 +1	+10 +1	+10	+12 +6	+15	+19 +10	+24 +15	+28 +19	+32 +23		+37 +28	+43 +34
10 초과 14 이하	±2.5	±4	±5.5	±9	+6	+9 +1	+12 +1	+12	+15 +7	+18	+23 +12	+29 +18	+34 +23	+39 +28		+44 +33	+51 +40
14 초과 18 이하																	+56 +45
18 초과 24 이하	±3	±4.5	±6.5	±10	+8	+11 +2	+15 +2	+14	+17 +8	+21	+28 +15	+35 +22	+41 +28	+48 +35		+54 +41	+67 +54
24 초과 30 이하															+54 +41	+61 +48	+77 +64
30 초과 40 이하	±3.5	±5.5	±8	±12	+9	+13 +2	+18 +2	+16	+20 +9	+25	+33 +17	+42 +26	+50 +34	+59 +43	+64 +48	+76 +60	
40 초과 50 이하															+70 +54	+86 +70	
50 초과 65 이하	±4	±6.5	±9.5	±15	+10	+15 +2	+21 +2	+19	+24 +11	+30	+39 +20	+51 +32	+60 +41	+72 +53	+85 +66	+106 +87	
65 초과 80 이하													+62 +43	+78 +59	+94 +75	+121 +102	
80 초과 100 이하	±5	±7.5	±11	±17	+13	+18 +3	+25 +3	+23	+28 +13	+35	+45 +23	+59 +37	+73 +51	+93 +71	+113 +91	+146 +124	
100 초과 120 이하													+76 +54	+101 +79	+126 +104	+166 +144	
120 초과 140 이하	±6	±9	±12.5	±20	+15	+21 +3	+28 +3	+27	+33 +15	+40	+52 +27	+68 +43	+88 +63	+117 +92	+147 +122		
140 초과 160 이하													+90 +65	+125 +100	+159 +134		
160 초과 180 이하													+93 +68	+133 +108	+171 +146		
180 초과 200 이하	±7	±10	±14.5	±23	+18	+24 +4	+33 +4	+31	+37 +17	+46	+60 +31	+79 +50	+106 +77	+151 +122			
200 초과 225 이하													+109 +80	+159 +130			
225 초과 250 이하													+113 +84	+169 +140			
250 초과 280 이하	±8	±11.5	±16	±26	+20	+27 +4	+36 +4	+36	+43 +20	+52	+66 +34	+88 +56	+126 +94				
280 초과 315 이하													+130 +98				
315 초과 355 이하	±9	±12.5	±18	±28	+22	+29 +4	+40 +4	+39	+46 +21	+57	+73 +37	+98 +62	+144 +108				
355 초과 400 이하													+150 +114				
400 초과 450 이하	±10	±13.5	±20	±31	+25	+32 +5	+45 +5	+43	+50 +23	+63	+80 +40	+108 +68	+166 +126				
450 초과 500 이하													+172 +132				

비고 표 중의 각 단에서 위쪽의 값은 위치수허용차, 아래쪽의 값은 아래치수허용차를 나타낸다.

17.3 끼워맞춤의 적용예

부위	적용 끼워맞춤
위치 결정핀 (억지 끼워맞춤)	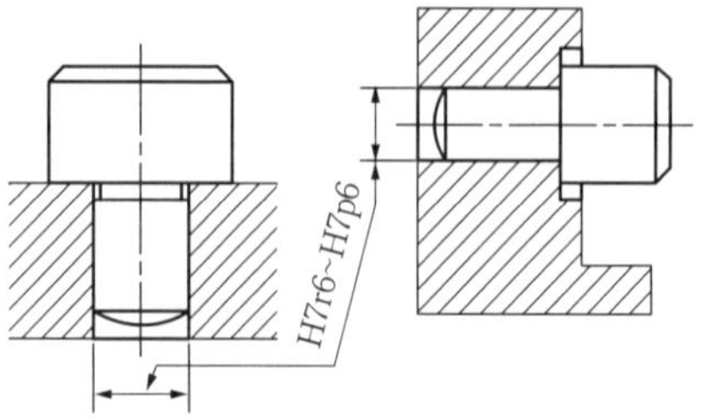 H7r6~H7p6
상하 이동식 위치 결정핀	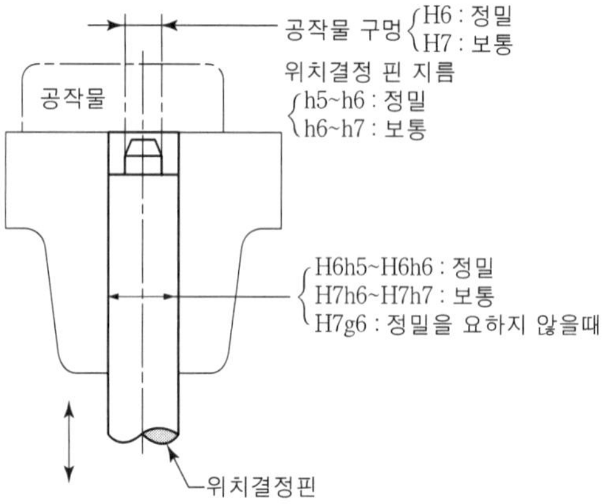 공작물 구멍 {H6 : 정밀, H7 : 보통} 위치결정 핀 지름 {h5~h6 : 정밀, h6~h7 : 보통} 공작물 {H6h5~H6h6 : 정밀, H7h6~H7h7 : 보통, H7g6 : 정밀을 요하지 않을때} 위치결정핀
분할 핀	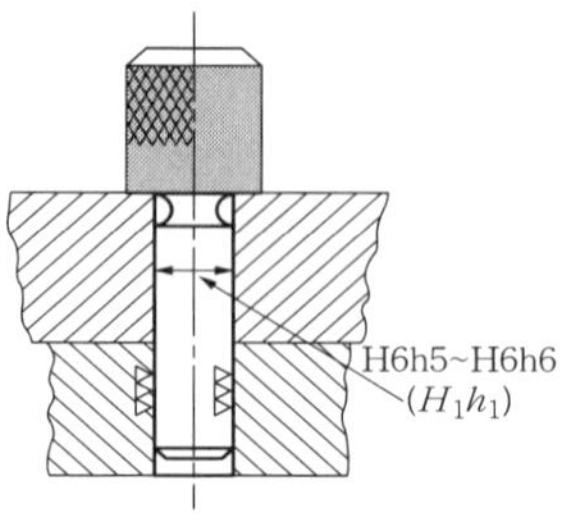 H6h5~H6h6 (H_1h_1) (c)
지그다리 끼워맞춤 (억지 끼워맞춤)	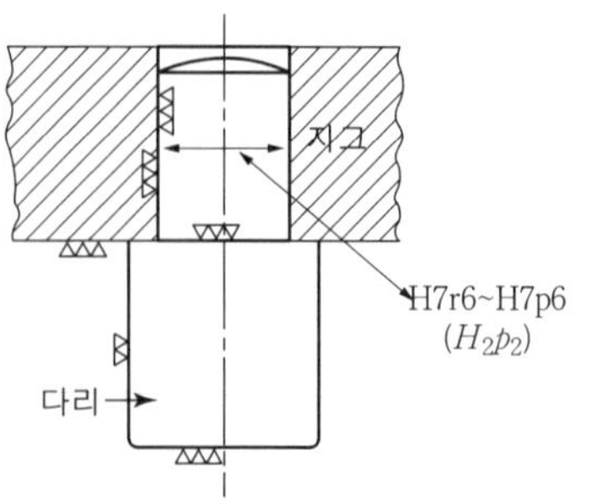 지그 H7r6~H7p6 (H_2p_2) 다리

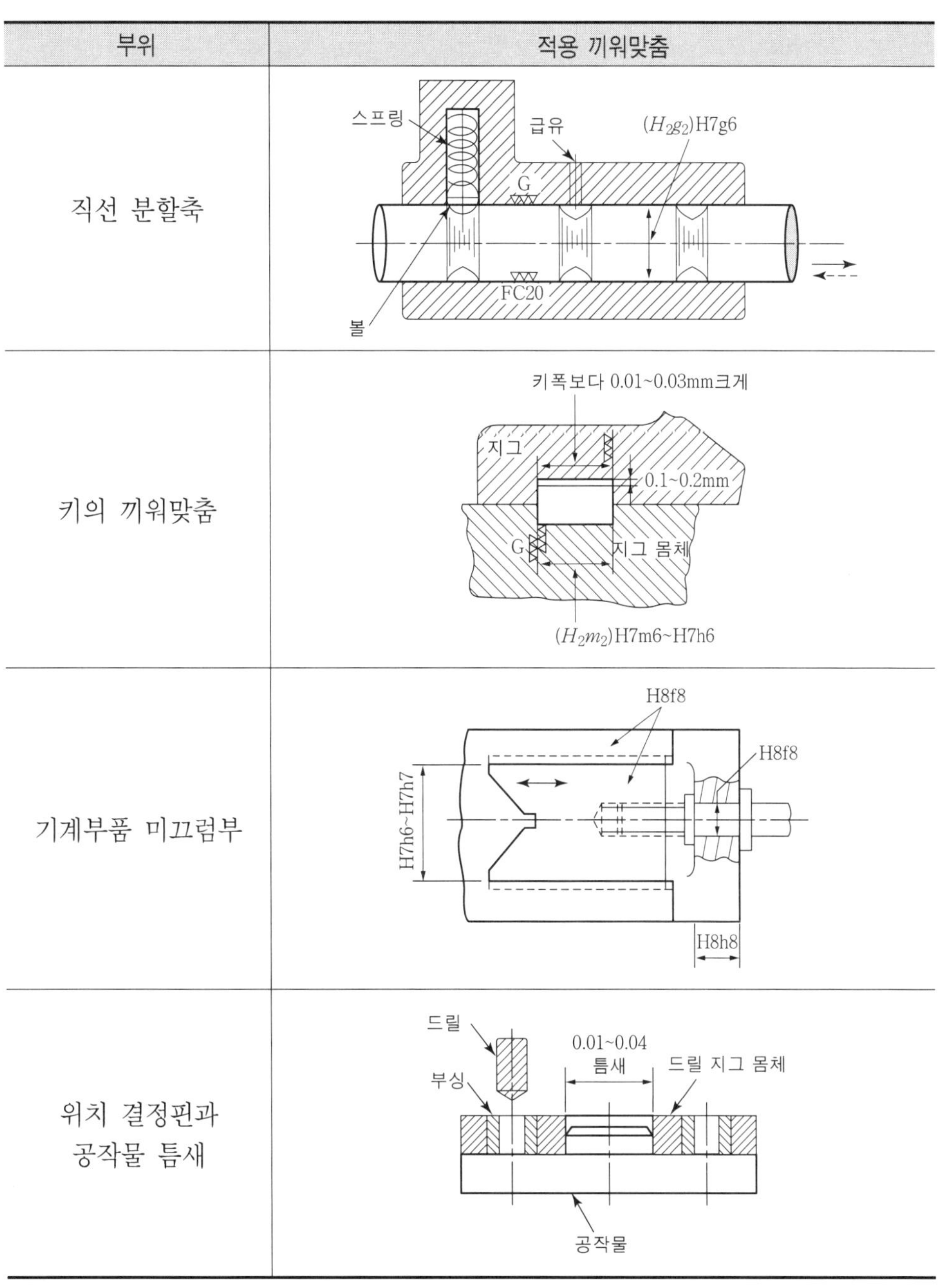

부위	적용 끼워맞춤
직선 분할축	스프링 급유 (H_2g_2)H7g6 G FC20 볼
키의 끼워맞춤	키폭보다 0.01~0.03mm크게 지그 0.1~0.2mm G 지그 몸체 (H_2m_2)H7m6~H7h6
기계부품 미끄럼부	H8f8 H8f8 H7h6~H7h7 H8h8
위치 결정핀과 공작물 틈새	드릴 부싱 0.01~0.04 틈새 드릴 지그 몸체 공작물

부위	적용 끼워맞춤
힌지 핀	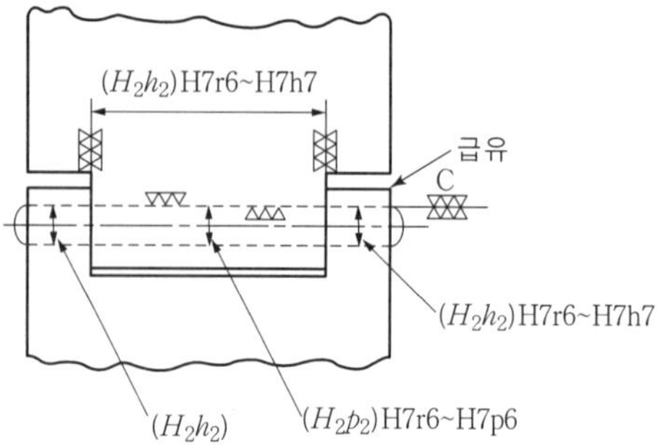
평면 베어링	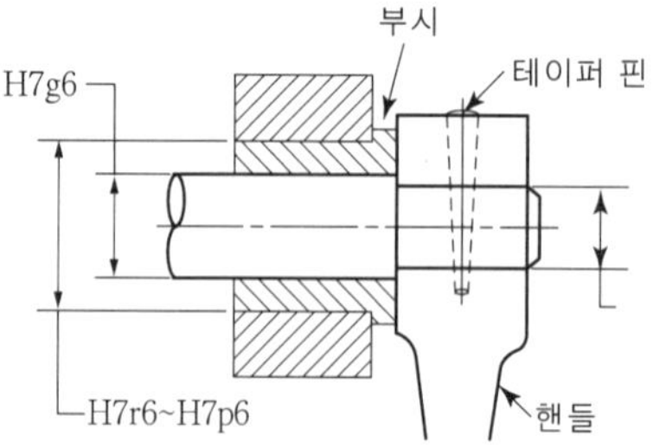
유압 피스톤	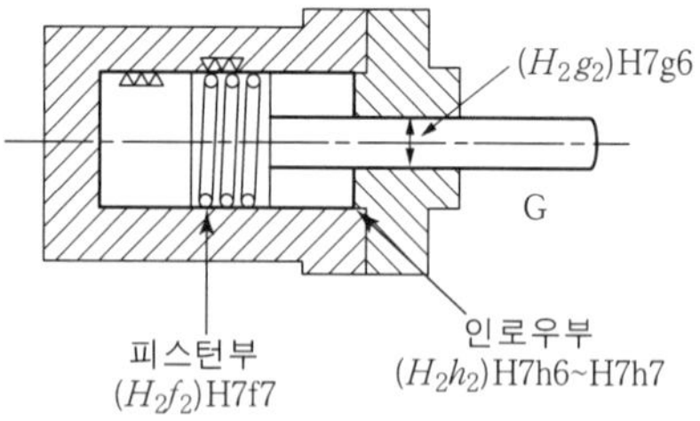

연습문제

❶ 다음 용어에 대하여 설명하라.

① 허용치수 ② 치수 허용차 ③ 공차
④ IT공차 ⑤ 죔새 ⑥ 기준 치수

❷ 끼워맞춤에서 구멍 및 축의 종류란 무엇이며, 이들은 어떻게 표시하고 있는가?

❸ 구멍 기준식 끼워맞춤이란?

❹ 끼워맞춤의 종류에는 헐거운 끼워맞춤, 중간 끼워맞춤, 억지 끼워맞춤이 있는데 중간 끼워맞춤은 어떠한 형태로 끼워맞춤이 이루어지는 경우인가?

❺ $\phi 40H7$의 구멍에 $\phi 40g6$의 축을 끼워 맞출 때, 최대 틈새와 최소 틈새를 구하라.

❻ $\phi 40H7$의 구멍과 $\phi 40r6$의 축을 끼워맞춤하면 끼워맞춤의 종류는 무엇인가?

❼ IT공차의 등급 분류와 용도에 대하여 설명하라.

❽ 다음 중 축 기준식 헐거운 끼워맞춤으로 조합된 것은?

$50P7h6$ $\phi 40H7s6$ $\phi 40F7h6$ $\phi 50H7f6$ $40H7m6$ $50K7h6$

❾ $\phi 40H6m6$에 대하여 아래 사항에 대하여 답하라.

① $\phi 40H6$를 치수 형태로 표기하라.
② $\phi 40m6$를 치수 형태로 표기하라.
③ 구멍의 최소 허용 치수
④ 구멍의 기준 치수
⑤ 축의 최소 허용 치수

⑥ 축의 공차
⑦ 최대 틈새
⑧ 최대 죔새
⑨ 최소 틈새
⑩ 끼워맞춤의 형태는 무엇인가?

지그용 표준 부품

부록 I

1. 지그용 위치 결정핀(1)
2. 지그용 위치 결정핀(2)
3. 지그용 클램프
4. 지그용 클램프(다리부착형)
5. 지그용 구면와셔
6. 지그용 육각너트
7. 육각 구멍붙이 멈춤 나사

1. 지그용 위치 결정핀(1) (KS B 1319)

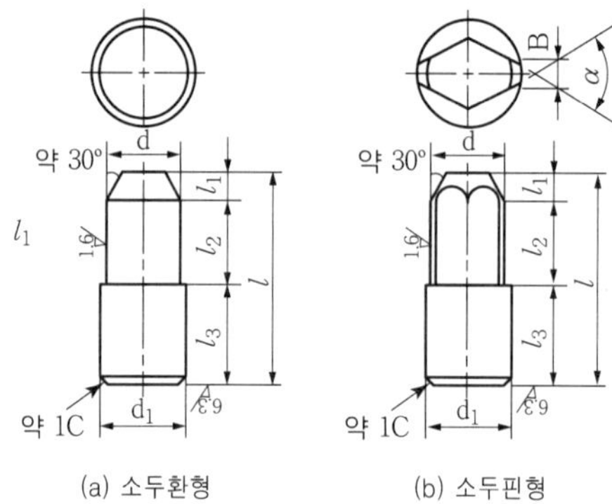

(a) 소두환형　　(b) 소두핀형

d	h_0	d_1	p_0	l	l_1	l_2	l_3	B(약)	α(약)
3이상 4이하	+0.020 −0.012	4	+0.020 +0.012	11 13	2	4	5 7	1.2	50°
4이상 5이하	+0.020 −0.012	5	+0.020 +0.012	13 16	2	5	6 9	1.5	50°
5이상 6이하	+0.020 −0.012	6	+0.020 +0.012	16 20	3	6	7 11	1.8	50°
6이상 8이하	+0 −0.009	8	+0.024 +0.015	20 25	3	8	9 14	2.2	50°
8이상 10이하	+0 −0.009	10	+0.024 +0.015	24 30	3	10	11 17	3	60°
10이상 12이하	+0 −0.011	12	+0.029 +0.018	27 34	4	10	13 20	3.5	60°
12이상 14이하	+0 −0.011	14	+0.029 +0.018	30 38	4	11	15 23	4	60°
14이상 16이하	+0 −0.011	16	+0.029 +0.018	33 42	4	12	17 26	5	60°
16이상 18이하	+0 −0.011	18	+0.029 +0.018	36 46	5	12	19 29	5.5	60°
18이상 20이하	+0 −0.013	20	+0.035 +0.022	39 47	5	12	22 30	6	60°
20이상 22이하	+0 −0.013	22	+0.035 +0.022	41 49	5	14	22 30	7	60°
22이상 25이하	+0 −0.013	25	+0.035 +0.022	41 49	5	14	22 30	8	60°
25이상 28이하	+0 −0.013	28	+0.035 +0.022	41 49	5	14	22 30	9	60°
28이상 30이하	+0 −0.013	30	+0.035 +0.022	41 49	5	14	22 30	9	60°

2. 지그용 위치 결정핀(2) (KS B 1319)

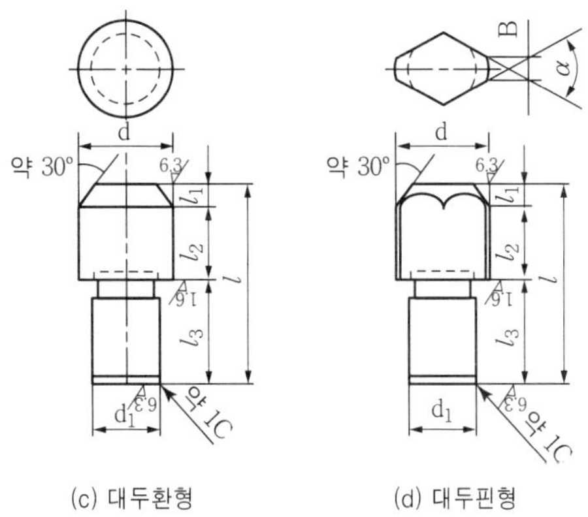

(단위 : mm)

d	h_0	d_1	p_0	l	l_1	l_2	l_3	B(약)	α(약)
6이상 8이하	+0 −0.009	5	+0.020 +0.012	19	3	6	10	2.2	50°
8이상 10이하	+0 −0.009	7	+0.024 +0.015	22	3	8	11	3	60°
10이상 12이하	+0 −0.011	8	+0.029 +0.018	25	4	8	13	3.5	60°
12이상 14이하	+0 −0.011	10	+0.029 +0.018	17	4	9	15	4	60°
14이상 16이하	+0 −0.011	12	+0.029 +0.018	32	4	10	18	5	60°
16이상 18이하	+0 −0.011	13	+0.029 +0.018	35	5	10	20	5.5	60°
18이상 20이하	+0 −0.013	14	+0.035 +0.022	37	5	10	22	6	60°
20이상 22이하	+0 −0.013	16	+0.035 +0.022	39	5	12	22	7	60°
22이상 25이하	+0 −0.013	18	+0.035 +0.022	42	5	12	25	8	60°
25이상 28이하	+0 −0.013	20	+0.035 +0.022	42	5	12	25	9	60°
28이상 30이하	+0 −0.013	22	+0.035 +0.022	42	5	12	25	9	60°

비고 재질은 탄소공구강 STC 5 또는 이와 동등 이상의 (HRC 55-60)으로 한다. 제품의 호칭방법은 규격번호, 종류, 명칭

예 지그용 위치결정핀 대두환영 10fa 22

3. 지그용 클램프

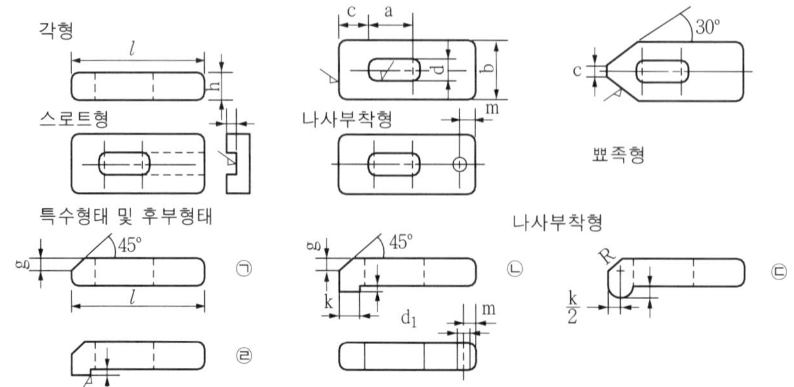

(단위 : mm)

호칭	d	L	a	h	e	h	f	i	j	k	m	d_1	참고 체부볼트의 호칭
6	7	40 50 53	15 20 25	20	10	9	3	6	1.5	7	6	M6	M6
7	9.5	50 63 80	20 25 35	25	12	12	4	8	1.5	9			M8
10	12	63 80	22 32	32	15	16	5	10	2	12	8	M8	M10
		100	40			9			3	14			
12	14	63	28	32	14	19	6	12	3	14	10	M10	M12
		80 100 125	30 40 50	40	20								
16	19	80	35	40	18	19	7	15	3	14	11	M12	M16
		100 125 160	35 45 65	50	26	25			3.5	17			
20	23	100 125	45 86	50	32	25	9	20	3.5	17	13	M16	M20
		160 200 250	60 80 105	63	32	30			4	20			
24	27	125 160 200	50 60 80	58	35	30	10	24	4	20	15	M18	M24
		250 315	100 130	71	42	35			5	27			
27	30	125 160 200	50 60 80	71	36	30	11	26	4	20	16	M20	M27
		250 315	100 130	80	42	40			5	27			

비고 모따기가 필요한 경우 모따기 각도 θ의 식은 15°~45°이다.

4. 지그용 클램프(다리부착형)

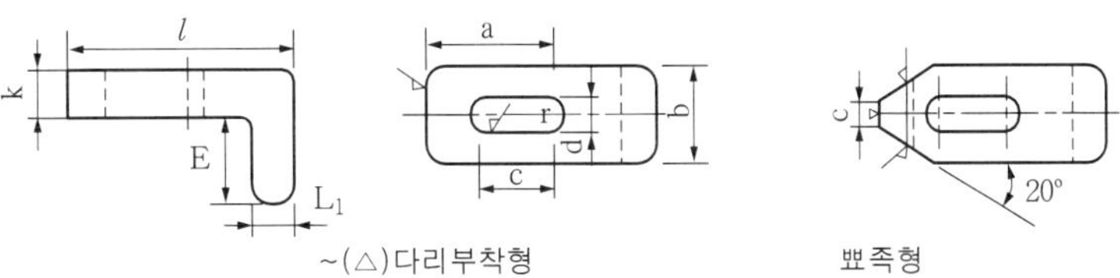

특수형 및 후부형태

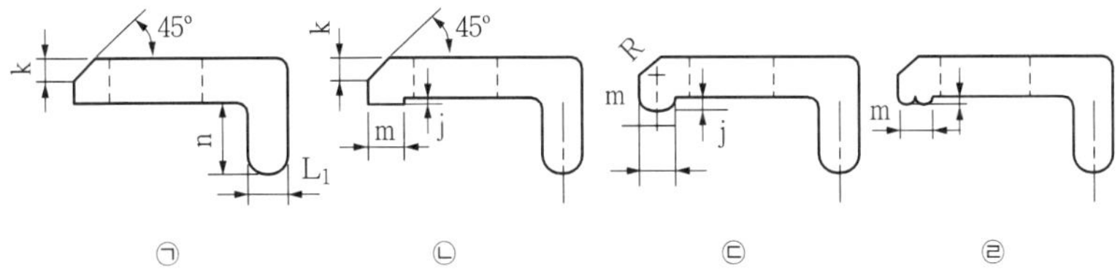

(단위 : mm)

호칭	d	L	a	b	e	h	L	K	j	n										참고 체부 볼트의 외경
6	7	40 50 63	15 20 25	20	10	9	7	7	1.5	5	10	15	20	–	–	–	–	–	–	M6
8	9.5	50 63 80	20 25 35	25	12	12	9	9	1.5	–	10	15	20	25	–	–	–	–	–	M8
10	12	63 80	22 32	32	15	16	12	12	2	–	–	15	20	25	30	–	–	–	–	M10
		100	40			19	14	14	3											
12	14	60	28	32	14	19	14	14	3	–	–	–	20	25	30	35	–	–	–	M12
		80 100 125	30 40 50	40	20															
16	19	80	35	40	18	17	14	14	3	–	–	–	20	–	30	–	40	50	–	M16
		100 125 160	35 45 65	50	26	25	17	17	3.5											
20	23	100 125	45 55	50	22	25	17	17	3.5	–	–	–	–	–	30	–	40	50	60	M20
		160 200 250	60 80 105	63	32	30	20	20	4											

5. 지그용 구면와셔

1. 재질 : 5TC 7 또는 동등이상의 것. 2. 경로 : HRC 30~40

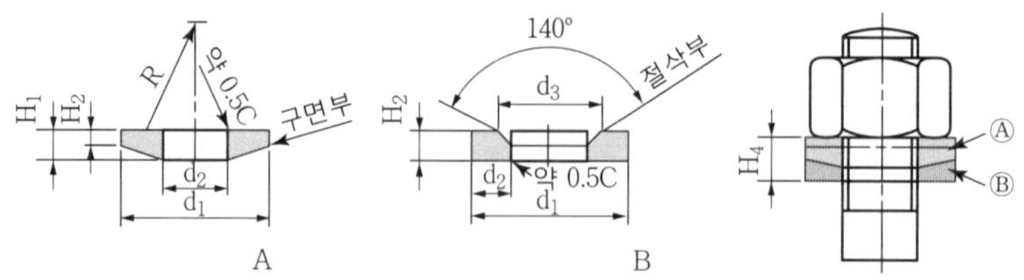

(단위 : mm)

호칭	d_1	d_2	d_3	d_4	H_1	H_2	H_3	H_4 (참고)	R	체부볼트의 호칭
6	18	6.7	7	12	2.5	1.5	2.5	4.5	15	M 6
8	18	8.7	9.5	16.5	8.5	1.8	3	5.5	20	M 8
10	22	10.5	12	30.5	4	2.1	3.5	6	25	M 10
12	26	13.5	16	24	5	3	4	7.5	30	M 12
16	32	17	19	29.5	6	3.4	5	9.5	35	M 16
20	40	21	23	37	7.5	3.8	7	12	40	M 20
24	48	26	27	44.5	9	4.9	8	14	50	M 24
27	52	28	30	48	10	6	9	16	60	M 27

6. 지그용 육각너트

1. 재질 : 5B 45 또는 동등이상의 것. 2. JRC 25~30

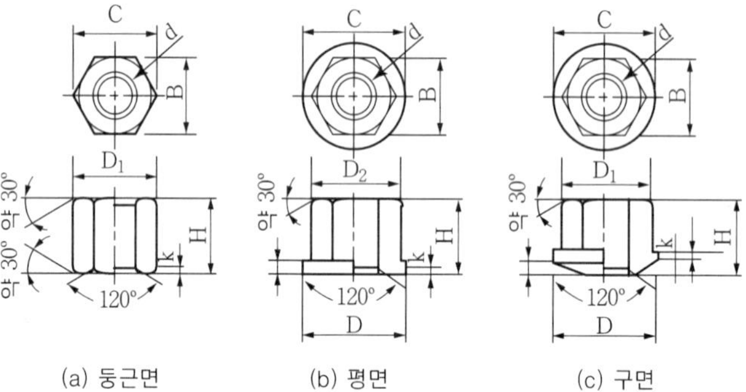

(a) 둥근면 (b) 평면 (c) 구면

(단위 : mm)

호칭치수	나사의 호칭 d	H	B	C	D_3		D	L	R	t_2	t_3
6	8	9	10	11.5	9.8	0.5	13	2	15	2.5	1.5
8	8	12	13	15.0	12.5	0.6	18	2.5	20	3.5	1.8
10	10	15	17	19.6	16.5	0.8	23	3	25	4	2.1
12	12	18	19	21.5	18	1	26	3	30	5	3
16	16	24	24	27.7	23	1	32	3	35	6	3.4
20	20	30	30	34.6	29	1.3	40	4	40	7.5	3.8
24	24	30	36	41.6	34	1.5	48	4	50	9	4.9
27	27	40	40	47.3	39	1.6	52	5	60	10	6

7. 육각 구멍붙이 멈춤 나사

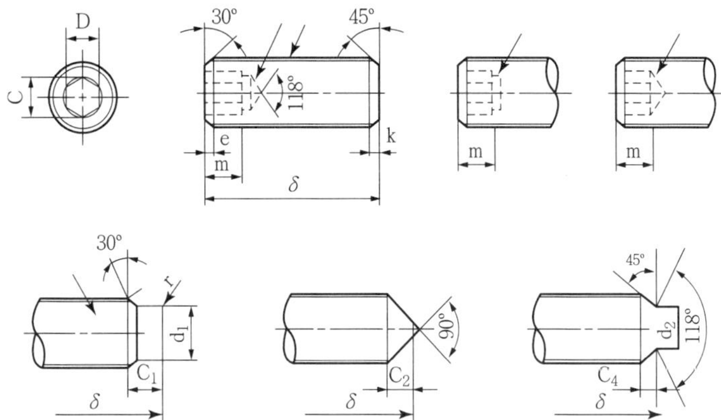

(단위 mm)

볼트의 호칭(d)			M3 ×0.5	M4 ×0.7	M5 ×0.8	M6	M8	M10	M12	(M14)	M16	(M18)	M20
피치 p			0.5	0.7	0.8	1	1.25	1.5	1.75	2	2	2.5	2.5
B	기준치수		1.5	2	2.5	3	4	5	6	6	8	8	10
	허용차		+0.08 +0.02			+0.10 +0.03					+0.13 +0.04		
c (약)			1.7	2.3	2.9	3.6	4.7	5.9	7	7	9.4	9.4	10.7
e (약)			0.3	0.3	0.5	0.5	0.6	0.8	1	1	1.1	1.1	1.2
m (최소)			1.5	2	2.5	3	4	4	5	5	6	8	8
선단부	평선	k	0.6	0.8	0.9	1	1.2	1.5	2	2	2	2.5	2.5
	봉선	d_1 기준치수	–	–	3.5	4	5.5	7	9	10	12	13	15
		d_1 허용차	–	–	0 −0.12			0 −0.15			0 −0.18		
		c_1 (약)	–	–	3	3	5	5	6	6	8	8	8
		r (약)	–	–	0.3	0.4	0.4	0.5	0.6	0.8	0.8	0.8	1
	뾰족끝	c_2 (약)	1.2	1.6	2	2.5	3	3.5	4.5	5	6	6.5	7
	오목끝	d_3 (약)	1.5	2	2.5	3	5	6	8	9	10	12	14
		c_4 (약)	0.8	1	1.2	1.5	1.5	2	2	2.5	3	3	3
l	기준치수		3* 4 5 6 8 10	4* 5 6 8 10 12 14 16	5* 6* 8 10 12 14 16 18 20	6* 8* 10 12 14 16 18 20 22 25	8* 10* 12 14 16 18 20 22 25 28 30 32	10* 12* 14 16 18 20 22 25 28 30 32 35 40	12* 14* 16 18 20 22 25 28 30 32 35 40 45 50	14* 16* 18 20 22 25 28 30 32 35 40 45 50	18* 20* 22 25 28 30 32 35 40 45 50	18* 20* 22 25 28 30 32 35 40 45 50	20* 22* 25 28 30 32 35 40 45 40
	허용차		±0.4						±0.5				

한계게이지 공차

부록Ⅱ

1. IT 기본 공차 값

(단위 : μm=0.001mm)

치수 구분[mm] \ 등급	IT1 (1급)	IT2 (2급)	IT3 (3급)	IT4 (4급)	IT5 (5급)	IT6 (6급)	IT7 (7급)	IT8 (8급)	IT9 (9급)	IT10 (10급)	IT11 (11급)	IT12 (12급)	IT13 (13급)	IT14 (14급)	IT15 (15급)	IT16 (16급)	IT17 (17급)	IT18 (18급)
~3 이하	0.8	1.2	2	3	4	6	10	14	25	40	60	100	140	260	400	600	1000	1400
3 초과 6 이하	1	1.5	2.5	4	5	8	12	18	30	48	75	120	180	300	480	750	1200	1800
6 초과 10 이하	1	1.5	2.5	4	6	9	15	22	36	58	90	150	220	360	580	900	1500	2200
10 초과 18 이하	1.2	2	3	5	8	11	18	27	43	70	110	180	270	430	700	1100	1800	2700
18 초과 30 이하	1.5	2.5	4	6	9	13	21	33	52	84	130	210	330	520	840	1300	2100	3300
30 초과 50 이하	1.5	2.5	4	7	11	16	25	39	62	100	160	250	390	620	1000	1600	2500	3900
50 초과 80 이하	2	3	5	8	13	19	30	46	74	120	190	300	460	740	1200	1900	3000	4600
80 초과 120 이하	2.5	4	6	10	15	22	35	54	87	140	220	350	540	870	1400	2200	3500	5400
120 초과 180 이하	3.5	5	8	12	18	25	40	63	100	160	250	400	630	1000	1600	2500	4000	6300
180 초과 250 이하	4.5	7	10	14	20	29	46	72	115	185	290	460	720	1150	1850	2900	4600	7200
250 초과 315 이하	6	8	12	16	23	32	52	81	130	210	320	520	810	1300	2100	3200	5200	8100
315 초과 400 이하	7	9	13	18	25	36	57	89	140	230	360	570	890	1400	2300	3600	5700	8900
400 초과 500 이하	8	10	15	20	27	40	63	97	155	250	400	630	970	1550	2500	4000	6300	9700

비고 : IT 01~IT 4의 IT 기본 공차는 주로 게이지류, IT 5~IT 10의 IT 기본 공차는 주로 끼워 맞추는 부분, IT 11~IT 16의 IT 기본 공차는 주로 끼워 맞출 수 없는 부분의 치수 공차로 적용된다.

2. 한계게이지 구멍과 축의 공차내 마모 및 마모한계 치수의 허용차

(단위 : μm)

호칭 치수의 구별(mm)		5 급					6 급					7 급									8 급					9 급					10 급				
		T	구멍, 축용 게이지				T	구멍, 축용 게이지				T	구멍용 게이지				축용 게이지				T	구멍, 축용 게이지				T	구멍, 축용 게이지				T	구멍용 게이지			
초과	이하		x x_1	y y_1	y' y'_1	a a_1		x x_1	y y_1	y' y'_1	a a_1		x	y	y'	a	x_1	y_1	y'_1	a_1		x x_1	y y_1	y' y'_1	a a_1		x x_1	y y_1	y' y'_1	a a_1		x	y	y'	a
–	3	4	1	1	–	–	6	1.5	1	–	–	10	2	15	–	–	2	1.5	–	–	14	3	2	–	–	25	6	0	–	–	40	6	0	–	–
3	6	5	1	1	–	–	8	2	1	–	–	12	2.5	1.6	–	–	3	1.9	–	–	18	3.5	2	–	–	36	7	0	–	–	48	7	0	–	–
6	10	6	1	1	–	–	9	2	1	–	–	15	2.5	1.8	–	–	3	1.8	–	–	22	4	2	–	–	36	8	0	–	–	58	8	0	–	–
10	18	8	2	1.5	–	–	11	2.5	1.5	–	–	18	3	1.5	–	–	3.5	2	–	–	27	5	2	–	–	43	9	0	–	–	70	9	0	–	–
18	30	9	2	1.5	–	–	13	2.5	1.8	–	–	21	3.6	1.6	–	–	3.5	2	–	–	33	6	2	–	–	52	11	0	–	–	84	11	0	–	–
30	50	11	3	2	–	–	16	4	2	–	–	25	4	2	–	–	5	3	–	–	39	7	3	–	–	62	13	0	–	–	100	13	0	–	–
50	80	13	4	2	–	–	19	5	2	–	–	30	5	2	–	–	6	3	–	–	46	9	3	–	–	74	15	0	–	–	120	15	0	–	–
80	120	15	5	3	–	–	22	6	3	–	–	35	6	3	–	–	8	4	–	–	54	11	4	–	–	87	17	0	–	–	140	17	0	–	–
120	180	18	6	3	–	–	25	7	3	–	–	40	8	3	–	–	0	4	–	–	63	12	5	–	–	100	20	0	–	–	160	19	0	–	–
180	250	20	6	3	2	1	39	7	4	2	2	45	9	5	2	3	10	6	3	3	72	14	7	3	3	115	25	0	-4	4	185	20	0	-7	7
253	315	23	7	3	1.5	1.5	32	8	5	2	3	52	11	6	2	4	12	7	3	4	81	18	8	3	4	130	28	0	-6	6	216	33	0	-9	9
315	400	26	7	4	1.6	2.5	35	10	6	2	2	57	18	6	6	6	14	8	2	6	89	18	9	2	6	140	31	0	-7	7	230	38	0	-11	11
400	500	27	8	4	6	3	40	12	7	2	2	63	15	7	8	7	16	9	2	7	97	20	10	2	7	145	35	0	-9	9	250	44	0	-14	14

비고 : T : 구멍축의 공차

y : 구멍용 한계 게이지의 바깥 한도내 치수의 허용치

y_2 : 축용 한계 게이지의 공차내 마모 여유

z : 구멍용 한계 게이지의 구멍 공차내 마모 여유

z_2 : 축용 한계 게이지의 구멍 공차내 마모 여유

a : 구멍용 한계 게이지의 조정 불확실한 영역

a_1 : 축용 한계 게이지의 조정 불확실한 영역

3. 한계게이지 공차 등급

한계게이지의 종류	게이지공차의 기호	구멍·축의 공차(T)					
		IT 5급	IT 6급	IT 7급	IT 8급	IT 9급	IT 10급
플러그 게이지 또는 평형 플러그 게이지	H2	IT2	IT2	IT2	IT3	IT3	IT4
봉게이지	H2	IT2	IT2	IT2	IT2	IT2	IT3
스냅 게이지 또는 링 게이지	H2	IT2	IT2	IT3	IT3	IT4	-

실습도면

부록 Ⅲ

드릴지그-1

드릴지그-2

드릴지그-3

분할 드릴지그-1

리밍지그-1

리밍지그-2

크램프-1

크램프-2

고정지그

구멍 위치 측정 게이지

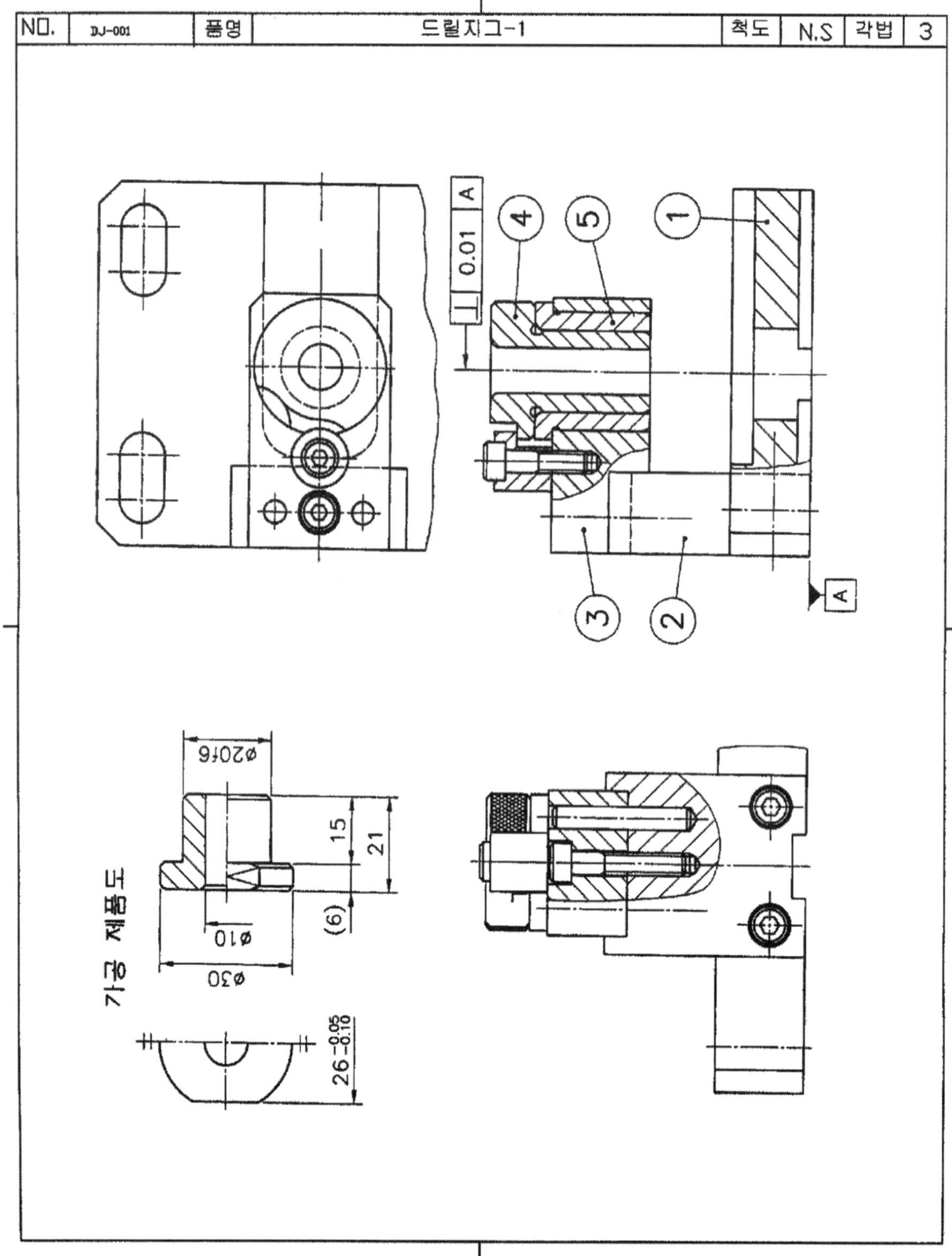

NO.
DJ-001
품명
드릴지그-1
척도
N.S
각법
3
0.01
A
가공 제품도
⌀20f6
15
21
(6)
⌀10
⌀30
26 -0.05 -0.10

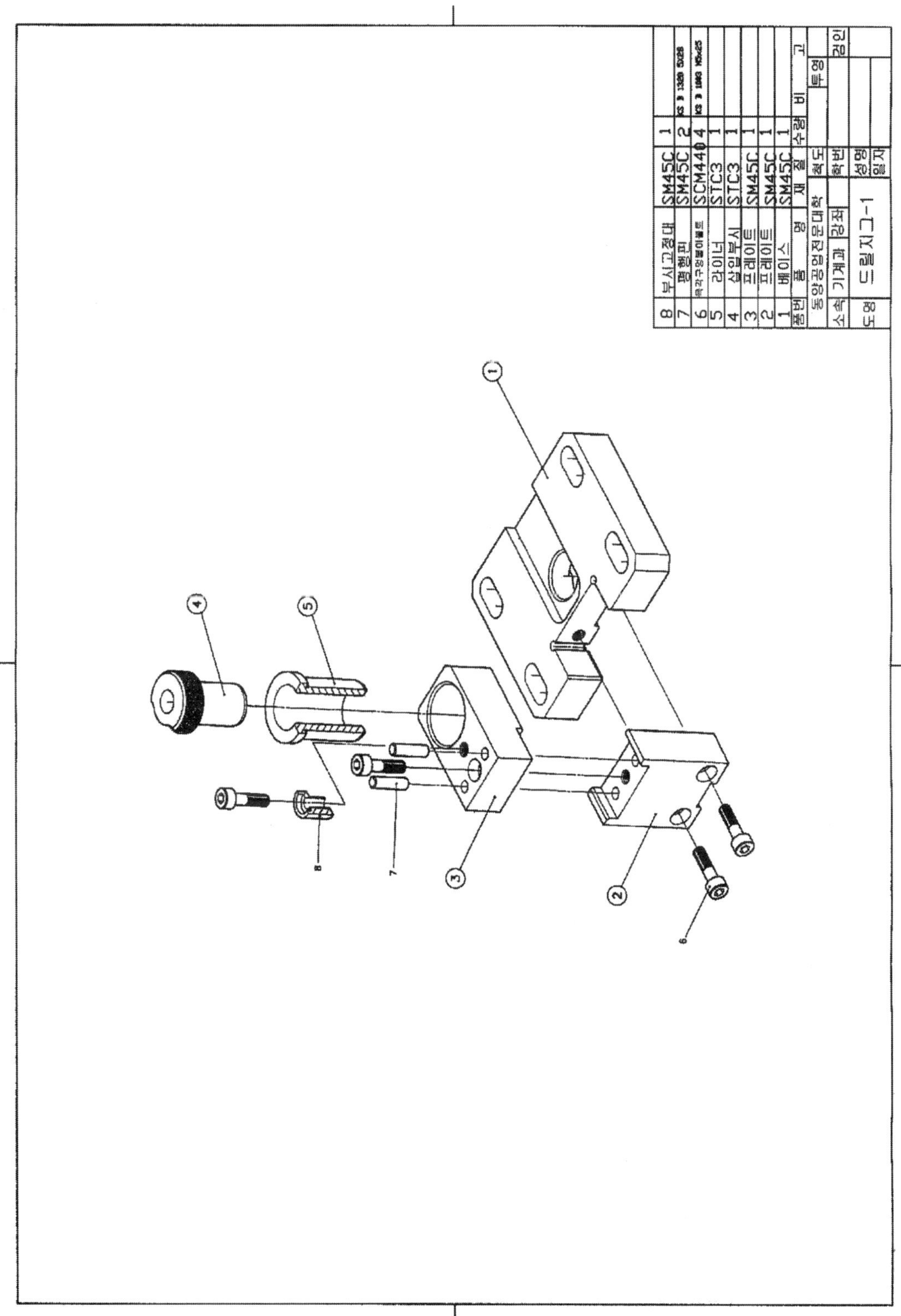

8 부시고정대 SM45C 1
7 평행핀 SM45C 2
6 육각구멍붙이볼트 SCM440 4
5 라이너 STC3 1
4 삽입부시 STC3 1
3 프레이트 SM45C 1
2 프레이트 SM45C 1
1 베이스 SM45C 1
품번 품명 재질 수량 비고
동양공업전문대학 척도 투영
소속 기계과 강좌 학번 검인
도명 드릴지그-1 성명 일자

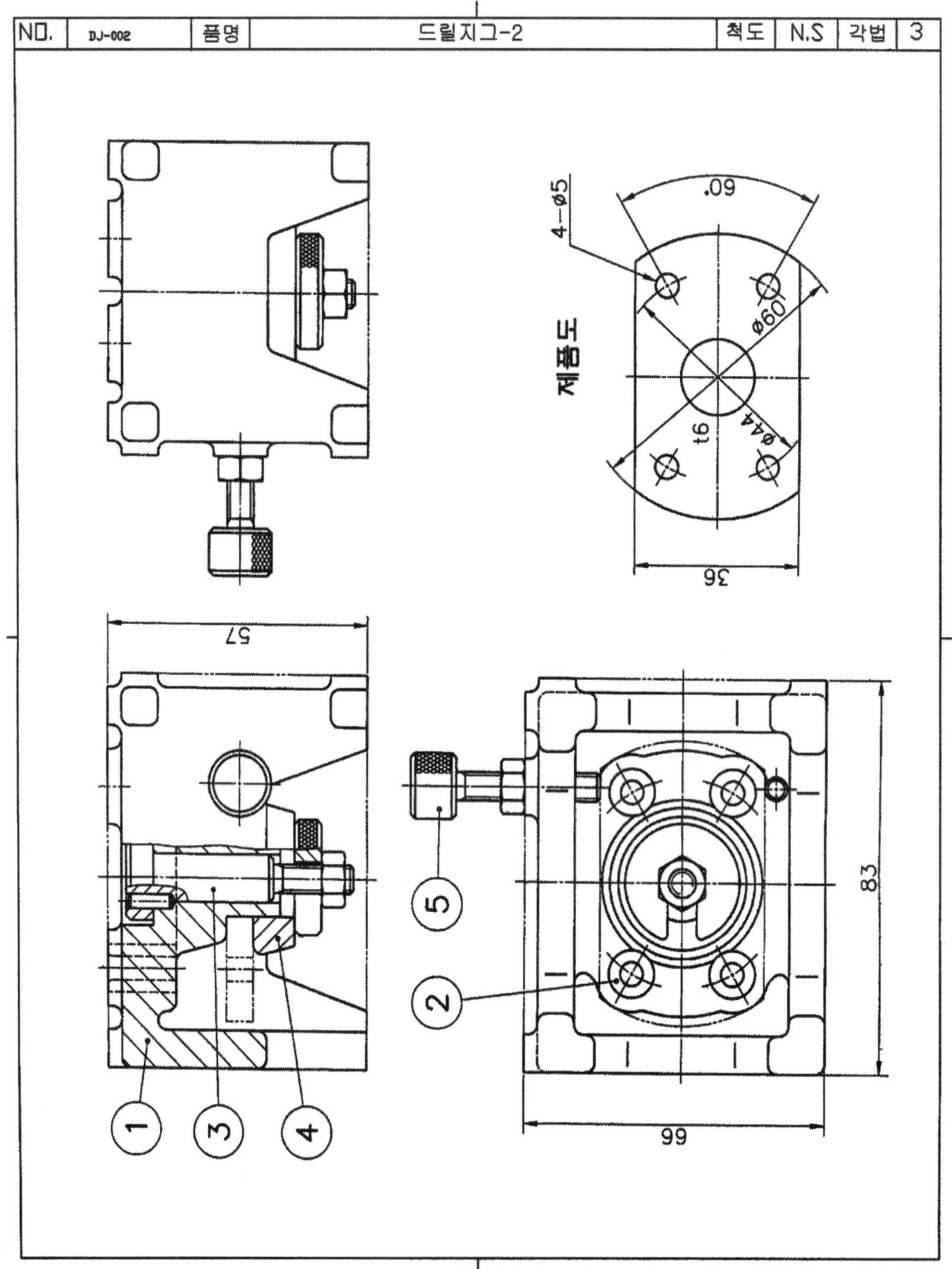
NO.
DJ-002
품명
드릴지그-2
척도
N.S
각법
3
제품도
4-ø5
60°
ø60
ø44
36
57
83
99
1
2
3
4
5

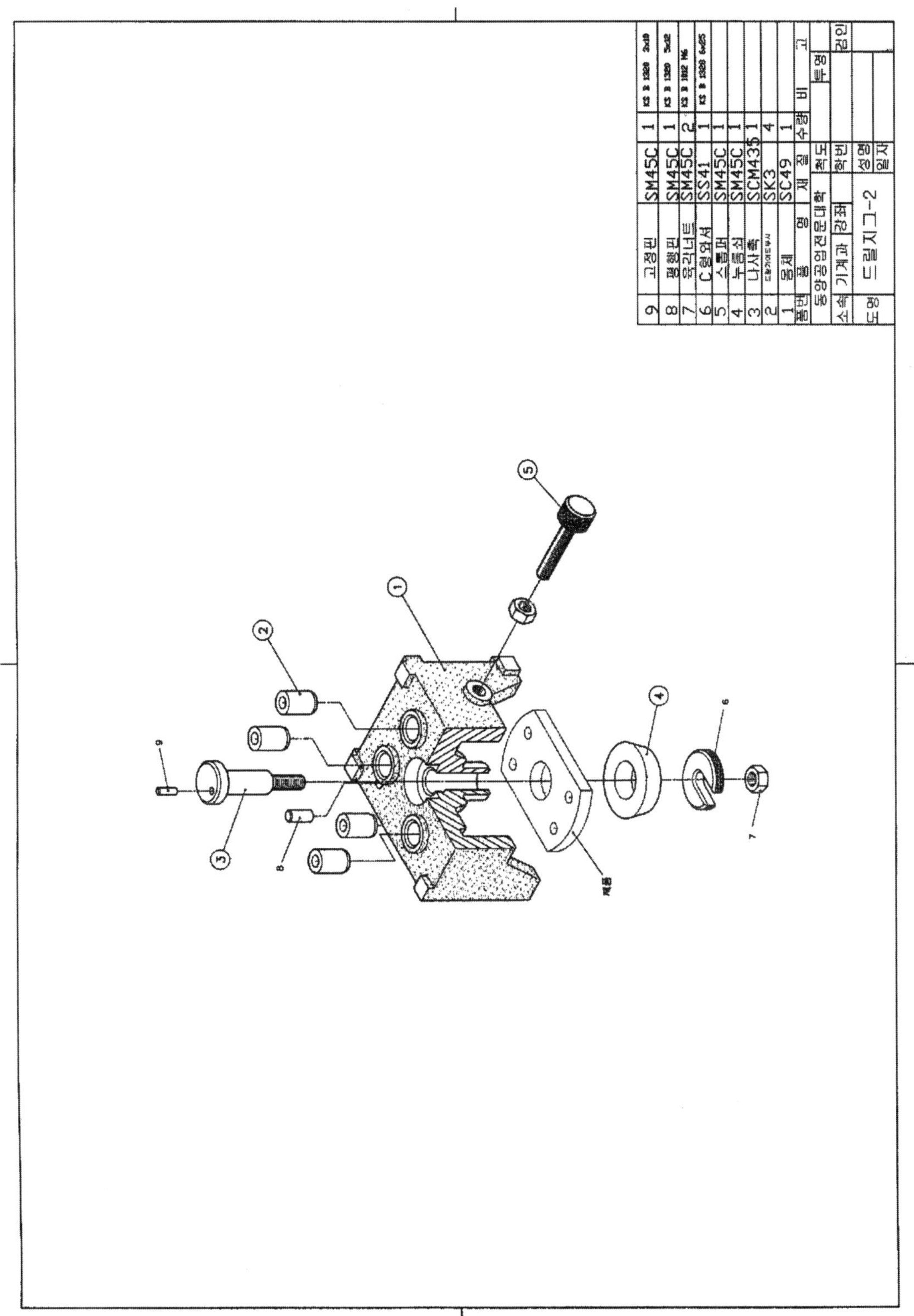
9 고정핀 SM45C 1 KS B 1320 3x10
8 평행핀 SM45C 1 KS B 1320 5x12
7 육각너트 SM45C 2 KS B 1012 M6
6 C형와셔 SS41 1 KS B 1328 6x25
5 SM45C 1
4 누름쇠 SM45C 1
3 나사축 SCM435 1
2 드릴가이드부시 SK3 4
1 몸체 SC49 1
품번 품명 재질 수량 비고
동양공업전문대학
척도
투영
소속 기계과 강좌
학번
검인
도명 드릴지그-2
성명
일자
제품
1
2
3
4
5
6
7
8
9

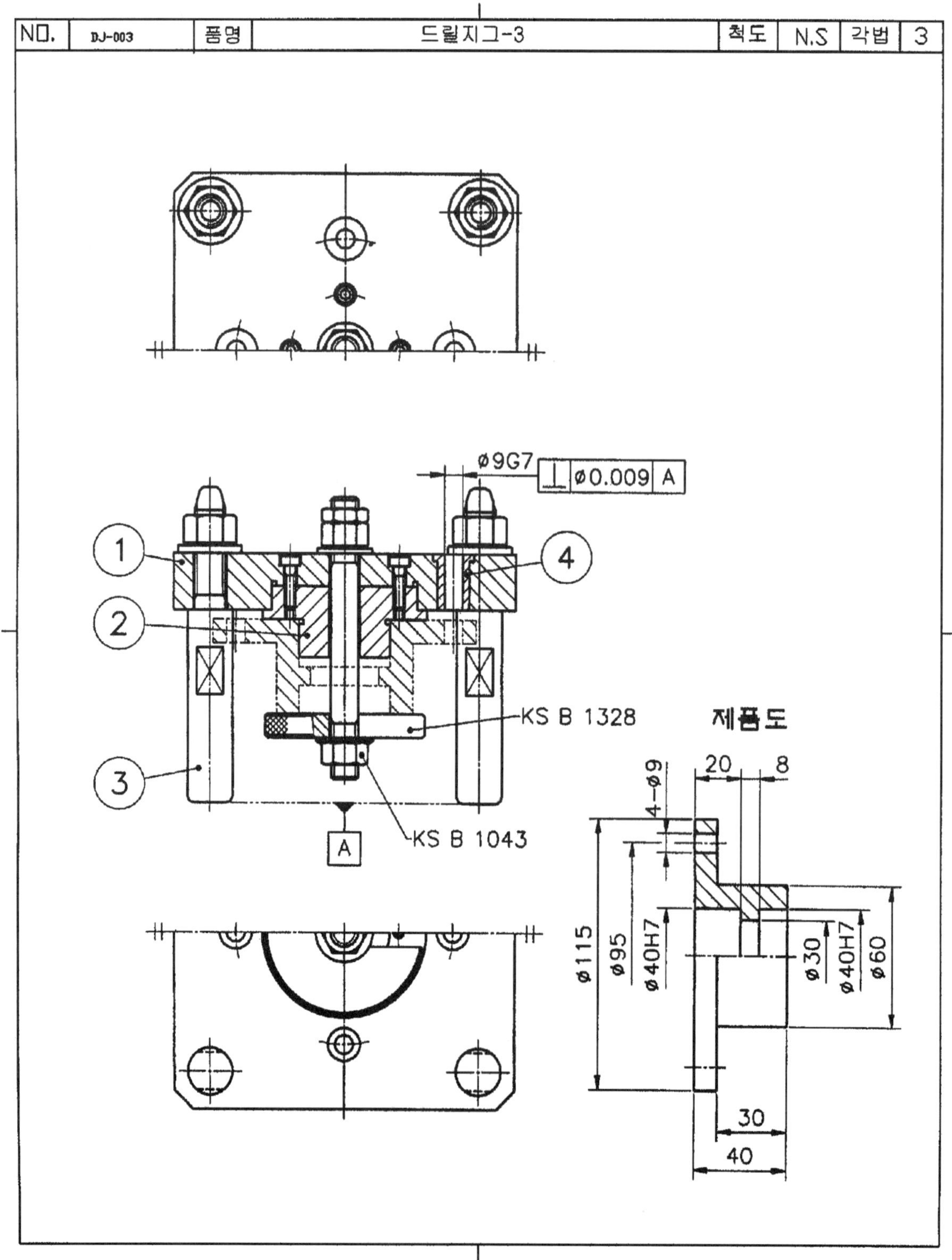
NO.
DJ-003
품명
드릴지그-3
척도
N.S
각법
3
ø9G7
⊥ ø0.009 A
1
2
3
4
KS B 1328
KS B 1043
A
제품도
20
8
4-ø9
ø115
ø95
ø40H7
ø30
ø40H7
ø60
30
40

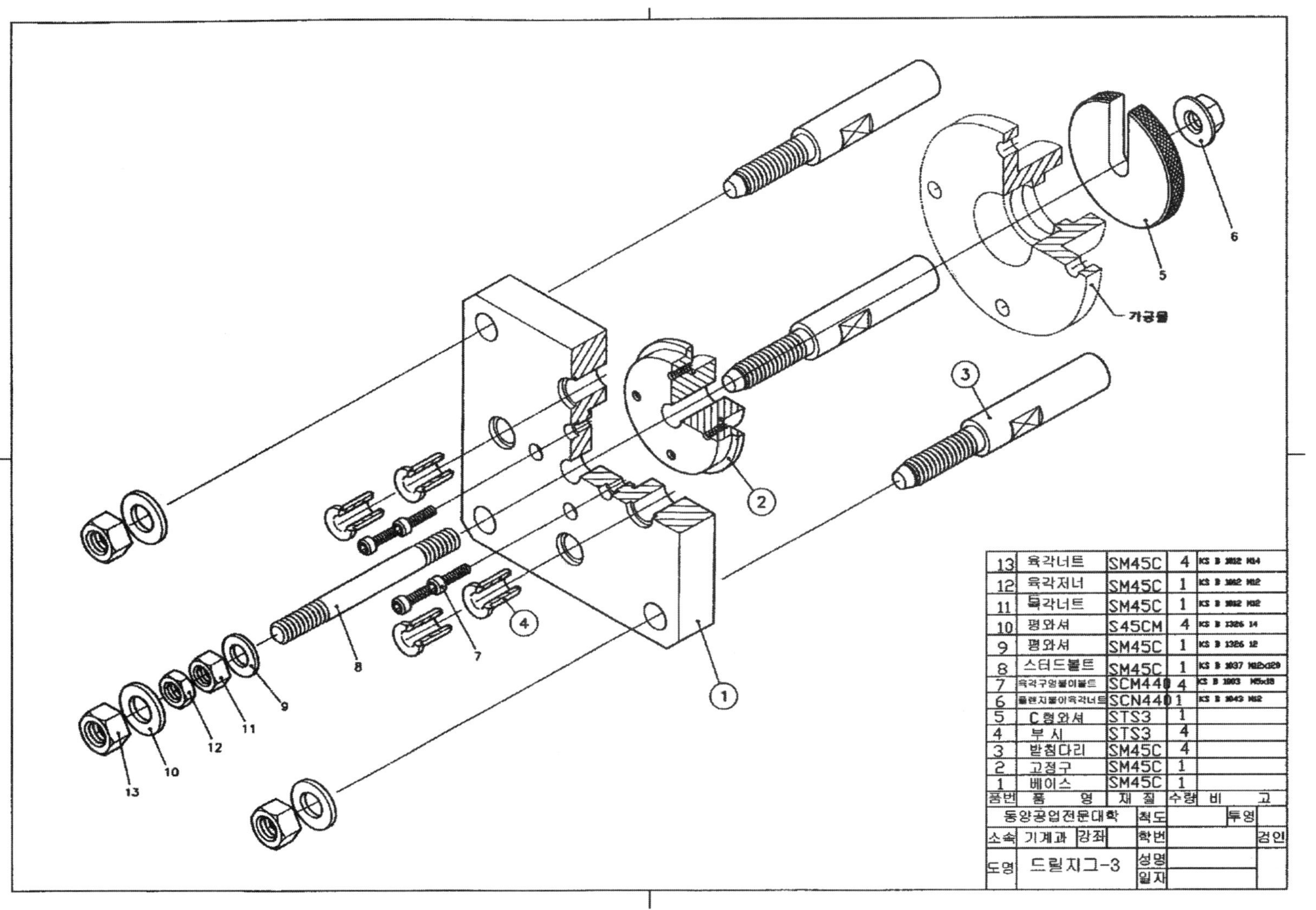
가공물
13 육각너트 SM45C 4 KS B 1012 M14
12 육각저너 SM45C 1 KS B 1012 M12
11 SM45C 1 KS B 1012 M12
10 평와셔 S45CM 4 KS B 1326 14
9 평와셔 SM45C 1 KS B 1326 12
8 스터드볼트 SM45C 1 KS B 1037
7 육각구멍붙이볼트 SCM440 4 KS B 1003 M5x18
6 플랜지붙이육각너트 SCN440 1 KS B 1043 M12
5 C형와셔 STS3 1
4 부시 STS3 4
3 받침다리 SM45C 4
2 고정구 SM45C 1
1 베이스 SM45C 1
품번 품명 재질 수량 비고
동양공업전문대학 척도 투영
소속 기계과 강좌 학번 검인
도명 드릴지그-3 성명 일자

NO.	IJ-001	품명	분할 드릴지그-1	척도	N.S	각법	3

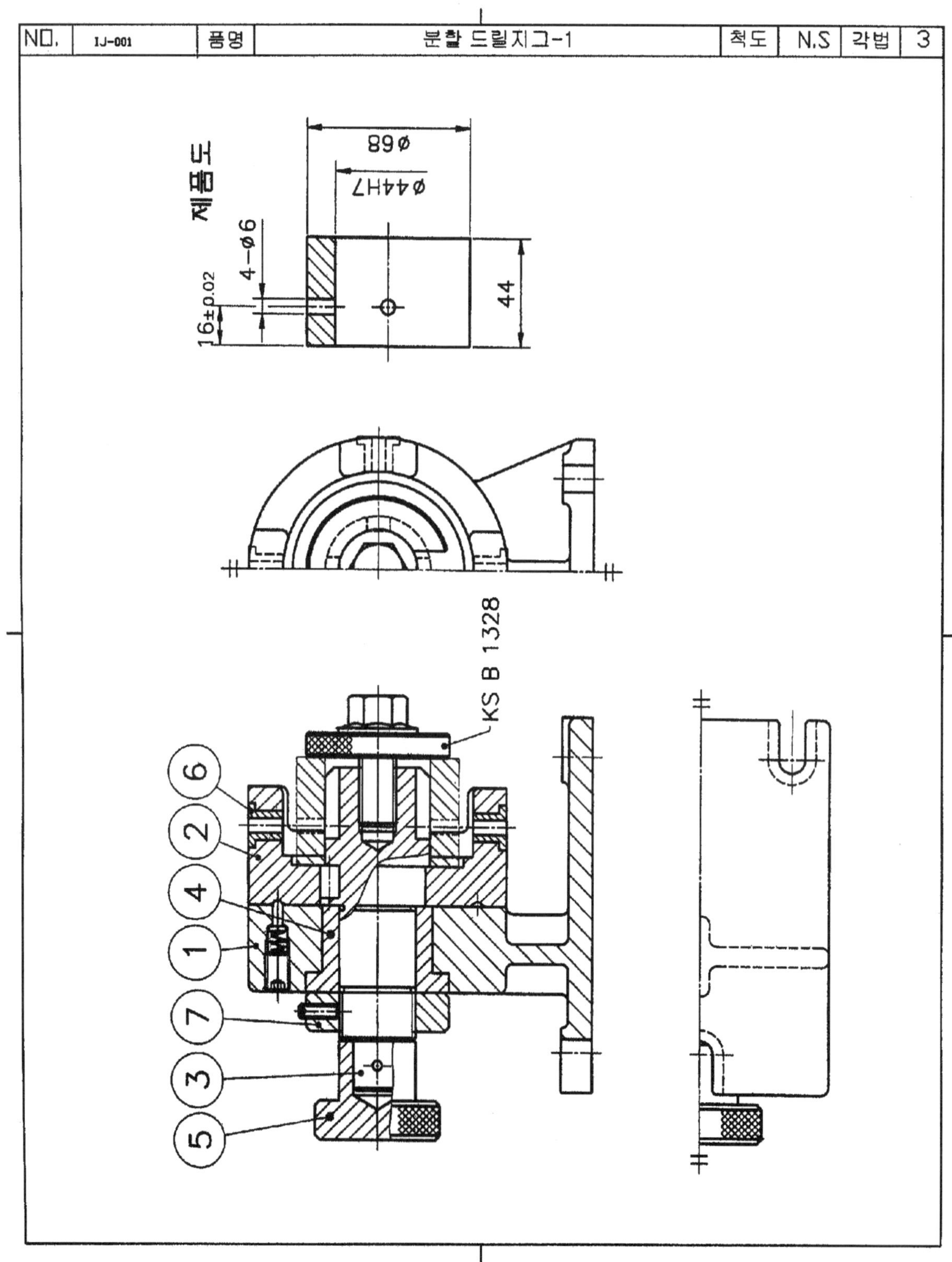

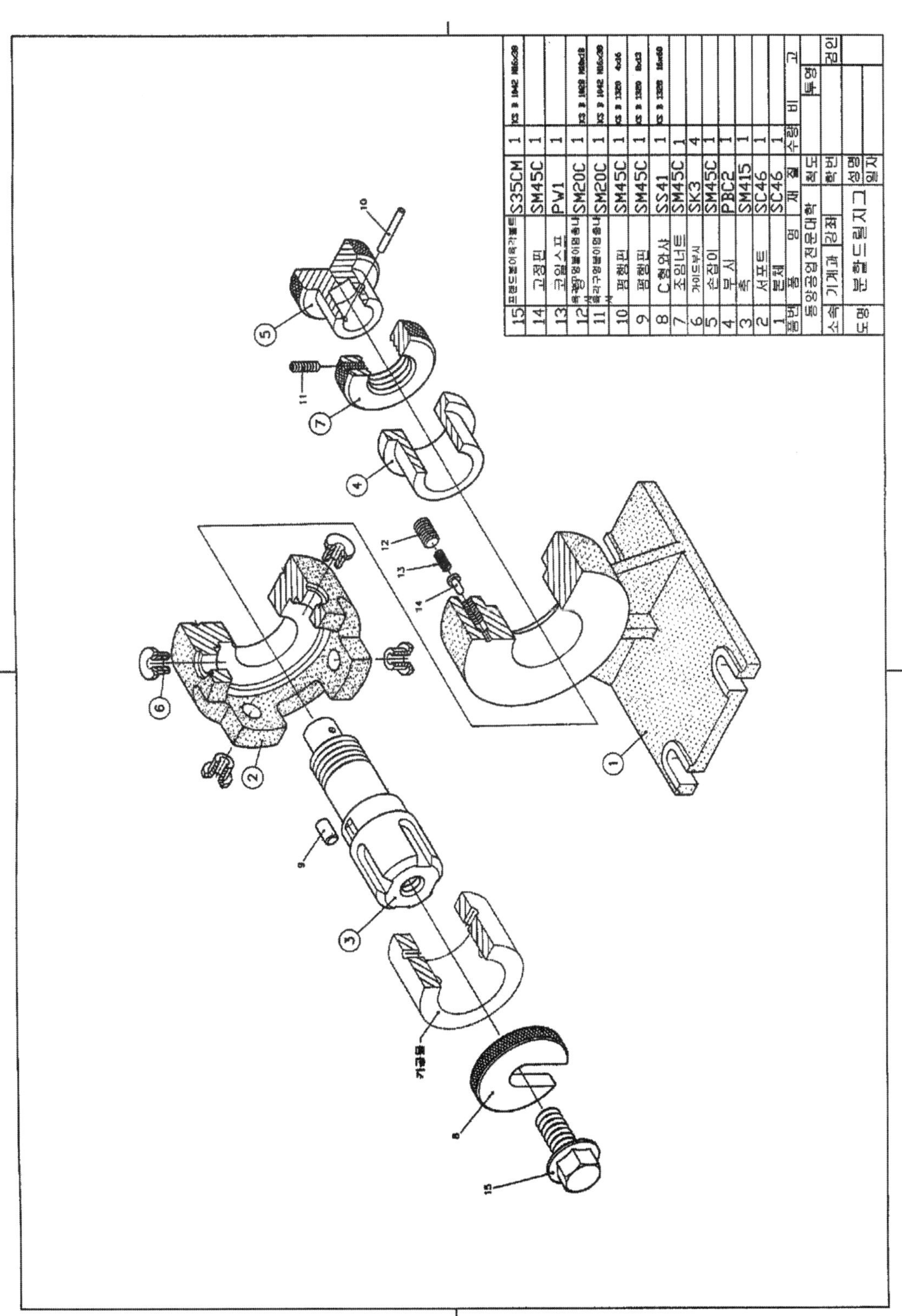
가공물
15 프랜드볼이육각볼트 S35CM 1
14 고정핀 SM45C 1
13 코일스프링 PW1 1
12 육각홈붙이멈춤나사 SM20C 1
11 육각구멍붙이멈춤나사 SM20C 1
10 평행핀 SM45C 1
9 평행핀 SM45C 1
8 C형와샤 SS41 1
7 조임너트 SM45C 1
6 가이드부시 SK3 4
5 손잡이 SM45C 1
4 부시 PBC2 1
3 축 SM415 1
2 서포트 SC46 1
1 본체 SC46 1
품번 품명 재질 수량 비고
동양공업전문대학 척도 투영 검인
소속 기계과 강좌 학번
도명 분할드릴지그 성명 일자

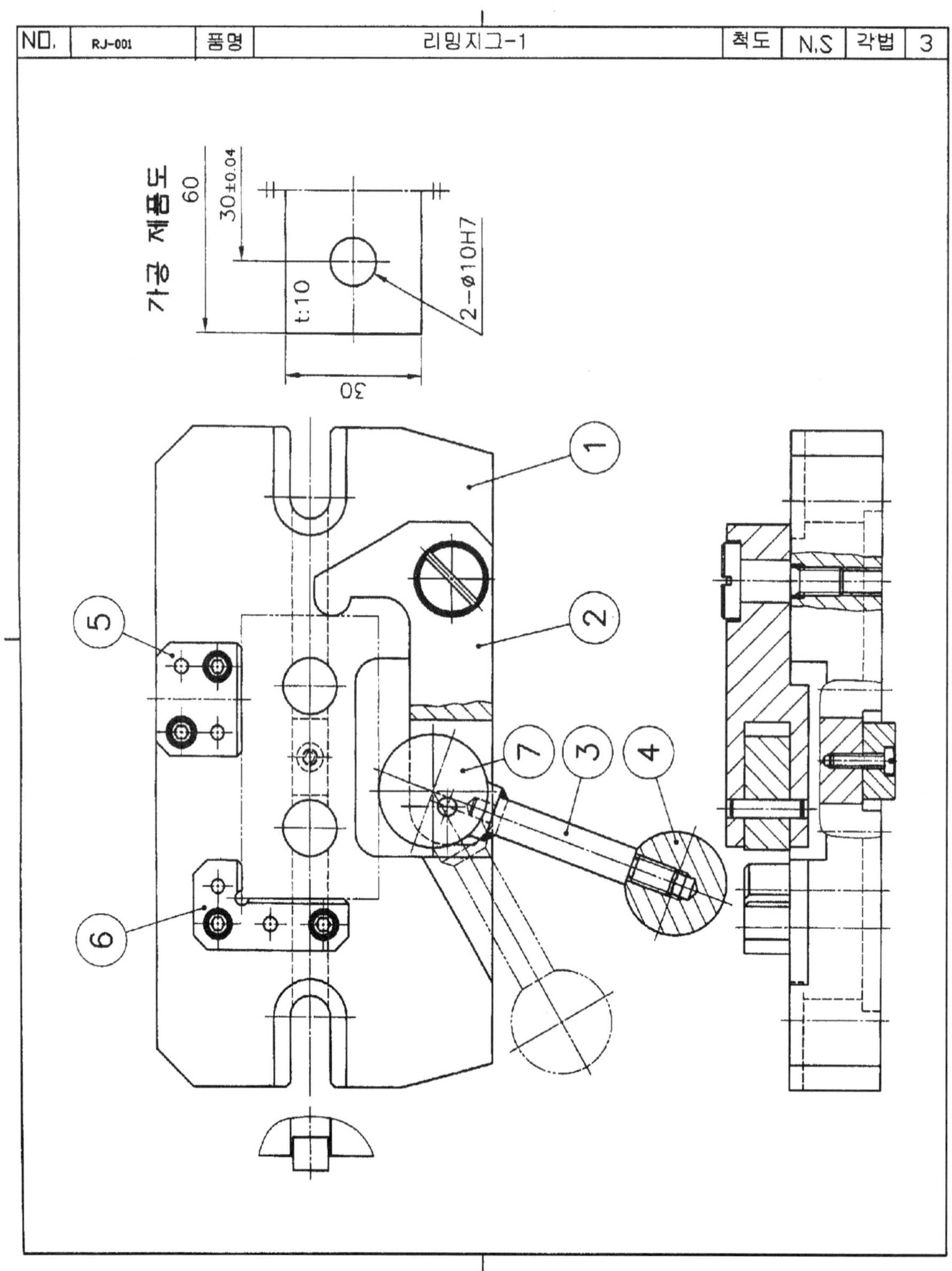
NO.
RJ-001
품명
리밍지그-1
척도
N.S
각법
3
가공 제품도
60
30±0.04
t:10
2-Ø10H7
30
1
2
3
4
5
6
7

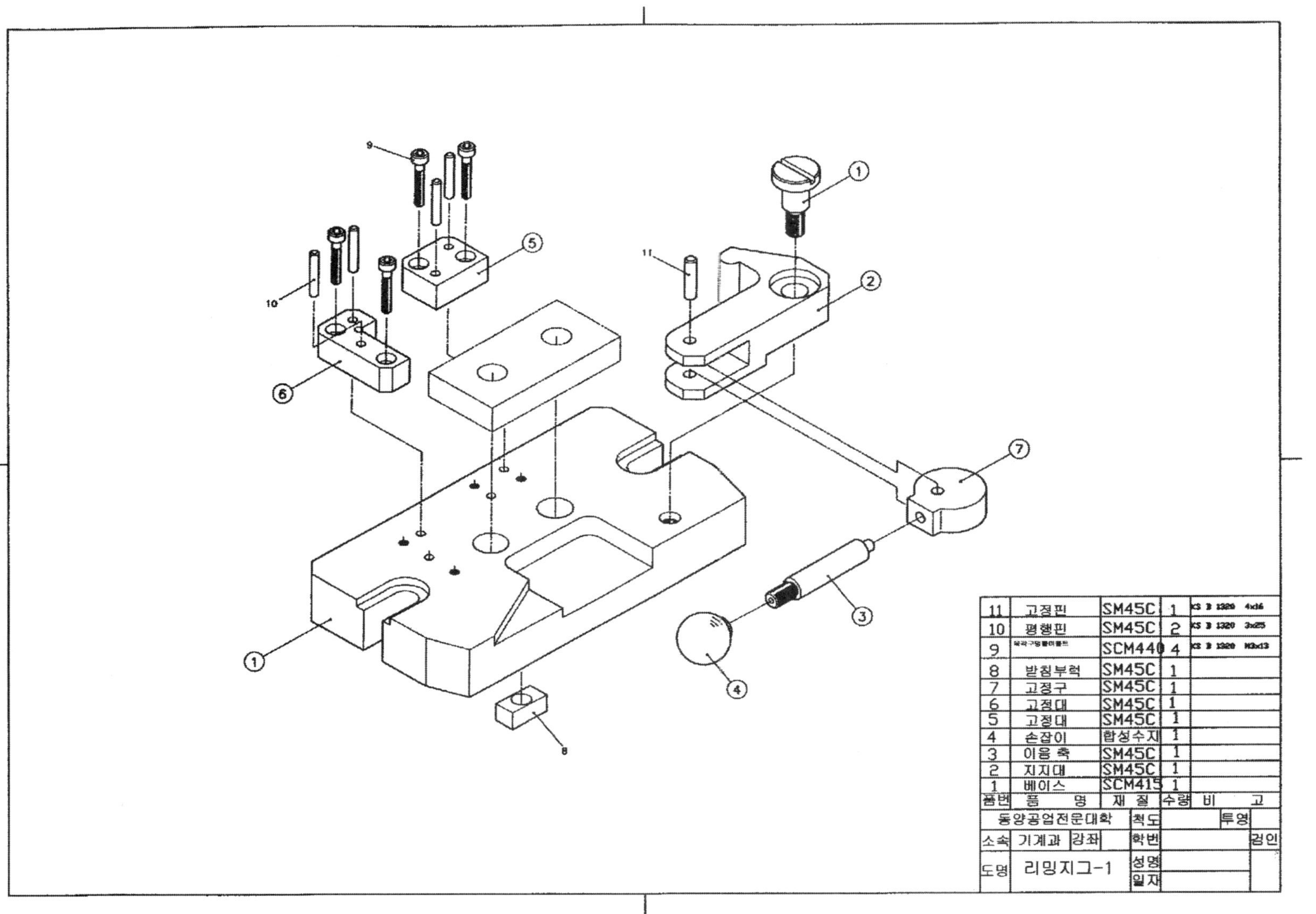
11 고정핀 SM45C 1
10 평행핀 SM45C 2
9 SCM440 4
8 받침부럭 SM45C 1
7 고정구 SM45C 1
6 고정대 SM45C 1
5 고정대 SM45C 1
4 손잡이 합성수지 1
3 이음 축 SM45C 1
2 지지대 SM45C 1
1 베이스 SCM415 1
품번 품 명 재 질 수량 비 고
동양공업전문대학 척도 투영
소속 기계과 강좌 학번 검인
도명 리밍지그-1 성명 일자

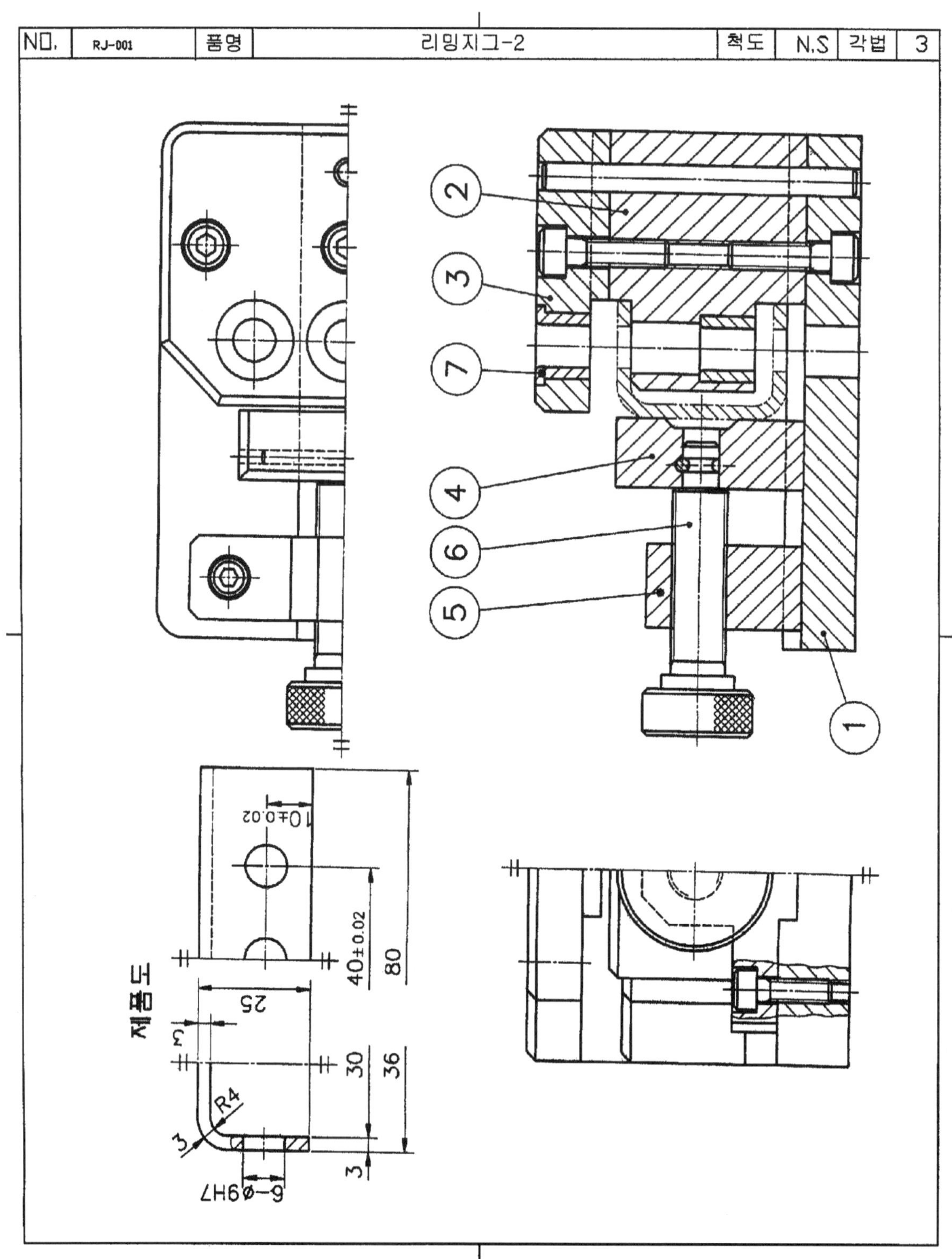
NO.
RJ-001
품명
리밍지그-2
척도
N.S
각법
3
제품도
6-ø9H7
R4
25
30
36
80
40±0.02
10±0.02

품번	품명	재질	수량	비고
12	평행핀	SM45C	1	KS B 1320 3x36
11	평행핀	SM45C	1	KS B 1320 6x70
10	육각구멍붙이볼트	SCM440	2	KS B 1003 M5x17
9	육각구멍붙이볼트	SCM440	6	KS B 1003 M6x22
8	가이드부	SK3	3	
7	가이드부	SK3	3	
6	리드스큐류	SM45C	1	
5	스큐류서포트	SCM415	1	
4	이동죠	SCM415	1	
3	서포트	SM45C	1	
2	죠서포트	SCM415	1	
1	베이스	SCM415	1	

동양공업전문대학			척도		투영
소속	기계과	강좌	학번		검인
도명	리밍지그-2		성명		
			일자		

NO.	C-001	품명	크램프-1	척도	N.S	각법	3

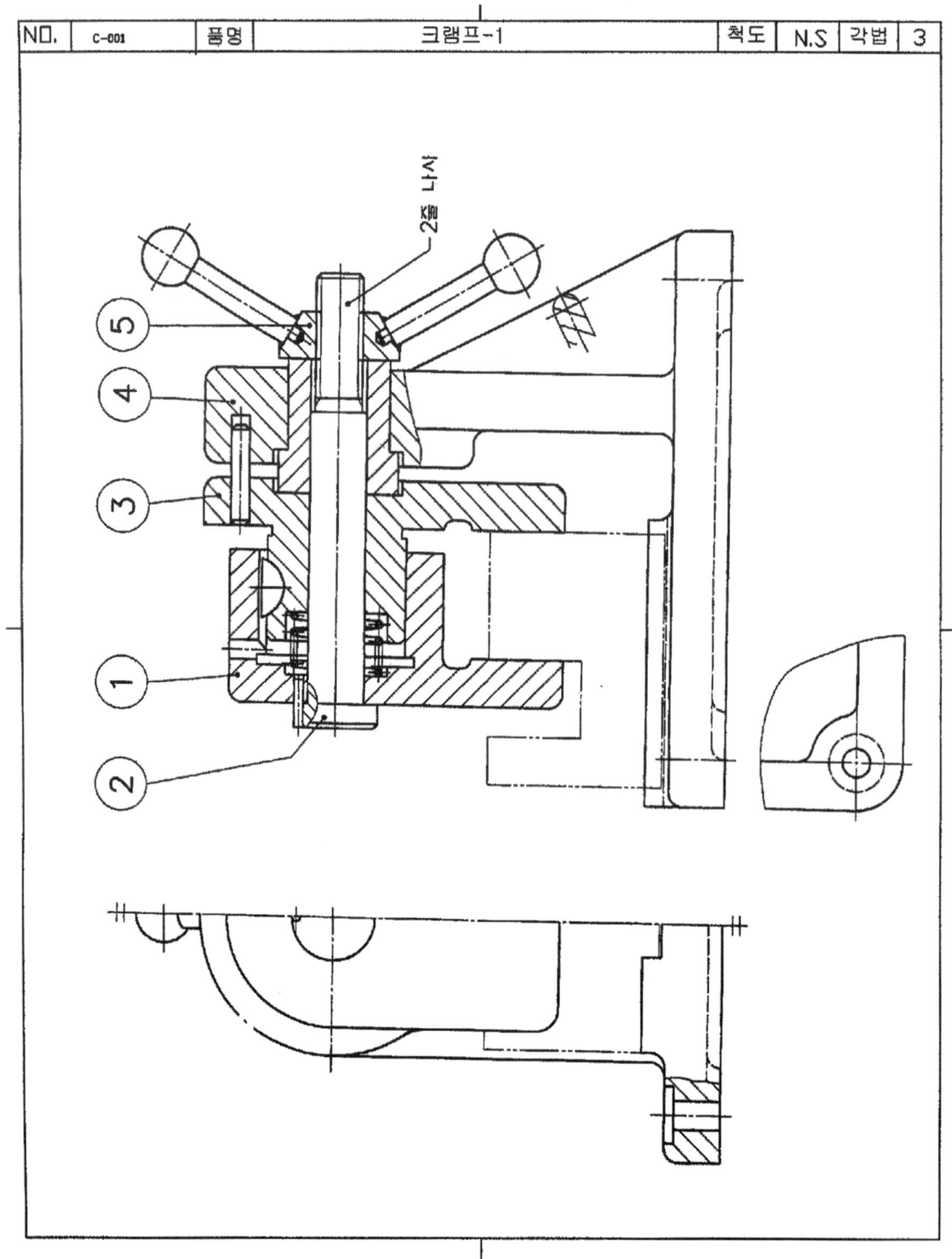

10

9

8

6

7

3

1

2

4

5

5-1

가공 부품

품번	품 명	재 질	수량	비 고
10	고정핀	SM45C	1	KS B 1320 2x10
9	고정핀	SM45C	1	KS B 1320 4x21
8	반달키	SM45C	1	KS B 1312
7	압축코일스프링	PW2	1	
6	부시	SCM435	1	
5-1	손잡이	SCM435	1	
5	조임너트	SCM435	1	
4	받침대	SC46	1	
3	조임판	SC46	1	
2	축	SCM435	1	
1	하우징	SC46	1	

동양공업전문대학		척도		투영
소속	기계과 강좌	학번		검인
도명	크램프-1	성명		
		일자		

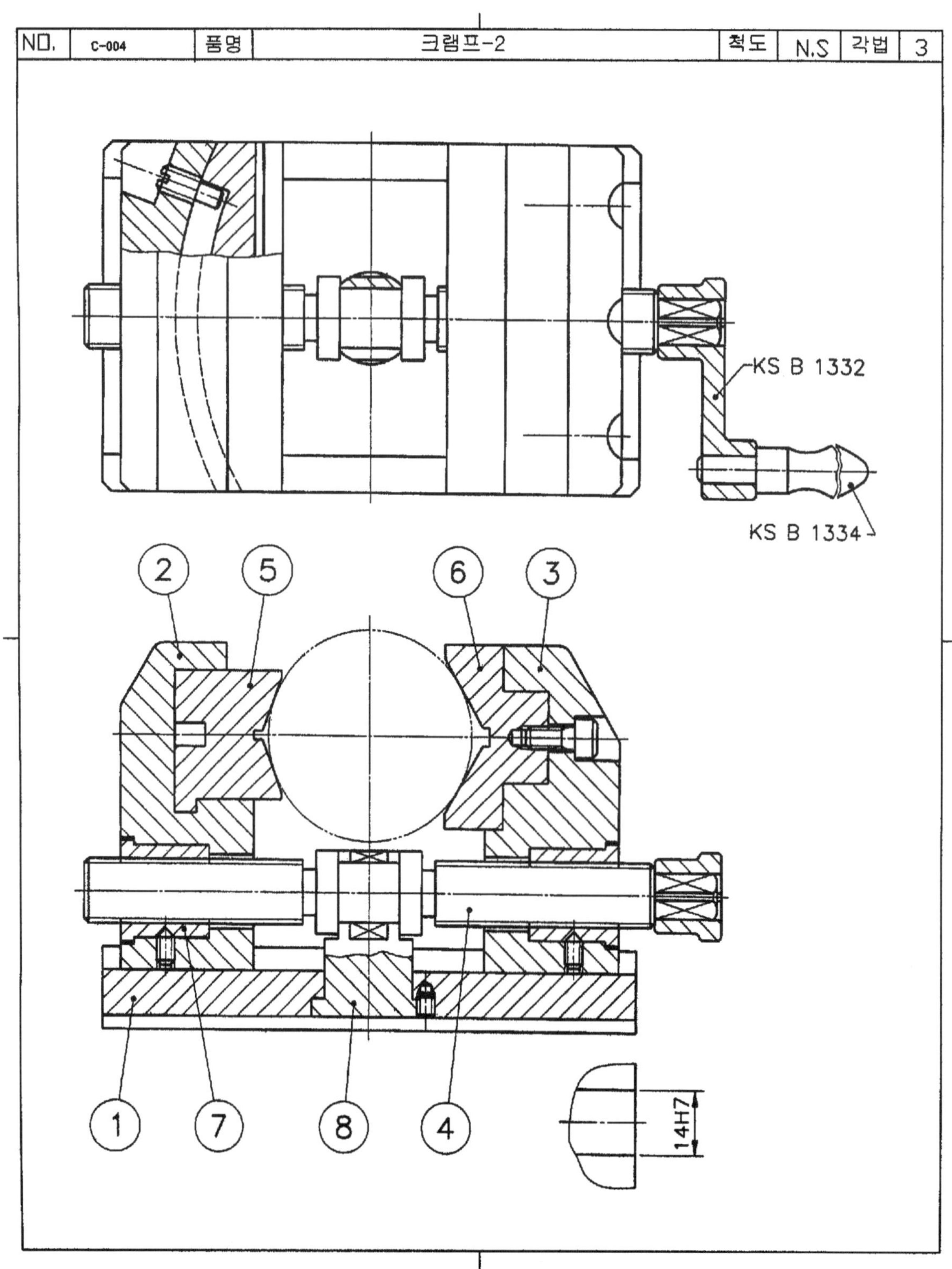
NO.
C-004
품명
크램프-2
척도
N.S
각법
3
KS B 1332
KS B 1334
2
5
6
3
1
7
8
4
14H7

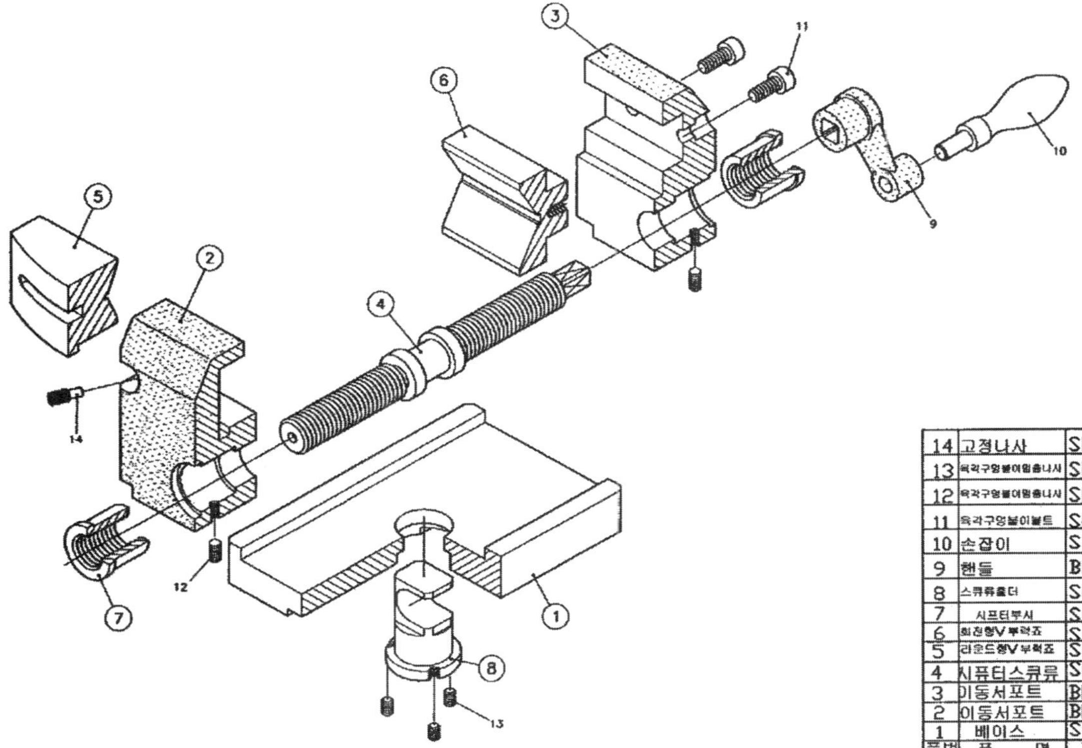

품번	품 명	재 질	수량	비 고
14	고정나사	SM45C	2	
13	육각구멍붙이멈춤나사	SM20C	3	KS B 1028 [illegible]
12	육각구멍붙이멈춤나사	SM20C	2	KS B 1028 [illegible]
11	육각구멍붙이볼트	SCN440	3	KS B 1003 M5x12
10	손잡이	SS41	1	KS B 1334 [illegible]
9	핸들	BMC21	1	KS B 1332 [illegible]
8	스큐류홀더	SCM415	1	
7	시프터부시	SCM415	2	
6	회전형V부럭죠	SCM415	1	
5	라운드형V부럭죠	SCM415	1	
4	시퓨터스큐류	SCM415	1	
3	이동서포트	BMC32	1	
2	이동서포트	BMC32	1	
1	베이스	SCM415	1	

동양공업전문대학			척도		투영
소속	기계과	강좌	학번		검인
도명	크램프-2		성명		
			일자		

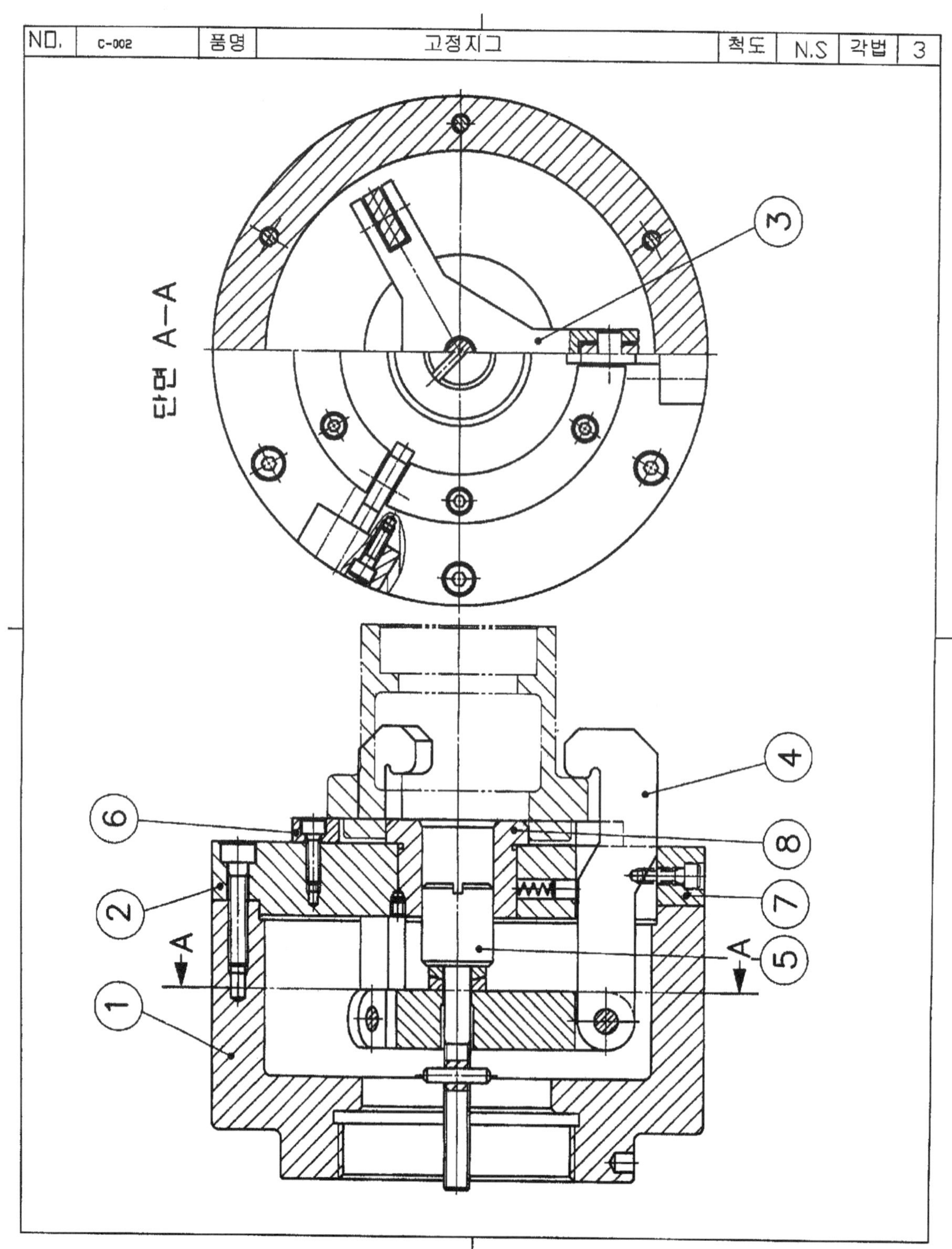

NO.
C-002
품명
고정지그
척도
N.S
각법
3
단면 A-A
A
A
1
2
3
4
5
6
7
8

품번	품명	재질	수량	비고
17	오목구면와샤	SM45C	1	
16	볼록구면와샤	SM45C	1	
15	나사	SM45C	1	
14	평행핀	SM45C	1	KS B 1320 3x35
13	평행핀	SM45C	1	KS B 1320 4x6
12	코일스프링	PW2	1	
11	육각구멍붙이볼트	SCN440	6	KS B 1003 M2x8
10	육각구멍붙이볼트	SCN440	6	KS B 1003 M3x10
9	육각구멍붙이볼트	SCN440	6	KS B 1003 M4x21
8	부시	PBC2	1	
7	블럭	SM45C	3	
6	지지판	SM45C	3	
5	나사축	SCM415	1	
4	고정대	SC46	1	
3	플레이트	SF40	1	
2	커버	SM45C	1	
1	몸체	SM45C	1	

동양공업전문대학		척도		투영
소속	기계과 강좌	학번		검인
도명	고정지그	성명		
		일자		

NO.	G-001	품명	구멍 위치 측정 게이지	척도	N.S	각법	3

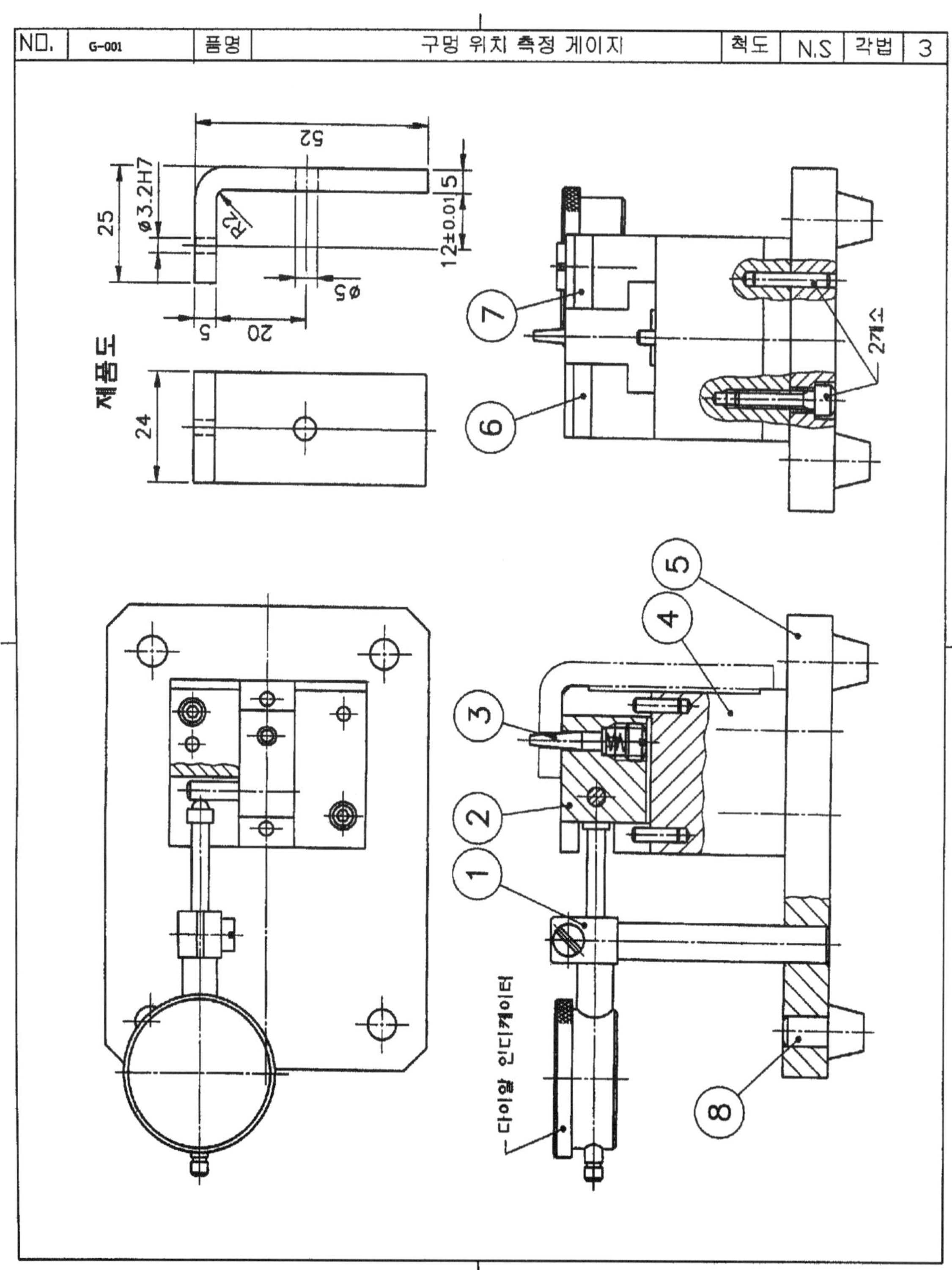

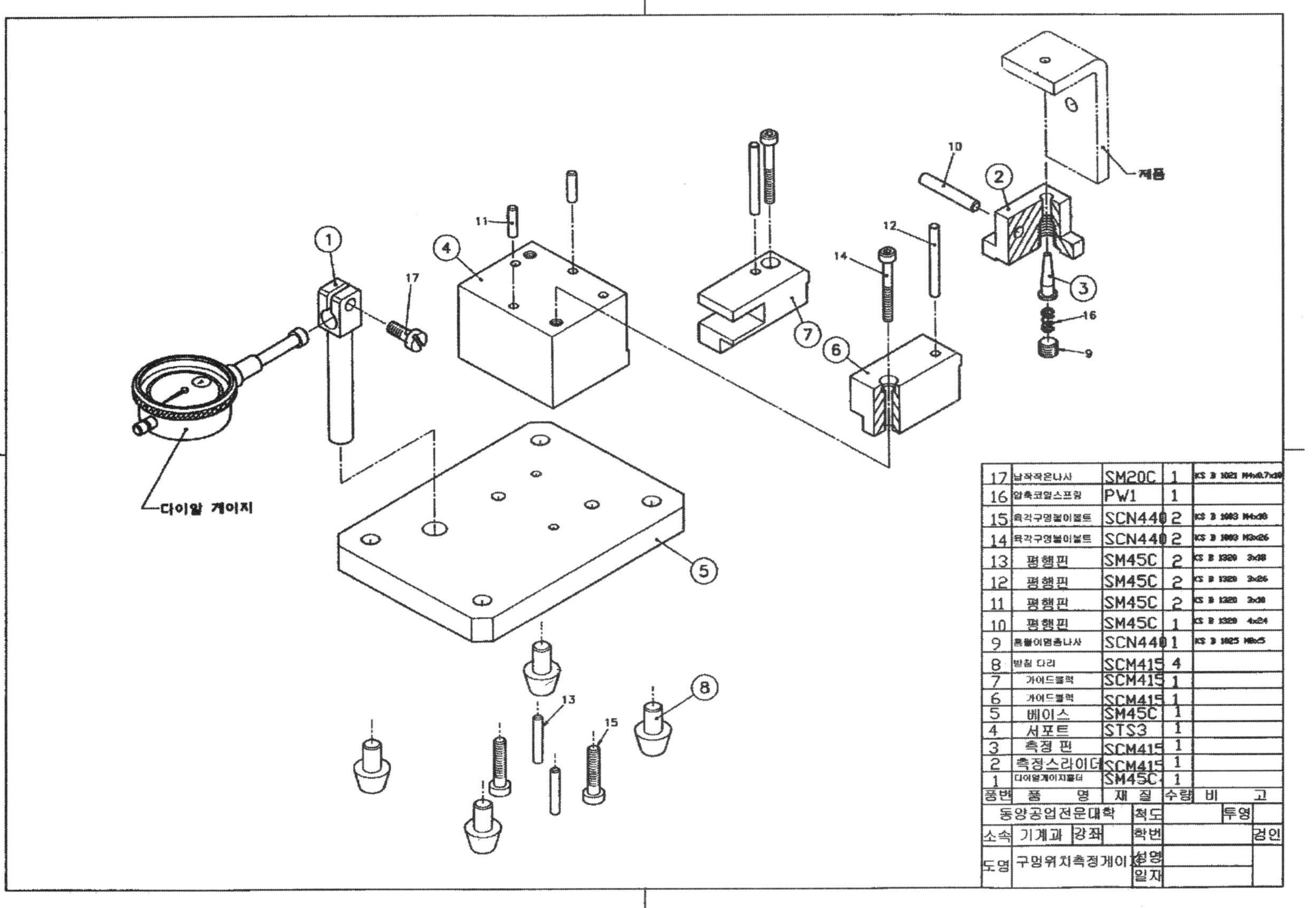

품번	품 명	재 질	수량	비 고
17	납작작은나사	SM20C	1	KS B 1021 M4x0.7x10
16	압축코일스프링	PW1	1	
15	육각구멍붙이볼트	SCN440	2	KS B 1003 M4x38
14	육각구멍붙이볼트	SCN440	2	KS B 1003 M3x26
13	평행핀	SM45C	2	KS B 1320 3x38
12	평행핀	SM45C	2	KS B 1320 3x26
11	평행핀	SM45C	2	KS B 1320 3x30
10	평행핀	SM45C	1	KS B 1320 4x24
9	홈붙이멈춤나사	SCN440	1	KS B 1025 M8x5
8	받침 다리	SCM415	4	
7	가이드블럭	SCM415	1	
6	가이드블럭	SCM415	1	
5	베이스	SM45C	1	
4	서포트	STS3	1	
3	측정 핀	SCM415	1	
2	측정스라이더	SCM415	1	
1	다이얼게이지홀더	SM45C	1	

동양공업전문대학		척도		투영	
소속	기계과 강좌	학번		검인	
도명	구멍위치측정게이지	성명			
		일자			

치공구 설계

2006년 8월 30일 1판 1쇄 발행
2014년 9월 5일 1판 5쇄 발행

저 자 ◎ **이상수·박성완·윤여권**
발행자 ◎ **조승식**
발행처 ◎ (주) 도서출판 북스힐
서울시 강북구 한천로 153길 17
등 록 ◎ 제 22-457 호

(02) 994-0071(代)

(02) 994-0073

bookswin@unitel.co.kr
www.bookshill.com

값 13,000원

잘못된 책은 교환해 드립니다.

ISBN 89-5526-293-0